机械产品造型设计与加工指南

主　编　梅　云　田　华

副主编　孙英超　王　鑫

北京航空航天大学出版社

内容简介

本书从实际应用角度出发，介绍机械产品的造型设计与加工的连带关系，分别从机械产品的外观造型设计、加工材料与工艺以及设计定案的数控加工实现等连贯步骤，结合具体案例，重点讲述产品从设计到实现加工的全流程，将工业设计与机械工程的产品设计两个学科的相关知识相互融合，实现了设计和生产的一体化体系，拓展和加深了学习工业设计和机械设计加工等专业知识的深度和广度。

本书适合作为本科院校相关专业学生的教材，同时也可作为技术人员的实用参考书。

图书在版编目(CIP)数据

机械产品造型设计与加工指南 / 梅云，田华主编. -- 北京：北京航空航天大学出版社，2020.6

ISBN 978-7-5124-3290-1

Ⅰ. ①机… Ⅱ. ①梅… ②田… Ⅲ. ①机械设计-产品设计-指南②金属切削-指南 Ⅳ. ①TH122-62 ②TG506-62

中国版本图书馆 CIP 数据核字(2020)第 072675 号

机械产品造型设计与加工指南

主　编　梅　云　田　华

副主编　孙英超　王　鑫

责任编辑　孙兴芳　刘晓明

*

北京航空航天大学出版社出版发行

北京市海淀区学院路 37 号(邮编 100191)　http://www.buaapress.com.cn

发行部电话：(010)82317024　传真：(010)82328026

读者信箱：copyrights@buaacm.com.cn　邮购电话：(010)82316936

北京九州迅驰传媒文化有限公司印装　各地书店经销

*

开本：710×1 000　1/16　印张：16.5　字数：352 千字

2020 年 6 月第 1 版　2023 年 7 月第 4 次印刷

ISBN 978-7-5124-3290-1　定价：59.00 元

序 言

当我能够把美学与我的工程技术知识结合起来的时候,一个不平凡的时刻必将来临。

——美国工业设计师雷蒙·洛埃维

工程与技术应当是市场的奴隶。是消费者决定了产品应该是什么样子,而我们始终是反映消费者的欲望,使他们的要求变为现实。我们不得不使技术屈从于这一目的。我们的任务就是不断地协调二者的关系:一半是艺术的创作,一半是技术的合理性。设计的过程就是直觉和逻辑思维的融合。

——英国工业设计师迪克·鲍威尔

21 世纪的市场竞争不仅是先进科技的竞争,同时也是产品设计的竞争。以知识为基础的产品创新是现代工业设计的核心。中国正在迎接经济发展和科技创新的新时代,新的科学理论、科学技术和设计理论不断涌现。传统的专业和学科正在加速调整和融合,要求人们在继承传统的基础上开拓创新。机械设计与工业设计需要融合发展以适应市场的变化和市场的需求。机械设计与工业设计的结合是时代的要求,同时中国加入 WTO 给机械设计与工业设计提出了新的机遇和挑战,要求人们通力合作设计出满足国际市场需要的产品。而人们对于机械设计与工业设计这两个学科之间关系的探讨并不深入,更没有形成科学的理论体系,需要机械设计与工业设计行业的人们为之努力。

梅云　田华

2019 年 12 月 16 日

前言

根据教育部工业设计应用型紧缺人才培养方案的指导思想，结合高等教育培养应用型人才的目标，编者编写了这本《机械产品造型设计与加工指南》，力求体现“学以致用，融会贯通”的指导思想。考虑目前机械设计与工业设计脱节，编者从实际应用角度出发，面向中小企业的机械产品的开发、设计与加工，将先进的设计理念与机械产品的实际加工相结合，把产品结构设计及产品造型设计、计算机辅助工业设计、产品开发设计仿真和加工融为一体，不仅从视觉上传达设计，而且在机械产品加工和生产的实践中体现设计的价值，以适应工业设计及制造业发展的新潮流、新趋势。

本书介绍机械产品的造型设计与加工的连带关系，分别从机械产品的外观造型设计、加工材料与工艺以及设计定案的数控加工实现等连贯步骤，结合具体案例，重点讲述产品从设计到实现加工的全流程，将工业设计与机械工程的产品设计两个学科的相关知识相互融合，实现设计和生产的一体化体系，以计算机为媒介工具，运用各类工程应用软件(如 SolidWorks、CAMWorks、CAXA 等)及现代创新设计理念进行外观形态设计和产品加工设计，同时拓展和加深了学习工业设计和机械设计加工等专业知识的深度和广度。本书以实践案例为主线，将工业设计专业和机械设计专业的接入点——机械产品应用软件的工业设计、美学、仿真、转码与加工结合在一起，实现了工业设计专业的突破。

本书力争做到内容丰富、图文并茂、简明实用，适合作为本科院校相关专业学生的教材，同时也可作为技术人员的实用参考书。

本书由辽宁科技大学梅云、鞍山技师学院田华任主编，鞍山市职教城管理委员会孙英超、北京航空航天大学王鑫任副主编，辽宁科技大学研究生姜海洋、王钫、聂启蒙、林颖，以及鞍钢重型机械金属结构厂田广斌参编。在教材编写过程中，得到了多位老师提出的宝贵意见和建议。在此，谨向为编写本教材付出艰辛劳动的全体人员表示衷心的感谢！

由于编者水平有限，加之时间仓促，书中如有不足和错误之处恳请读者斧正，提出宝贵意见，以期共同进步。

编　者

2019 年 12 月 16 日

目　录

第 1 章

机械产品造型设计与加工

1.1 机械产品造型设计与加工的意义

1. 机械设计

机械的概念是广义的，它除了人们通常所说的机械以外，还包括各种各样的设备、设施、仪器、仪表、工具、器具、家具、交通车辆以及劳动保护用具等。可以说，机械是各类机器的通称。它是人类改造自然、发展自己的主要劳动工具。它能把热能、电能、化学能转换成机械能，也能将机械能转换成其他类型的能量。它能改变或传递力并产生运动，完成人们所期待的许多工作。

机械设计既是一门科学，又是一种艺术。它是经过设计者的创造性劳动，运用科学技术、经济学、心理学和社会学、环境学等知识，获得优质价低的各类机械设计产品。机械设计包括设计理论与方法、产品结构设计、工艺设计和材料选用等。

(1) 机械设计功能要求分类

现代机械的功能要求非常广泛，不同的系统和产品因其工作要求、应用目标和使用环境的不同，具体功能要求有很大的差异。各种现代机械的功能要求大体可归纳如下：

① 运动要求，如速度、调速范围及运动精度等；

② 动力要求，如传递的力、力矩及功率等；

③ 体积和质量要求，如尺寸、占地面积、重心及质量比等；

④ 操作性要求，如反应能力、舒适性及人机交互功能等；

⑤ 可靠性和寿命要求，如零部件的可靠性、耐磨性和控制系统的抗干扰能力、自检及自诊断等；

⑥ 安全性要求，包括机械装置的强度、刚度、热力学性能及摩擦学特性等；

⑦ 经济性要求，如设计、制造、使用和维修等的经济性；

⑧ 环境保护要求，如噪声防治，“三废”的排放治理，以及可回收、可利用等；

⑨ 产品造型要求，如外观、色彩及与环境协调等。

(2) 现代机械设计准则与方法

传统的机械设计以满足力学条件为主要设计准则，强度是设计的核心。随着技术的进步，人们对产品不断提出更深层次、更进一步的要求，形成了现代机械设计中除强度设计准则之外的其他准则，包括摩擦学、可靠性、人机工程学、工业美学、绿色设计等一系列新的设计准则和方法。

1）摩擦学设计准则与方法

在机械产品中，许多零件之间存在着相对运动，各运动副之间的摩擦、磨损以及润滑，对机械的功能、效率、可靠性和寿命等性能有着直接的影响。摩擦是人类生活中不可缺少的物理现象。没有摩擦，所有螺丝都将会松动，仅此一项，现代人类的文明生活就将会解体。但摩擦又带来能量损失等问题，成为人类不断努力争取克服的因素。摩擦学设计准则就是通过设计实现人们对运动副的摩擦要求。在现代机械设计中,根据对摩擦的要求，特别是减摩的要求，做出结构方面、材料配对、表面膜润滑及厚膜流体润滑的相应设计。

2）可靠性设计准则与方法

可靠性是产品在规定条件下和规定时间内完成规定功能的能力。可靠性的提出与发展是人类社会生产与科技发展的必然结果。它是在产品的复杂程度提高、环境不断恶化及市场竞争激烈的条件下提出的。可靠性的提出与发展是与系统工程密切相关的，它摆脱了以往孤立、绝对的考虑问题的思想方法。要求科技人员具有全面、系统的分析、处理问题的能力。可靠性研究反映从设计（寿命开始）到失效（寿命终止）全过程中所涉及的产品质量指标变化的规律,包括设计、生产、使用、管理、储存及运输等各个环节，因此是一门综合性的学科。要求科技人员除了掌握常规的设计、制造、维修等知识之外，还要具有经济、管理等方面的能力。由于可靠性与市场经济紧密挂钩，人们给予了高度重视。如美国人预言，今后只有那些达到高度可靠性指标的产品和企业才能在日益激烈的国际贸易竞争中幸存下来。又如日本人断言，今后产品竞争的焦点是可靠性。既然可靠性是研究产品寿命开始到寿命终止的整个阶段的质量指标的变化规律，可靠性指标就必然与实践相联系，也必然与可持续发展工程和可回收工程相关联。

3）人机工程学设计准则与方法

人机工程学现在已发展为一门多学科交叉的工业设计学科,研究的核心问题是不同作业中的人、机器及环境三者间的协调,研究方法和评价手段涉及心理学、生理学、医学、人体测量学、美学和工程技术等多个领域,研究的目的则是通过各学科知识的应用来指导工作器具、工作方式和工作环境的设计和改造,使得作业在效率、安全、健康、舒适等几个方面的特性得以提高。

让机器的设计适合人的生理心理特点,使得人能够在舒适和便捷的条件下工作和生活,人机工程学就是为了解决这样的问题而产生的一门工程化的科学。

在“人-机-环境”大系统中，人与机器之间形成一个界面，大系统能否良好运转与这个界面设计的好坏有很大的关系。人机工程学设计的重点之一就是界面设计，即追求友好的人机界面。它涉及人和机器各自的特性，界面设计的任务就在于深刻认识这种特性，并在界面上建立双方最佳耦合关系。主要包括：① 基于人体感觉器官的人机界面设计；② 基于人体形态学的人机界面设计；③ 基于人体力学的人机界面设计；④ 基于人-计算机的人机工程学设计。

2. 工业设计

工业设计是一门最终形成于现代机器工业时代，涉及美学艺术和工程技术的新兴学科。它不仅包括产品外观的美化，更包括对人的因素、环境生态、技术前景、社会变革等高层次的理解，因此被著名科学家杨振宁誉为“二十一世纪最有前途的科学”。

1919 年在德国，由格罗皮乌斯创建的“包豪斯”学校是工业设计确立的标志，它是现代工业与艺术走向结合的必然结果，开创了现代设计的新纪元。它强调在以大工业生产为基础的前提下，充分利用当代科学技术的成果与美学资源，创造一个能满足人类精神与物质双重需要的环境，以艺术与技术的统一为宗旨，强调设计的目的是人而不是产品。第二次世界大战后的美国受益于这一工业设计观，使美国的资源、技术得以充分发挥，促使美国经济繁荣，产品销售到全世界。美国的工业设计从一开始就是以实用合理而著称。美国芝加哥学派很早就提出了“形式服从功能”的设计口号，这使得美国工业设计很快走上了正确的兴旺发展之路，工业设计应用到了很多工业部门，并很快成为美国社会创建新生活方式和财富的直接手段。

日本是另一个较早重视工业设计，靠设计开拓市场，并在国际竞争中取得生存与发展的榜样。日本人口众多，地域狭小，资源贫乏，但它靠“设计立国”“技术立国”，使工业生产取得飞速发展，证明了优良的设计与先进技术同样可以富民强国。日本从价廉、新颖、节能上开发与设计了各种各样的产品。丰田、索尼、日立等符合时代生活方式的汽车、家电风靡全世界，击败了欧美等强国而占领世界市场。成功的关键就是重视产品的开发与设计。

工业设计还能使产品具有高的附加价值而使产品价值倍增，提高企业的经济效益，使企业发展更快。美国工业设计协会（IDSA）曾统计，工业设计投资 1 美元，销售额可高达 2 500 美元。工业设计对企业的生存与发展起了不可估量的作用。在商品经济社会中，设计更成了商家在竞争中取胜的必要手段。现在，人们把工业设计誉为“设计中的设计”或“生活的创造之神”。同时，工业设计已成为研究人与人、人与物、产品与环境、需求与文化关系的社会科学与技术科学交叉的学科。

(1) 工业设计准则与方法

1）遵守技术、造型和商品美学原则

技术美学主要是研究产品及环境的美学问题，是实用功能与审美功能的统一，是技术与艺术的有机结合；技术美学具体体现在功能美、工艺美、材质美、风格和仿生美等。产品造型的美学原则主要有：比例与尺度、均衡与稳定、统一与变化、调和与对比、节奏与韵律、比拟与联想等。商品美学主要是研究商品美的要素和规律，商品美的创造和欣赏，商品美与市场的关系。

2）造型中的色彩问题

在产品设计中，色彩起着美化产品与环境、提高工作质量与效率、宜人等作用，使产品具有物质与精神双重功能。

3）造型中的肌理质感

在造型设计领域，“肌理”即物质材料的表面组织结构。一层意思是被人们的视觉、触觉所感受到的材料的表现形式；另一层意思是材料可通过先进的工艺技术创造出新的肌理形态。所以，肌理是材质与工艺两个因素的综合表现。随着新工艺、新技术的不断出现，新的肌理带来的审美往往超出人们的常识之外，对人具有强烈的吸引力，会增加产品的实用功能和时代感，增强市场竞争力。

(2) 现代工业设计的新特征

由于计算机技术与通信技术的高速发展，以及新材料、新工艺的应用给制造业带来了崭新的景象，极大地改变了生产力原有状态；同时，世界文化、世界经济的发展，也完全变革了人们传统的生活、工作和交流方式。工业设计在这样的世界发展中革命性地改变了其原有的内涵，完全表现出现代工业设计新的特征，这就是：

① 设计目标　工业设计从过去改变丑陋和不安全的单纯目标到现代以人为中心的物化设计目标。

② 在产业中的地位　工业设计由过去参与产业开发后期并起“装饰”配角地位，发展到现代产业中成为企业前期开发、整体营销的重要利器。

③ 设计模式　现代工业设计从过去的单项分离设计发展到现在的整体系统设计模式。

④ 设计方法手段　过去的设计活动主要依赖人脑、手、图纸、机械实物制作，现代的设计活动则完全依赖人脑、手、电脑、全自动化制作。

⑤ 设计实现能力　过去的设计基本建立在机械化制造能力基础上，而现代设计已经开始建立在完全电脑化、自动化制造基础上。

⑥设计审美　过去的设计崇尚统一的、大众的、大工业、大批量生产的审美情景，而现代工业设计履行的是多款式、多变化、短周期的设计目标，以满足日益增长的个性需求。

⑦ 产品属性　可用性已成为产品的基本属性和决定产品竞争力的关键因素。产品功能的复杂化和使用的简易性需求的矛盾，导致了产品普遍存在可用性问题，因而针对改善这一矛盾并以用户为中心的产品可用性的研究必然具有重要的应用意义和研究价值。

(3) 工业设计已成为现代社会工业产品竞争力的核心要素

创新将是中国制造业未来发展的关键要素，而工业设计是创新的重要手段。工业设计的主体是产品设计。今天，由于科技的进步使企业间在产品质量上的差距日趋接近，而使设计，诸如外观设计专利等成为重要的知识产权。产品不仅要满足功能、美学的要求，更要满足使用者的安全、舒适，有利于健康和操作以及与环境保护一致的要求。因此，如何寻找人-机-环境间的最佳匹配关系，探索工业产品以人为中心的设计理念、设计手段与方法，成为开发自主创新设计、实现产品品质赶超国际水准的关键，成为现代社会工业产品竞争力的核心要素，成为实现高、新技术产业化的重要手段，成为科技创新不可或缺的重要一翼。

我国的机械产品在激烈的国际竞争中，如果不加快产业结构、产品结构的调整，不改变传统的设计观念，学习先进的设计理论、技术和方法，不抓技术创新，不通过设计提高附加价值，不抓规模效益，就很难立于世界强手之林。也就是说，传统的机械设计需要随着时代的发展而发展，传统的机械设计理论需要与新的设计理论相结合并加以创新，需要采用新结构、新工艺、新材料以适应现代化机械产品在多功能、可靠、高效、节能、小型、轻量和美观等方面的要求，并且要满足信息化、自动化和智能化对机械设计的要求。

从工业设计角度来看，产品设计中的功能设计、人-机方式设计、造型设计（形态、色彩、肌理、装饰等）是确保产品内外质量，提高产品附加值，增强市场竞争力等密不可分的整体。就产品造型设计而言，在设计、表现和推出的新款产品中只有那些符合功能、结构、加工工艺技术、人机工程、环境等要求，符合人的审美意识、心理、生理要求，符合市场需求的产品才是好的、美的设计作品。

3. 机械设计与工业设计相结合

(1) 机械产品造型设计的特征

① 机械产品的造型设计首先应服从于功能目的，机械产品是通过大量材料、一定的结构、生产工艺来完成的，是科学技术、材料、结构、工艺和造型艺术完美的统一。

② 机械产品的造型设计必须适应现代化生产方式，使设计的产品加工方便，符合标准化、通用化、模块化、系列化及批量生产的要求，体现经济性。

③ 机械产品的造型设计必须符合人的生理、心理特征，设计合理的人机界面，使人-机-环境相适应，体现宜人性。一个产品拥有友好的人机界面往往令使用者倍感亲切。

④ 产品是人类文化的重要载体之一，高精尖的技术产品是人类文明进步的重要标志。机械产品应通过造型设计去反映时代精神和社会物质生活，以及科学技术的面貌、水平；去反映产品特定的内容、情趣，以及民族与文化的特征，以适应市场及消费者的需求。产品总是这样具有极其强烈的时代性。

⑤ 机械产品造型设计要注意继承与创新。要继承前人的设计理论、技术、方法和设计成果，进而创新并形成具有企业风格和时代特征的新产品。

⑥ 机械产品的造型设计应同时具有作为物质产品的实用性、使用价值和作为造型艺术的审美性，体现物质与精神功能的双重特征。

⑦ 造型设计应体现出总体设计、结构设计、造型设计、人机设计，甚至管理、销售等的系统性、综合性，达到实用、经济、美观、宜人、创新的设计原则。

(2) 把造型设计中的美学原则融入机械产品之中

① 比例与尺度　正确的比例尺度，是造型设计的基础。机械产品造型比例的基本构成条件是产品功能。如加工细长零件的普通车床、外圆磨床等，其造型应该是低而长，成为卧式加工机床。不同用途的机械产品，其造型比例关系亦不相同。而不同时代又有不同的审美要求，使产品在比例、现行风格和色彩等方面形成不同的时代风格，具有不同时代特征的形式美。

② 均衡与稳定　一般情况下应有意识地运用不同结构布局、质量、几何形状、肌理、色彩、装饰件等进行精心处理，形成既有造型变化，又产生视觉上均衡、稳定效果的完美整体。

③ 统一与变化　这是产品设计中最为重要、最能发挥工业设计师才华的美学原则，应从机械产品的整个系统、主体造型一直到装饰的细微处全面考虑。这应由工业设计师自始至终与工程技术人员密切协作，发挥各自的长处，从系统、整机直至细部均统一协调。

(3) 机械产品的色彩设计

机械产品的色彩，不仅具有保护、防锈的作用，更具有美化产品、美化环境、提高工作效率、增加产品价值等作用。当然，机械产品的色彩设计不同于工艺品、装饰品、日用品，而有其特定的基本原则。其特点是色彩设计应符合功能要求、环境要求、人机工程要求，应符合人的审美情趣及经济性。色彩应简洁、单纯、美观、大方，既协调柔和又富有时代性、装饰性。

一项产品的推出总是以社会需求为前提的，没有需求就没有市场。但是社会需求是变化的，不同的时期、不同的环境，就会有不同的市场行情和需求。因此，产品要不断地改进和更新，更要不断开发新产品以适应市场的变化和需求。在当今市场全球化的大潮中，工程师和设计师一定要树立真正的市场观念，以真实的社会需求作为最基本的出发点来研制产品。机械工程师设计创造的产品、工业设计师设计创作的作品、市场营销商经销的商品是三位一体的整体，工程师和设计师必须密切合作，共同努力，不但要研制出功能优秀的产品，而且要为这种功能产品找到符合人们审美需要、符合时代潮流的形式，从而向市场提供适销对路的商品。成功的商品是设计师和工程师共同的知识、技能、智慧和汗水的结晶。过去的实践证明，工程师设计的纯功能产品是缺乏市场竞争力的，而艺术家创作的纯艺术品则仅供观赏，缺乏实用价值。在经济全球化、社会变异和技术创新的新世纪，生产与工艺趋于同化，大部分行业受到相当程度的冲击，工业设计与机械设计在现代社会中所扮演的角色与任务也面临重新自我检视与调整。工业设计与机械设计进行更紧密的结合是时代发展的需要，是提高我国产业技术创新能力和国际竞争能力的有效途径。机械工程师和工业设计师迫切需要携手并进，通力合作，提高设计水平，为市场提供优质的设计服务和优秀的产品，开辟工业设计与机械设计合作的新篇章。

(4) 现实的认识

在我国机械产品行业中,有不少技术上成熟的产品由于过去不重视工业设计,在整体形象上缺乏认真的考虑。无论外观形象还是设计理念均严重滞后于国际潮流。随着中国加入 WTO 及经济的全球化发展,这一现象将大大削弱这些产品的市场竞争力。然而,出于经济与生产实际的考虑,企业又不可能将现有产品全部重新设计,尤其是在技术性能及生产工艺上已十分成熟的产品。在这种情况下,就必须在保证产品基本结构和原有工艺装备不变的前提下对产品进行适当的工业设计改造。

工业设计对传统机械设计的介入不可避免。工业设计师依据自己的专业知识和对市场需求与用户特点的了解,首先提供用户乐于接受的产品造型形态和有助于双向信息交流的人机交互界面设计,而后再由机械设计师在确定的整体设计框架内完成内部的功能结构设计。

工业设计的核心是“以人为中心”。在进入 21 世纪,面临经济全球化的今天,企业的产品将面临更广泛、更严厉、多层次的消费者审视。在一个高度竞争的市场上,用户的需求与喜好将在产品开发过程中得到更多关注,工业设计对传统设计的介入已不可避免。

这些看似非工程性质的技术,在今天已成为专供工程师利用的多种技术中的一个密不可分的基本部分,被应用于按工程师角度考虑的产品性能、质量和成本效益的问题之中,并应自始至终融入产品设计的全过程。如果说传统设计是“由内而外”的设计,那么工业设计就是“由外而内”的设计。

21 世纪的市场竞争不仅是先进科技的竞争,同时也是产品设计的竞争。以知识为基础的产品创新是现代工业设计的核心。中国正在迎接经济发展和科技创新的新时代,新的科学理论、科学技术和设计理论不断涌现。传统的专业和学科正在加速调整和融合,要求人们在继承传统的基础上开拓创新。机械设计与工业设计需要融合发展以适应市场的变化和需求,也是时代的要求。同时,中国加入 WTO 给机械设计与工业设计提出了新的机遇和挑战,要求业内人士通力合作,设计出满足国际市场需要的产品。

1.2 软件的联系和应用

工业产品设计和机械产品设计,其设计软件有共通性,建模、渲染、后期修图都可以用相同的软件,用计算机辅助机械产品设计。

1. 计算机软件辅助机械产品设计

(1) Rhino

Rhino(中文名称犀牛)是一款超强的三维建模工具,它可以广泛应用于三维动画制作、工业制造、科学研究以及机械设计等领域。Rhino 可以创建、编辑、分析和转换 NURBS 曲线、曲面和实体，并且在复杂度、角度和尺寸方面没有任何限制；它是一个功能强大的高级建模软件，Rhino 可以在 Windows 系统中建立、编辑、分析和转换 NURBS 曲线、曲面和实体。Rhino 是为设计和创建 3D 模型而开发的。在熟练使用 Rhino 之后，就可以建立复杂的三维模型。

(2) SolidWorks

SolidWorks 是一款非常强大的设计软件，可以用来做机械设计、工业设计、模具设计、制造技术和消费产品设计等。SolidWorks 的主要用途是机械设计，还可以进行电气、电子设计和 CAM 自动编程等，是一款三维 CAD 设计绘图软件。其功能强大，组件繁多。

SolidWorks 具有功能强大、易学易用和技术创新三大特点，是基于 Windows 平台的三维 CAD 设计和分析软件。在完成产品三维造型的基础上，还能实现模型的动态可视化，对模具的装配过程、拆卸过程和运行过程进行模拟。SolidWorks 独有的拖拽功能可使用户在较短的时间内完成大型装配设计。SolidWorks 资源管理器是与 Windows 资源管理器一样的 CAD 文件管理器，用它可以方便地管理 CAD 文件，使用户能在较短的时间内完成更多的工作，更快地将高质量的产品投放市场。SolidWorks 是设计过程中比较简便的软件之一。美国著名咨询公司 Daratech 评论："在基于 Windows 平台的三维 CAD 软件中，SolidWorks 是最著名的品牌，是市场快速增长的领导者。"

SolidWorks 软件提供了实体建模功能，通过拉伸、旋转、薄壁特征、高级抽壳、特征阵列以及打孔等操作来实现各种产品的设计，通过对特征和草图的动态修改，用拖拽的方式即可实现实时的设计修改。SolidWorks 允许以插件的形式将其他功能模块嵌入到主功能模块中。因此，SolidWorks 具有在同一平台上实现 CAD/CAE/CAM 三位一体的功能。

(3) CAMWorks

CAMWorks 是一款基于直观的实体模型的 CAM 软件，CAMWorks 是 SolidWorks 认定的加工/CAM 软件黄金产品，为 SolidWorks 设计软件提供了先进的加工功能。作为 SolidWorks 第一款 CAM 软件，CAMWorks 提供了真正的基于知识的加工能力，在自动可加工特征识别（AFR）以及交互特征识别（IFR）方面处于国际领先地位。CAMWorks 还提供了真正跟随设计模型变化的加工自动关联，节省了设计更新后重新进行编程的时间。

① 加工仿真：CAMWorks 提供了完整机床的真实仿真，使得检查刀具与零部件之间的碰撞成为可能。仿真可以在实际三维模型上显示刀具的轨迹。可以创建完整的机床包括达到 5 轴的刀具配置、加工限制等。图像可以在仿真过程中进行操作，可以从不同角度近距离地显示视图。

② 基于特征的实体加工技术:在三维实体模型的环境中完成 3D CAD 的造型(或其他 CAD 模型数据导入),直接对设计的实体模型进行切削和加工模拟,实体模型仍然是完全可编辑的,刀具轨迹直接显示在实体上,G 代码的生成也不脱离设计环境。

③ 特征识别技术:CAMWorks 运用了特征识别技术 AFR 和 IFR 技术,能够方便地智能识别零件的几何特征,而不考虑创建特征的 CAD 系统是什么类型。这些特征一经确定,CAMWorks 就会将其归类为特定的类别,用户可以为具体特征分配定义以进一步分类。

④ 基于技术数据库的加工技术:CAMWorks 运用了基于知识经验的加工技术 KBM,明显地减少了编制加工流程所需要的人员、经验和时间,CAMWorks 的技术数据库 TechDB,提供了各种机床类型、预先设定的工序序列、主轴转速、进给速度和加工材料等多参数组合,这些参数均可以修改,以反映用户的特定工序,特定的加工参数也可以由用户定义,对于每项特征,数据库会分配加工作业、工具和加工参数,包括主轴转速和进给值。

⑤ 联合加工技术:CAMWorks 采用了特征历史树和联合加工技术,将不同的加工工序组成逻辑组,排列成树状结构,图形化界面供检查和编辑,简化了复杂刀具路径的变化,明显缩短了特征改变以后对刀具路径重新编排的时间。

⑥ 完整的专业数控加工:CAMWorks 支持多轴的数控铣削、车削、线切割、激光成型和水刀切割等加工方式,并可直接在实体模型上进行数控加工模拟。还支持主要的 CAD/CAM/NC 标准数据格式,具有上百种机床的后置处理。应用于二维和三维的机械设计、模具设计、样机设计、图案设计及逆向工程。

(4) CAXA

CAXA 电子图板是一款强大的机械专业设计软件,它稳定高效,性能优越于二维 CAD 软件,可以零风险替代各种 CAD 平台,比普通 CAD 平台设计效率提升 100%以上,可以方便地为生产准备数据,快速地与各种管理软件集成,是集工程设计、创新设计和工程图于一体的新一代三维 CAD 软件系统。

CAXA 实体设计是一款既支持全参数化的工程建模方式,又具备独特的创新模式的机械产品造型设计与加工的常用软件。

(5) KeyShot

KeyShot 意为“The Key to Amazing Shots”,是一个互动性的光线追踪与全域光渲染程序,无需复杂的设定即可产生相片般真实的 3D 渲染影像,使 KeyShot 用户能更好地控制颜色选项,并直接在 KeyShot 界面上快速、方便地创建互动 3D 内容。KeyShot7 是具有惊人视觉效果的、最好的 3D 渲染和动画软件,用科学准确的材料和环境预设先进材料进行编辑制作动画。

KeyShot7 的特点:

① 快速　KeyShot7 中的所有内容都是实时发生的,使用独特的渲染技术,可以

立即查看材料、照明和摄像机的所有变化。

② 简单　不必成为渲染专家就可以创建 3D 模型的照片真实感图像，只需导入数据，将材料拖放到模型上，调整光线，然后移动相机即可完成。

③ 准确　KeyShot7 是 3D 数据最准确的渲染解决方案。KeyShot 是建立在 luxion 内部开发的、在物理学上正确的渲染引擎基础上，用科学准确的材质表示全局照明方面的研究。

(6) Photoshop

Adobe Photoshop 简称“PS”。Photoshop 主要处理以像素构成的数字图像。它具有众多的编修和绘图工具，可以有效地进行图片编辑工作，广泛用于图像、图形、文字、视频、出版等各方面。Photoshop 软件可分为图像编辑、图像合成、校色调色及特效制作等部分，将向智能化、多元化方向发展。如果有一款电脑图像处理软件是让人爱得深沉的，那一定是 Photoshop 图像处理软件。

(7) AI

AI 适用于印刷出版线稿和专业插画、多媒体图像生产、网页制作等。与 PS 制作的位图相比，AI 处理矢量图可以无限缩放不失真，任何情况下都能保持清晰的画质，表现在标志、LOGO、特殊字体、封面绘制等方面。

2. 机械产品造型设计与加工软件的应用

(1) SolidWorks 软件的优势

SolidWorks 是机械设计的基础建模软件，在机械产品设计和工业设计中应用广泛，并且此软件里的 CAMWorks 可作为仿真和加工的代码生成软件，它将机械设计、工业设计及工业产品的造型设计从设计到生产融为一体，方便快捷，实用好用，有利于产品的生产加工和外形设计，为产品创造更高的商业价值。

SolidWorks 为选择草图基准面提供了 3 个默认的基准面，即前视基准面、上视基准面和右视基准面。

(2) SolidWorks 软件的功能及应用特点

1) 软件的功能

① SolidWorks 绘制机械零件图。

② 拉伸功能：它是生成三维模型时最常见的一种特征。其原理是将一个二维草绘平面图形拉伸一段距离形成的特征。

③ 旋转特征。

④ 扫描功能：它是草图轮廓沿一条路径移动获得的特征。在扫描过程中用户可设置一条或多条引导线，最终可生成实体或薄壁特征。

⑤ 放样特征：三维模型的形状是多变的，扫描特征解决了截面方向的问题，但不能使截面形状和尺寸随意变化，这样就需要用放样特征来解决这个问题。

⑥ 筋特征：用来增加零件强度的结构，它是由开环的草图轮廓生成的特殊类型的拉伸特征。可以在轮廓与现有零件之间添加指定方向和厚度的材料。

⑦ 简单直孔：它是具有统一半径的圆孔，其深度方向和形状不发生变化。

⑧ 倒角：又称“倒斜角”或者“去角”，可以在所选边线或顶点上生成一个倒角。SolidWorks 中的倒角类型包括“角度距离”“距离-距离”“顶点”三种形式。

⑨ 圆角：在边界线或者顶点处创建的平滑过渡特征称为圆角特征。对产品模型进行圆角处理，可以去除模型棱角，还能满足造型设计的美学要求，增加造型变化。圆角特征包括“等半径圆角”“变半径圆角”“面圆角”“完整圆角”四种类型。

⑩ 中性面拔模。

⑪ 分型线拔模和阶段拔模。

2）便捷性特征

SolidWorks 在机械设计中应用于机械设计、零件制作、零件装配，以及机械工程图的绘制等，具有便捷性。

① 操作简单：SolidWorks 软件中每一个零件都带有“拖动手柄”的功能，能够实时动态地改变零件的形状和大小，简单易操作。

② 造型特征：该特征的引用直接体现在设计意图上，使得建立的产品模型容易为别人理解，设计的图样更容易修改，设计人员可将更多精力用在创造性构思上。

③ 参数化造型：造型的几何外形是由受约束的数学关系式来定义的，而不是简单的、不相关的尺寸。

(3) SolidWorks 数控加工过程

系统由编程模块、仿真模块、传输模块三大部分组成如图 1-2-1 所示。

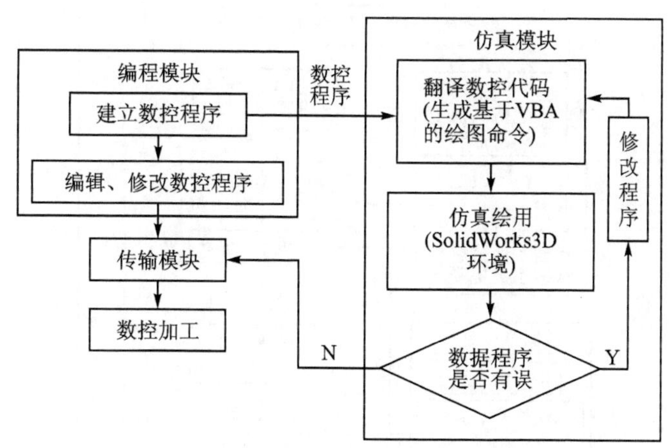

图 1-2-1 编程模块、仿真模块、传输模块联系图

编程模块即数控程序编制和修改模块应用流程图如图 1-2-2 所示。

仿真模块的主要功能有：提供单步及全过程的用户选择模式、刀具库浏览功能、加工步骤的详细记录和显示以及仿真过程中的各种状态监测。仿真采用三维实体模型显示仿真结果，不同的刀具加工，在实体模型中分不同种颜色来显示切削痕迹，仿

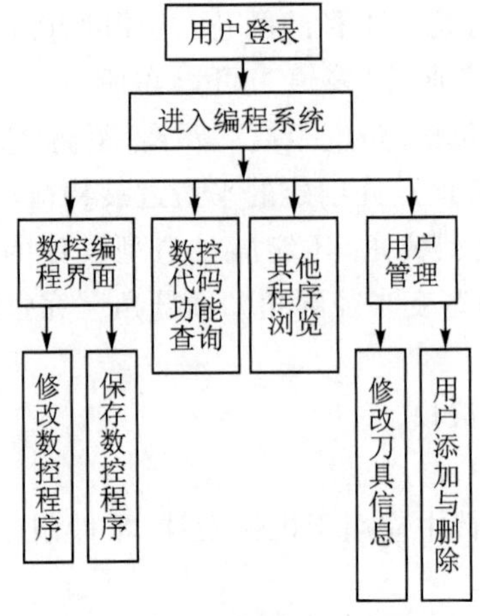

图 1-2-2　编程模块应用流程图

真图形有实体模式、线架模式等多种显示方法，并可测试和查询各种尺寸参数，对仿真图形可任意旋转、缩放、打印。

传输模块是将经过编程模块、仿真模块反复修改、验证的数控程序通过计算机通信接口传送到数控加工中心，进行数控加工。传输模块应用流程图如图 1-2-3 所示。

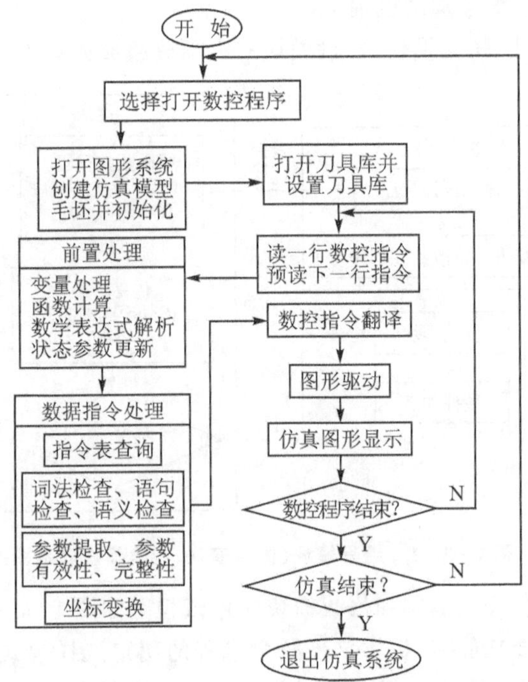

图 1-2-3　传输模块应用流程图

SolidWorks 是一个既能设计又能加工的软件。在机械方面,极大地提高了机械产品的设计效率,增强了企业的市场竞争力,是一个很有前景的系统。数控加工过程仿真系统完全满足实际生产现场的要求,具有高可靠性、低成本、易扩展等优点。主要应用在数控加工、参数化设计、仿真模块、编程语言中;在工业方面,具有建模功能,如汽车、电子产品、手机模型、无人机等。因此,SolidWorks 软件与上述两方面之间的联系密切,是一个多功能的软件。SolidWorks 能提供不同的设计方案,减少设计过程中的错误,提高产品质量。SolidWorks 具有如此强大的功能,对工程师和设计者来说,操作简单方便、易学易用。

第 2 章

机械产品外观造型设计

2.1 造型设计的形式美学法则

学习造型设计的形式美法则，了解某领域内的产品设计概况，能够鉴别产品设计的造型美，并应用形式美原则进行改良设计。熟练运用造型设计的形式美法则，进而指导自己的设计，提高对于产品造型设计的学习兴趣，培养设计灵感。

了解产品形式美法则的运用如图 2－1－1 所示。

在图 2－1－1 中，耳机和验钞机，体现了变化与统一的基本规律，既有一致性、条理性和规律性，且各种要素间又有差异性，形式不断突破。制氧机效果图和音乐播放器，是对称与均衡基本规律的运用，对称体现条理、秩序和安定，均衡克服了对称、单调、呆板的缺陷。面的节奏和笔筒设计体现节奏与韵律的形式美法则，传递一种新的趣味和意蕴，能够激发观者的想象力，产生视觉美感。空气净化器和轧面机运用的是过渡与呼应的造型规律，不同的形状和色彩之间既相互联系又逐渐演变，避免简单、生硬的组合与处理，达到和谐的效果。机床和无人机是稳定与轻巧的形式美法则的运用，重点在造型物各个部件之间的轻重关系。家电产品体现对比与调和法则，对比和调和是相辅相成的，对比强调变化，调和强调统一。两者协同使用，在局部应用对比，整体应用调和。小产品中的比例与分割法则运用，按照一定的关系处理分割产品各部分的关系也是产品造型设计常用的手法。

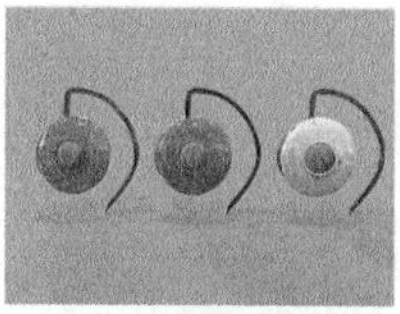

耳机 　验钞机 　制氧机效果图 　音乐播放器

面的节奏 　笔筒设计 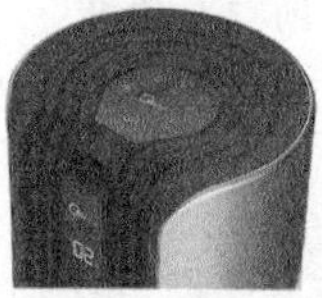　空气净化器 　轧面机

机床 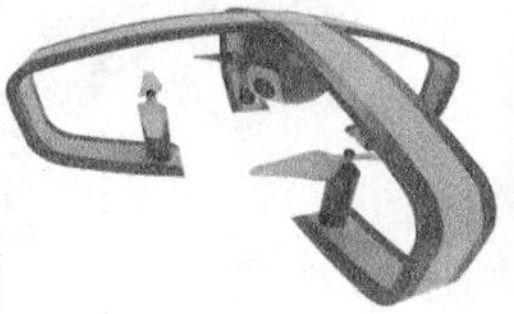　无人机 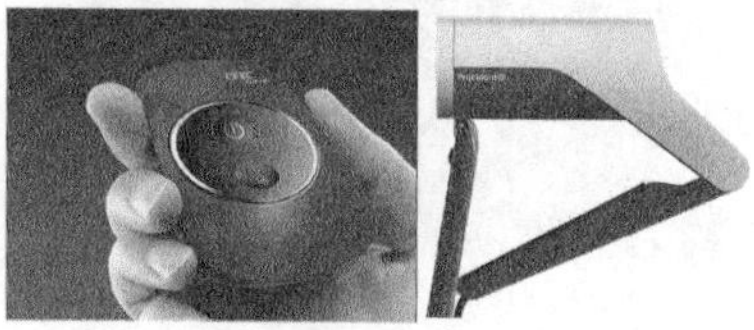　家电产品

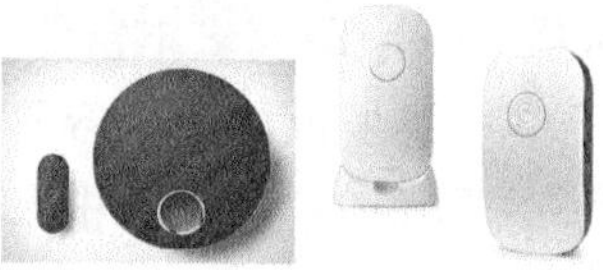

小产品

图 2-1-1　产品形式美法则的运用

相关理论

1. 变化与统一

变化与统一是形式美的总法则,也是产品造型设计的基本规律之一,被广泛应用于造型活动中。“统一”强调物质和形式中各种要素的一致性、条理性和规律性,可转动的轮子大小、样式、颜色都一样,这就意味着统一,如果同一形式要素的大小颜色不同,就会产生很突兀的视觉感受。“变化”强调各种要素间的差异性,要求形式不断突破、发展,是创新的要求。圆形组件和方形组件的变化,使得产品造型更加丰富,富有创新性。形式美总法测的应用实例如图 2-1-2～图 2-1-5 所示。

图 2-1-2　自助存取款机

图 2-1-3　点钞机

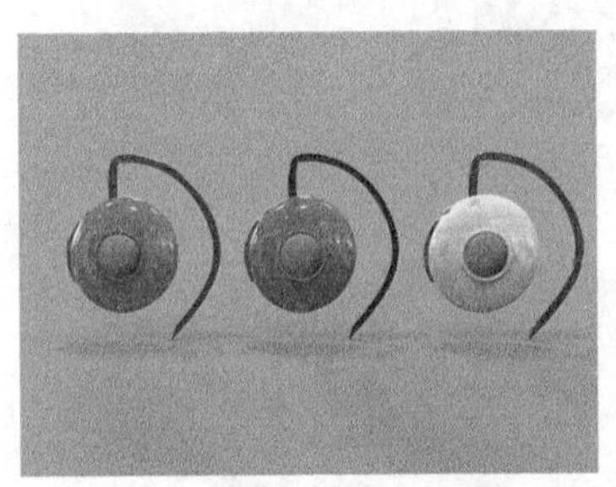

图 2-1-4　耳　机

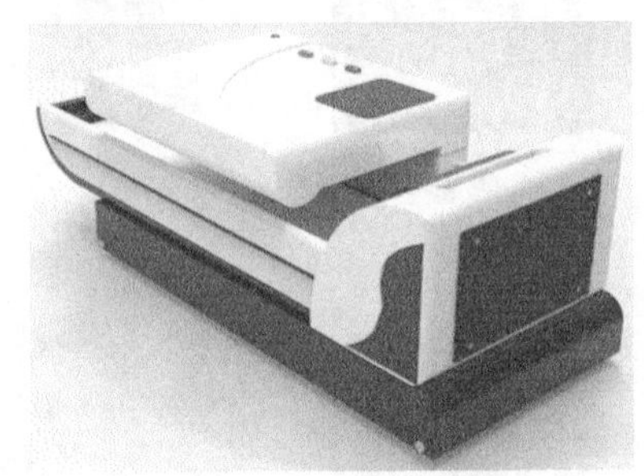

图 2-1-5　验钞机

变化与统一是一对不可分割的矛盾体，体现了人类生活中既要求丰富性，又要求规整、连续、统一的基本心理需求。视觉活动中，过于单一而呆板的形象容易引起视觉疲劳，导致心理的反感，因而适度的丰富变化总是令人愉悦的，在视觉中会产生舒适与美的的感受。

在产品造型设计中，要处理好基本型和局部细节的关系，就像人认识事物和把握事物发展规律一样，遵循由大到小、由整体到局部的规律；在造型设计过程中，也要认清把握好其中的规律，遵从其中的秩序，不要造成认知负担，因此在造型结构上不要特别复杂，在理解和把握好这种主要秩序的前提下，遵从其统一性和秩序性。而变化更多地体现在对造型的局部细节处理上，做到丰富，避免单调，变化使人对细节提起兴趣。

变化与统一是协调发展、相辅相成的，不能只顾统一而忘记变化，也不能只顾变化而忽视统一。只重视变化，造型就不够统一，造成破碎感；只重视造型的整体协调与统一而没有细节的变化处理，就会有呆板的感觉。所以，在实际结构造型中，两者兼顾才能既有秩序性又有丰富性。碎纸机就是在统一的基本型之下，变化一部分造型元素，达到产品的美的视觉效果。

碎纸机造型形式美设计运用及细节如表 2-1-1 所列。

表 2-1-1 碎纸机造型形式美设计运用及细节

品牌	材料	造型(整体)	色彩	设计细节对比		
				电源接口	碎纸入口	开关
科密 3838 碎纸机	刀口采用高强度冷轧氮化钢刀,精密、锐利		黑色	国家 3C 标准充电口	A4 碎纸入口	三档波动开关,待机、关机、退纸,三档电源开关简洁易用
得力 9931 桌面型碎纸机	表面为亚克力板面,刀口采用高强度冷轧氮化钢刀		白色	国家 3C 标准充电口	A5 纸、卡	两个开关
三木 SD9711 碎纸机	表面为 ABS 材料,精简亚克力面板,淬火锰钢刀碎纸工艺		白色	国家 3C 标准充电口	纸张投入尺寸为 220 mm	三个开关
震旦 AS068CD 碎纸机	马达机芯,热处理冷轧刀芯		白色	国家 3C 标准充电口	双向入纸口	三档开关,待机、关机、退纸按键
盆景 538 办公碎纸机	涡轮增压副电机		黑色	国家 3C 标准充电口	碎纸尺寸 A4 宽幅	电源按键,手动进、退纸

总结:

①色彩上　市场上的碎纸机有各种各样的颜色,大部分都是深色调。这样符合严肃的办公环境。

②外形上　大部分以方形为主,具有进纸口、电源、出纸口等。简洁轻巧。

③细节　出纸口处多有废纸槽接废纸,长时间工作容易发热。

④改进功能　安装一个过热指示灯,在机器过热时自动跳闸,并且指示灯亮红灯,待温度恢复后变成绿灯可手动按按钮继续使用。

2. 对称与均衡

(1) 对　称

对称是人们最早发现理解和运用的美学法则之一。很早，人们就发现了自然界中的自然事物有形的规律，如植物的叶子和花瓣是对称的，动物的体型也有对称现象，所以人们通过对于这种现象的欣赏和总结，发现了美的规律。最后将这种对称的手法运用到产品的造型设计当中。

1）制氧机

图 2－1－6～图 2－1－8 所示为产品制氧机的造型设计。

图 2－1－6　制氧机效果图

图 2－1－7　制氧机后视图

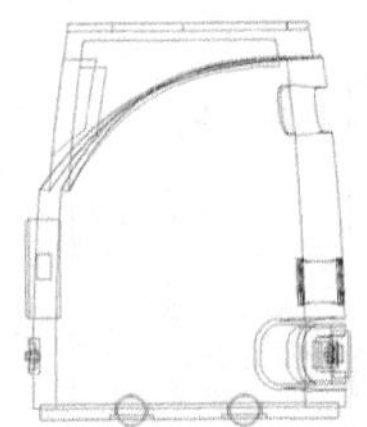

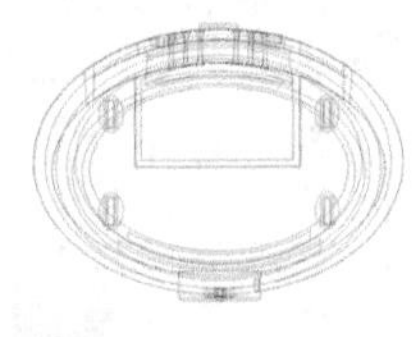

图 2－1－8　制氧机三视图

此款制氧机外观时尚、简洁，质量轻，采用对称的造型设计，便于携带；同时集多功能于一身，可与手机进行连接，方便远程控制为老人服务；还有一键求救、语音提示、智能定时关机和多种模式等功能。其小巧的造型既可满足家庭需要也可以车载使用，无论老人和年轻人都适用。

2）血糖仪

所有品牌的血糖仪几乎都由塑料材质做成，屏幕由液晶所做；色彩上多以白色为主，搭配一些其他的辅助色，给人以干净严谨的视觉效果；功能上大多数品牌以测速快、体小轻便、大屏清晰显示、微量采血无痛感、免调码为主，部分还拥有很大的记忆值，市面上常见的血糖仪多以便捷、省时为主；细节的设计上根据品牌的特点匹配不同的细节，以达到美观和谐的效果。

血糖仪造型形式美学设计运用及细节分析如表 2－1－2 所列。

表 2-1-2　血糖仪造型形式美学设计运用及细节分析

品　牌	材　料	造　型	色　彩	特点及功能	设计细节对比			
					显示屏	按　键	其　他	试纸插口
SANNUO 三诺 三诺	塑料		白色 金色	①免调码：插条即用； ②5 s 出值； ③自动退条：监测卫生更安全； ④红绿指示灯，血糖一目了然； ⑤采血量 0.8 μL：微量采血，无疼痛； ⑥血糖读数 500 个			指示灯	
Roche 罗氏	塑料		灰色 深蓝	①全自动调码； ②0.6 μL 采血量； ③检测快速 0.5 s； ④大屏显示； ⑤体积小，便捷				
Johnson's 强生 强生	塑料		白色 深蓝 银色	①大字体显示； ②操作简单； ③瞬吸亲水膜技术，快速吸入； ④可触摸试纸； ⑤AST 变位采血技术，多部位采血			压簧控制器 数据口	

续表 2-1-2

品　牌	材　料	造　型	色　彩	特点及功能	设计细节对比			
					显示屏	按　键	其　他	试纸插口
OMRON 欧姆龙	塑料	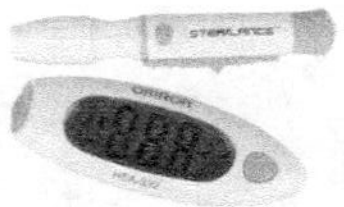	白色 橘黄 灰色	①1 μL 采血，省时省血； ②14 次测量结果自动储存； ③5 s 显示测量结果； ④体积轻小	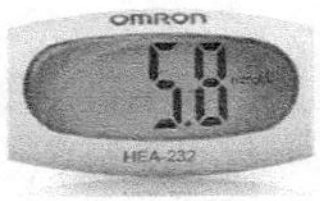	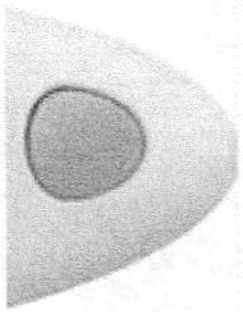		
YUYUE 鱼跃医疗 鱼跃	塑料	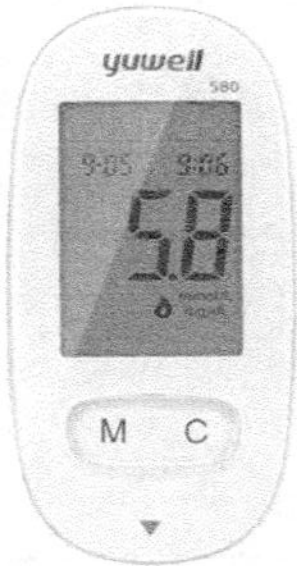	白色 黑色	①5 电极精准测量； ②专业家庭医用； ③8 s 检测； ④无痛微量采血； ⑤先进免调码技术； ⑥250 组记忆值； ⑦高清字体，液晶大屏； ⑧一键退纸，无需手取	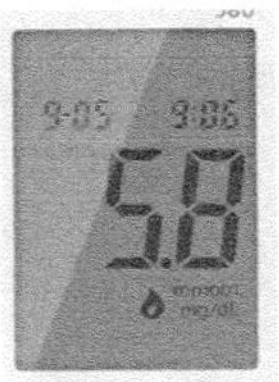	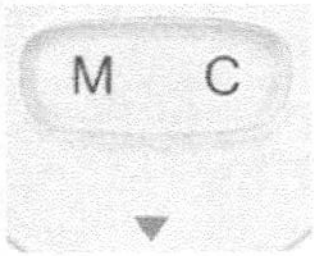	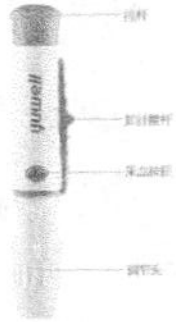	

3）其他产品

对称是指前后、左右、上下等方向上有着等量的布局。对称又可分为轴对称和回转对称。如图 2－1－9 和图 2－1－10 所示，这两款产品的对称方式都是轴对称。图 2－1－11 所示为左右对称形式。对称的造型设计，给人一种条理、秩序和安定的感觉，但是也有可能导致呆板单调。设计中，对于对称法则的运用，一定要适当而巧妙，否则可能会失去美感。

图 2－1－9　音乐播放器①

图 2－1－10　音乐播放器②

(2) 均　衡

均衡对称的另一种形式，是指左右、前后、上下等方向上有相同的视觉重量，即双方不一定对称，如图 2－1－12 所示。

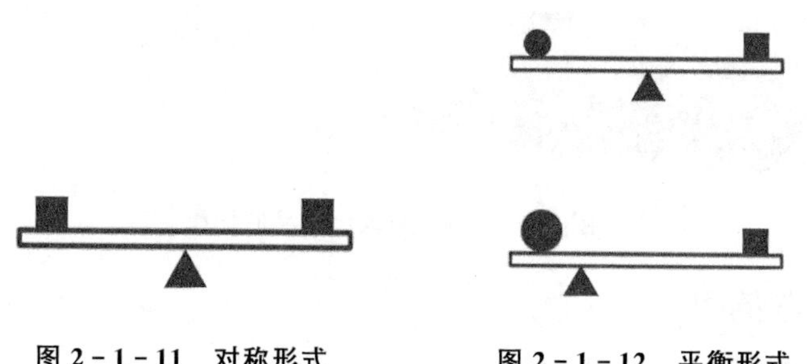

图 2－1－11　对称形式　　图 2－1－12　平衡形式

根据具体产品的功能和结构设计的的要求，营造出均衡的形式，可以是等量不同形，也可以是不等量不同形，图 2－1－13 所示为体量组合形式。图 2－1－14 所示为仪器面板的均衡。

均衡比对称更有变化的活泼感，更加自由灵动，它在静中趋向于动，如图 2－1－15 中右上的产品所示，产品左侧细而长，右侧粗而短，这种造型处理就保持了平衡感，在增强和弱化的合理搭配中，从而获得均衡，克服了对称单调呆板的缺陷。在产品造型上的均衡，一是靠构成产品部件组合获得平衡；二是通过色彩、肌理、装饰的协调处理，以及立面的重新分割，形的穿插高低起伏，造成视觉的均衡感。

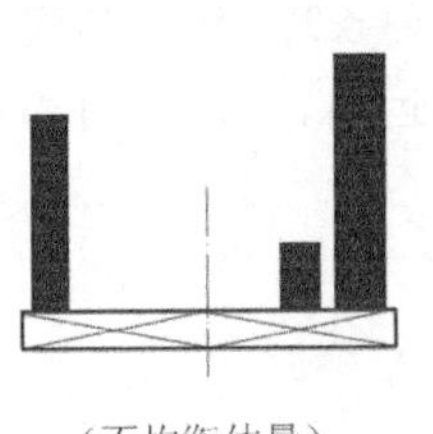
（不均衡体量）　（均衡体量）

图 2-1-13　体量组合

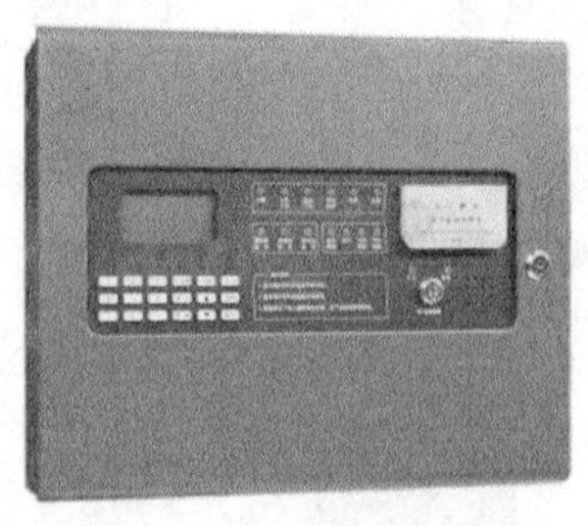

图 2-1-14　仪器面板的均衡

图 2-1-15　四款小产品的均衡

3. 节奏与韵律

(1) 节　奏

节奏是同一现象的周期反复，如昼夜的交替、四季变换、潮水的起伏涨落等，所有一切都表现为一种节奏规律。节奏是一种动态形式美的表现，是一个有序的进程，是一种条理性、重复性、连续性的律动形式，如音符一样，反映条理美、秩序美。在产品造型设计中，节奏表现为一切元素的有规律的呈现，将一个或数个造型元素有规则的重复排列，可以获得旋律的美感。将产品造型中的点、线、面、体元素有秩序、有规律、重复出现，使静态的产品呈现出一种节奏的美感，如图 2-1-16～图 2-1-18 所示。

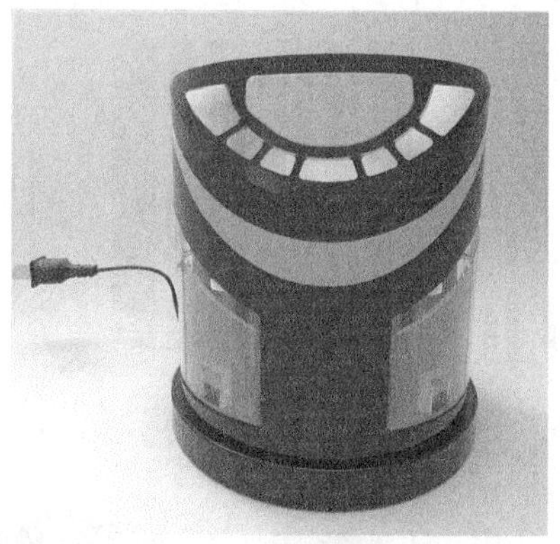

图 2-1-16　硬币清分机

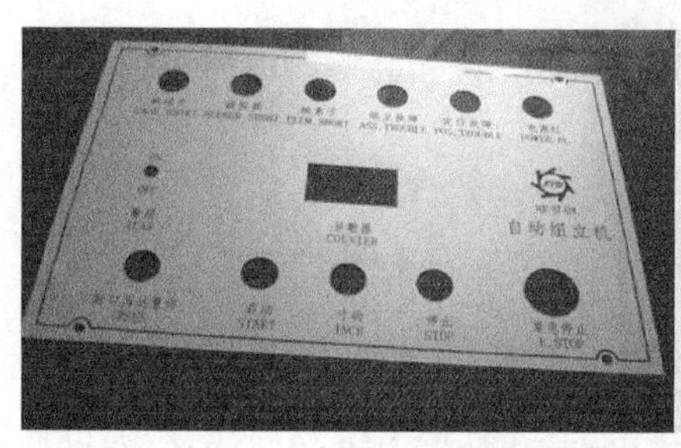

图 2-1-17　表　盘

图 2-1-18　面的节奏

(2) 韵　律

韵律，原意是音乐音色的变化规律，如强弱、缓急、长短、轻重的变化与交替，这些在一定规律之下体现出的理性美和情感美。节奏与韵律存在密切关系，节奏是韵律的前提，韵律是节奏的艺术性的深化。在产品造型设计中，韵律的作用在于使造型元素焕发新的生命力，传递一种新的趣味和意蕴，激发观者的想象力，产生视觉美感，如图 2-1-19 所示。

在笔筒的造型设计当中运用了连续韵律的造型美学法则，恰当、准确、适度地把

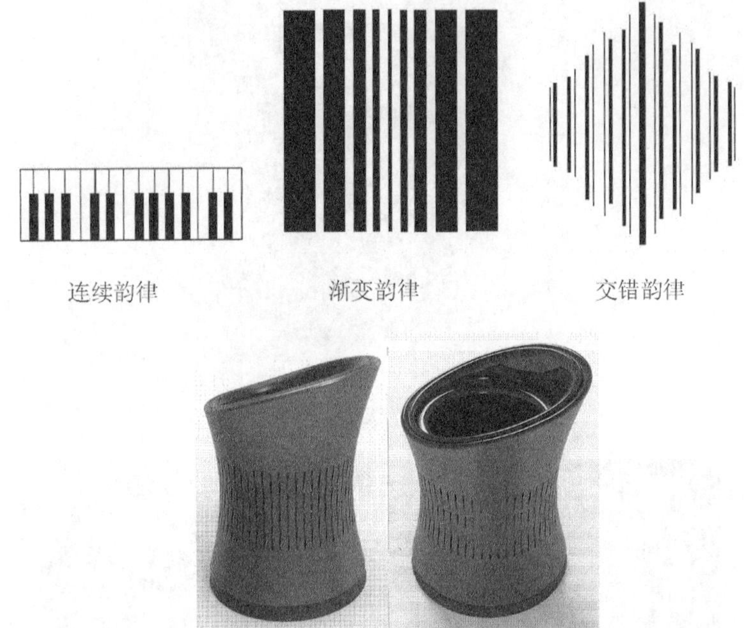

图 2-1-19　韵律的三种形式及笔筒设计应用

握与处理笔筒筒身的微妙关系，不跳不偏，这样的节奏和韵律，给人以愉悦感，符合人的生理和心理的感受，既可看出节奏变化，又没有肆意安排造型元素的节奏，能引起人们的共鸣。运用好韵律法则，是造型设计取得成功的关键因素之一。

4. 过渡与呼应

(1) 过　渡

在造型设计中，过渡是指造型物的不同形状及色彩之间，在满足生产工艺的同时，将不同形状和色彩联系起来，二者既相互联系又逐渐演变，避免简单、生硬的组合与处理，达到和谐的效果。

常见的过渡形式有自然过渡和修棱过渡两种。其中，自然过渡可分为光滑过渡和渐变过渡，修棱过渡则可划分为局部修棱与全部修棱。需要明确，过渡的使用应把握一定的“度”：过小的过渡，感知与工艺效果不够显著；过渡过大则会产生臃肿、绵软之感。因此，过渡的使用与把握应遵循恰当、适用与实用的原则。通过造型适度的过渡处理，能够有效地弱化产品造型的棱角分明、坚硬锋利之感，形成饱满圆润、柔和自然的视觉与心理感受，提升产品与人的亲和力，既能满足工艺要求，又能取得和谐的造型效果。

1) 激光测距仪

激光测距仪的构成如图 2-1-20 所示及表 2-1-3 所列。

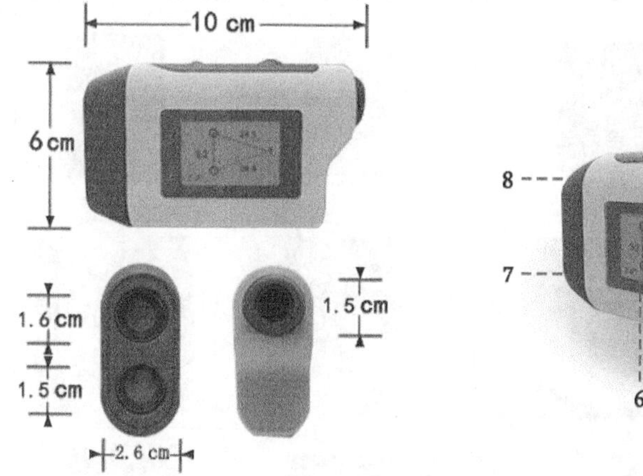

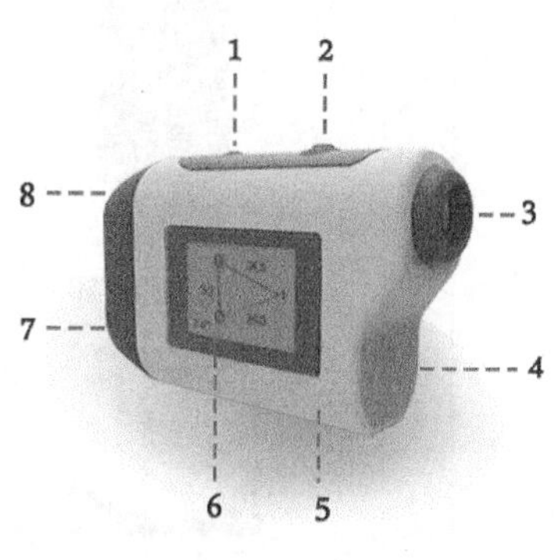

图 2-1-20　激光测距仪

表 2-1-3　激光测距仪构成明细表

图中编号	名　称	图中编号	名　称
1	模式键	5	电池盒
2	发射键	6	黑白液晶显示屏
3	螺旋目镜设计内设激光 LED	7	激光接收器
4	100%防水设计	8	物镜及激光发射器

2）呼吸机

呼吸机是一种能代替、控制或改变人的正常生理呼吸，增加肺通气量，改善呼吸功能，减轻呼吸功消耗，节省心脏储备能力的装置。呼吸机需要具有声音安静，有内置储存卡，液晶显示屏，体积小，内置驱动马达，输出气压稳定，直观计数，"干盒子技术"等功能，从家庭角度考虑，呼吸机应具备体积较小、质量较轻的特点，要采用智能大屏，方便老年人使用。采用电源直冲和应急充电两种方式，方便紧急情况的使用。

呼吸机的造型形式美学设计运用及细节分析如表 2-1-4 所列。

3）小家电

一般意义而言，设计的对象体量尺度较小、信息量也相对单纯而明确，且产品的造型要素不适宜过多、过繁，如图 2-1-21 所示。

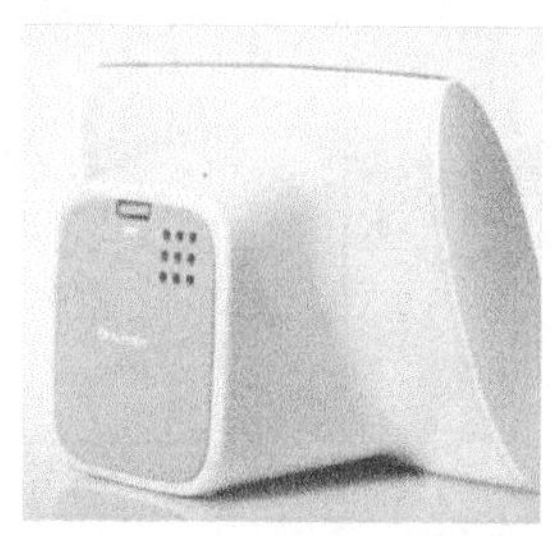

图 2-1-21　小家电

4）银行排队机

银行排队机的造型形式美学设计运用及细节分析如表 2-1-5 所列。

表 2-1-4 呼吸机的造型形式美学设计运用及细节分析

品牌	特点	造型	设计特点对比				
			颜色	显示屏	湿化盒	出气口	调节钮
飞利浦	①自动漏气补偿； ②BI-flex 压力释放； ③“干盒子“技术； ④储存卡资料管理		黑色 白色				
瑞迈特	①智能储存芯片； ②恒温加湿防返流； ③主机静音设置； ④延迟关机自动烘干； ⑤智能报警； ⑥呼吸压力释放		黑色 灰色				
海尔	①纯铜芯驱动马达； ②分体隐藏式湿化器； ③资料管理报告； ④全中文操作系统		银色 黑色				

续表 2-1-4

品　牌	特　点	造　型	设计特点对比				
			颜　色	显示屏	湿化盒	出气口	调节钮
雅博	①液晶显示屏； ②防滑底部； ③防倒漏功能； ④输出气压稳定准确； ⑤加热板		白色 黑色			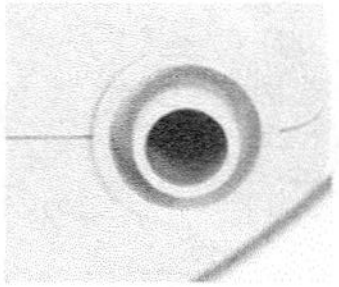	
瑞思迈	①ST 功能模式； ②28 dB 静音设计； ③DEBI 低惰性双涡轮马达； ④双电源接口； ⑤H4i 一体恒温湿化器		蓝色 黑色			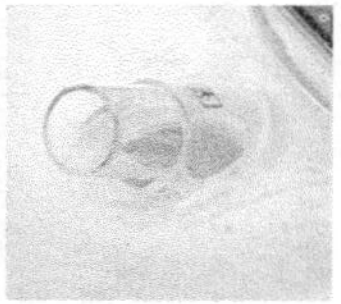	

表 2-1-5 银行排队机造型形式美学设计运用及细节分析

品牌	造型	整体分析	特点	设计细节对比		
				显示器	出单口	底座
杰瑞达排队机			灵活的派号、叫号、重呼、呼叫转移等基本功能系统拥有系统配置、统计分析、时间估算、业务总量限制、重要信息提示等一系列独特的产品功能	 15寸、17寸、19寸液晶显示器。声波屏、电阻屏、红外屏	 进口热敏高速打印机	 立地式一体机机柜
永泰排队机	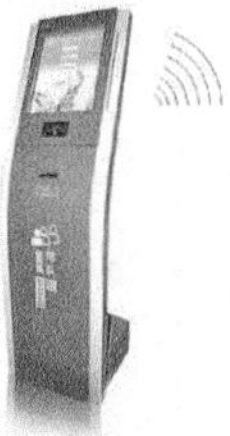	豪华合金机柜1 450 mm×460 mm×360 mm，金属钢板结构，金属烤漆，表面亚光处理，美观大方	业务名称、窗口内容、语音格式等的设置直接在触摸屏上设置，直接输入文字修改，不需要在其他电脑上制作图片后上传本机修改	 17寸三星HT170E02-100 LCD显示屏;分辨率达1 024×768	 出单口在手部位置，方便拿取	 立地式一体机机柜，简约后置长方体底座
霏梵排队机		采用一级冷轧钢板，汽车烤漆，防磁，防锈，防静电，流线性设计，专业数控机床生产	可满足各种复杂的定制要求多种数据统计表、图的分析和打印	 智能屏幕，分辨率高	 出单口采用凸起长方形，内层凹陷	 智能屏幕，分辨率高
钱林排队机		可定制功能。内置风扇，电源插座，带电源口，网络接口，并预留走线口	主机设置灵活方便，人性化高	 智能屏幕，内嵌式	 小型凸起出单口	 直立型底座，稳定
中意恒信排队机		做工精细，内部结构设计合理，符合人体工程学。可防尘，防水	能自主定义显示屏显示的内容、字体、显示方式、时间间隔、宣传用语等	 长方形大屏幕，45°斜角,方便使用	 超小型出单口，在屏幕下方	 长方体加薄片形长方体，具有新意

(2) 呼　应

呼应是指在处理产品的各个不同部分的造型时，应尽量采用同一造型要素进行构建，从而使其取得一定整体与一致感知的设计手法。常见的呼应方式包括色彩呼应、线形呼应和材质呼应等。在产品造型设计实践中，经常在形体的某一个方位（上下、左右、前后）上对应部位处，运用相同或相似的元素（线、形、色、肌理）进行呼应处理，以取得产品各部分之间的一致性，形成心理和视觉上的相互关联以及位置上的彼此照应，例如轧面机上部白色盖与白色手柄的呼应，增强了产品本身各部件之间的联系性，使整体造型获得和谐、均衡、统一的效果，如图 2－1－22～图 2－1－24 所示。这种手法与原则也常用在成套、系列产品的设计中。

咖啡机

播放器

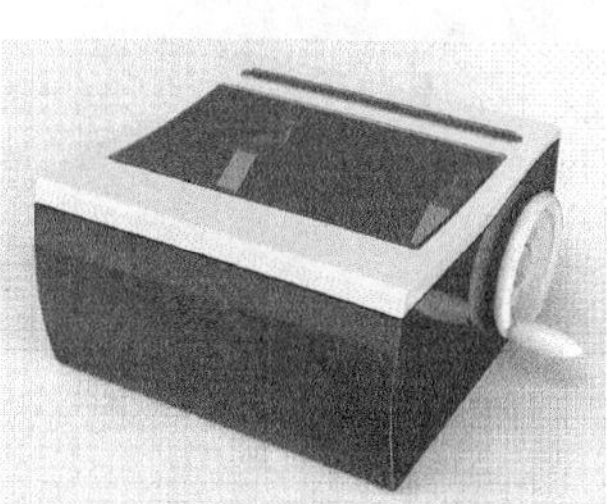

轧面机

图 2－1－22　色彩呼应

图 2－1－23　线性呼应

5. 稳定与轻巧

(1) 稳　定

人们在使用产品的时候，希望获得安全的感受，希望产品是可信赖的，这就要求产品的工作状态是稳定和安全的，这种稳定感也是一种美的享受和体现。

稳定是指造型物各个部件之间的轻重关系。稳定的基本条件是：物体的重心必须靠下，

图 2－1－24　材质呼应

越往底部稳定性越大，接触面积越大，稳定感越强，封闭造型的稳定感也高于开放式造型的稳定感，稳定给人的感觉是安全的、轻松的，是可信赖的。不稳定，则给人一种危险和紧张的感觉。在造型设计中稳定有两种表现：一个是实际稳定，另一个是视觉稳定。实际稳定，是指产品的实际质量的重心符合稳定所达到的条件；视觉稳定，指的是造型物的外部体量关系与色彩感受，综合影响达到视觉上的稳定，如图 1-2-25 和图 2-1-26 所示。

图 2-1-25 机 床

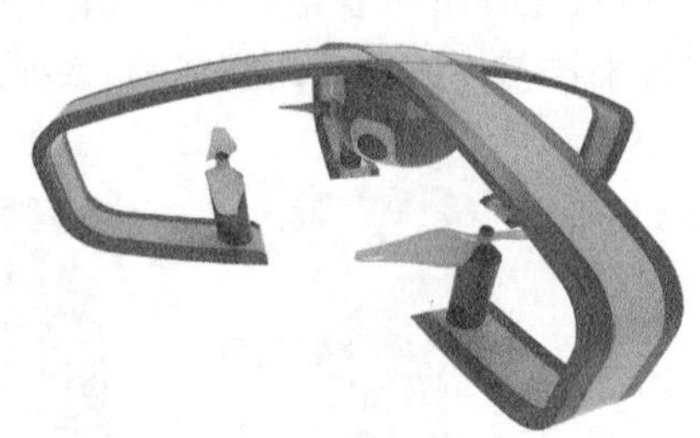

图 2-1-26 无人机

(2) 轻 巧

轻巧也是指造型物各个局部之间的轻重关系，在满足实际稳定的前提下，通过艺术的手法使造型物达到一种轻盈灵巧的美感。在造型设计中，一般采用稍微提高重心，适当缩小底部面积，做内收或架空处理，适当地运用曲线曲面等。在色彩及装饰设计时，一般可采用提高色彩的明度，利用材质给人的视觉感受。或者将标牌及装饰带向上移动，如图 2-1-27 所示。

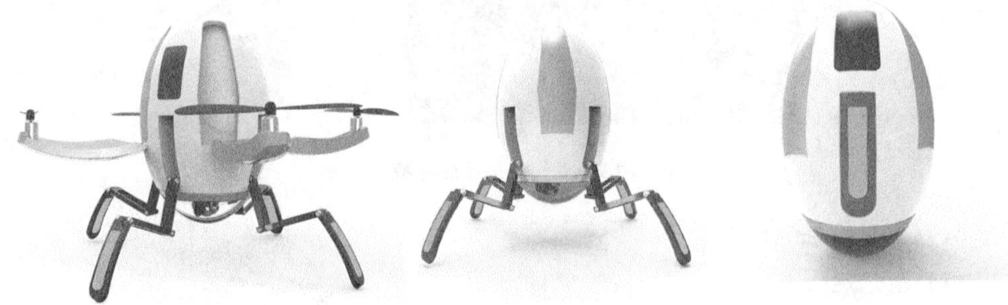

图 2-1-27 野外搜救机

下面的揉捻机为例，介绍其造型形式美学设计运用及细节分析，如表 2-1-6 所列。

表 2-1-6 揉捻机造型形式美学设计运用及细节分析

品牌	材料	造型	色彩	设计细节对比		
				手轮	揉桶	轮轴
中瑞微视	低合金钢、冶金材料、工程塑料橡胶		几乎都以绿色为主色调，以灰色为配色		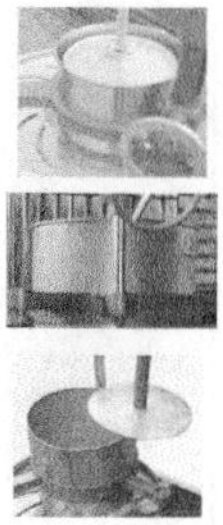	
长盛	钢管冷弯型钢、合金钢和低合金钢、工程塑料橡胶		多为金属银色和灰色，少数会加蓝色或绿色配色			
佳友	低合金钢、特种铸铁、粉末冶金材料		大部分都为绿色			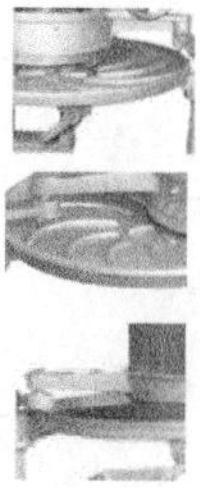
上洋	低合金钢、硬质合金特种铸铁、工程塑料橡胶		几乎都是蓝色绿色居多，以灰色为配色	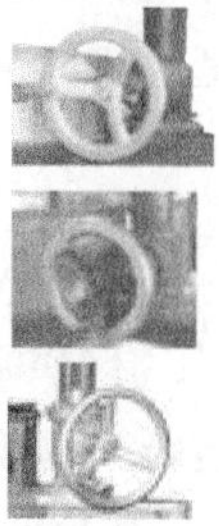		

续表 2-1-6

品　牌	材　料	造　型	色　彩	设计细节对比		
				手　轮	揉　桶	轮　轴
绿峰	低合金钢、特种铸铁、粉末冶金材料、工程塑料橡胶		大多数都为金属灰色，会加入少许蓝色或绿色配色			
总结分析	在农业机械制造中，常使用具有耐蚀、耐磨、减摩、耐冲击和耐疲劳等性能而又成本低、原料立足于该国资源的金属和非金属材料	茶叶机械在方便使用的前提下，也要注重外形的美观	色彩大多数为灰色、蓝色、绿色及蓝绿色	手轮一般都分为三个支柱作为支撑，三角形的结构最为稳定	揉桶的侧壁要足够高，以免飞溅茶叶的碎片，而且大多为金属材质	由于整个设备需要它的带动，轴轮要足够结实稳定，一般都采用耐磨的金属材质

任务拓展

在造型规律当中还有其他一些法则，这些法则在机械造型中应用极少，有时也应用不到，在工业设计形态设计中是经常用到的，内容如下。

1. 对比与调和

对比指的是使具有明显差异、矛盾和对立的双方，在一定条件下，共处于同一个整体中，主要有形体对比、色彩对比、材质对比、方向对比、实体与空间的对比等。对比能使主题更加鲜明，形式更加活跃。调和强调共性，强调在不同造型、质地之间的某种协调和联系。对比与调和是安定与统一最直接的体现。统一的环境变化，势必形成对比，要使诸多不同的形式统一起来，势必要采取调和的手法。对比和调和是相辅相成的，对比强调变化，调和强调统一。两者一般协同使用，在局部应用对比，整体应用调和，如图 2-1-28 所示。

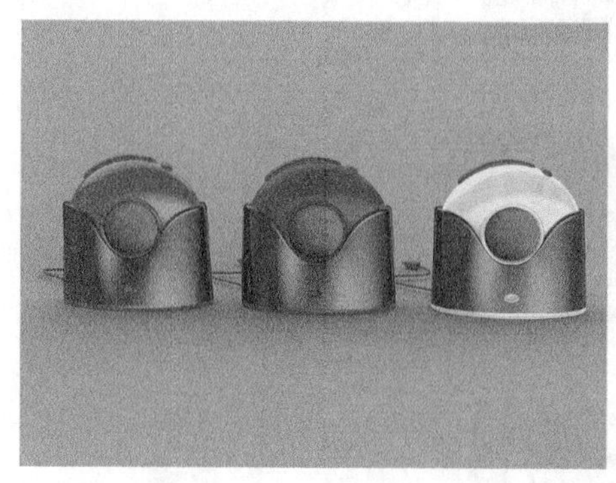

图 2-1-28 音乐播放器

温和小夜灯，形体对比设计美观实用，让人在舒适寂静的夜晚享受柔光的怀抱。它采用双层外罩可调节模式，更加柔和、神秘、不刺眼，使主题更加鲜明，形式更加活跃。机体背部有香薰储藏盒，可以放入不同药材，使其散发出对人体有益的气体。入气口密集置顶，出气口隐蔽，且外散均匀。三种不同的渐变指示灯提示你不同的空气质量、风速及音量。它还具有闹钟功能，显示时间，上侧为触屏式调节部件，简单方便。造型由圆球到圆柱的过渡，适宜协调，如图 2-1-29 所示。

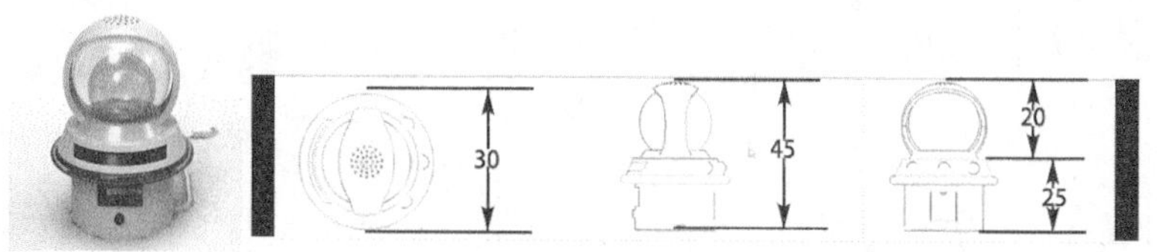

图 2-1-29 小夜灯效果图及尺寸线框图

空气净化器又称空气清洁器、空气清新机、净化器，是指能够吸附、分解或转化各种空气污染物，有效提高空气清洁度的产品。过滤网隐蔽，干净有效，智能指示灯明显直观，操作简便，控制面板直观，机体移动方便，所占面积小。家用空气净化器设计应该注重机体的体积及占地面积，未来设计发展应该往悬挂式方面发展，这样不占地方，更美观，也可以与空调相结合，科技含量更高且节省资源，使安全保健更加大众化，远程控制更加便捷，易懂上手快，智能连接手机软件，使安全时刻掌握在自己手中。

空气净化器的造型形式美学设计运用及细节分析如表 2-1-7 所列。

表 2-1-7　空气净化器造型形式美学设计运用及细节分析

品　牌	滤网类型	造　型	设计细节对比				
			色　彩	遥控移动	控制面板	出风口	指示灯
PHILIPS 飞利浦	复合滤网		白色				
YADU 亚都 亚都	复合滤网	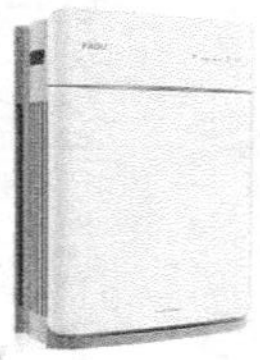	黑色 银色	 遥控智能			 三色空气质量气氛灯
Panasonic ideas for life 松下	单独滤网	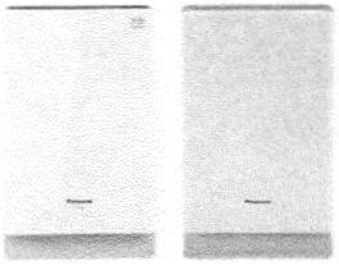	粉色 白色 蓝色	精巧机身	按键式控制面板	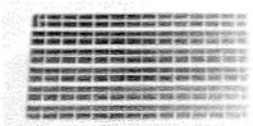 大型格栅出风口	 个性化指示灯

续表 2-1-7

品　牌	滤网类型	造　型	设计细节对比				
			色　彩	遥控移动	控制面板	出风口	指示灯
逸新	HEPA 三重过滤网	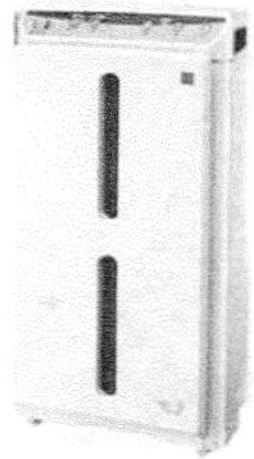	白色	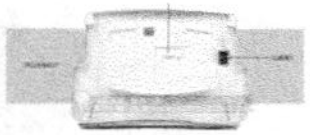 底盘设计	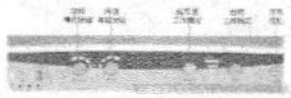 指示按钮清晰明显	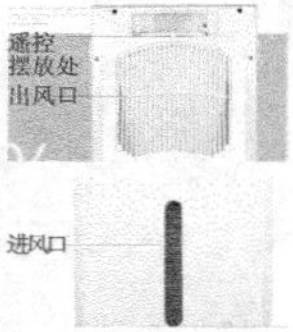 遥控摆放处 出风口 进风口	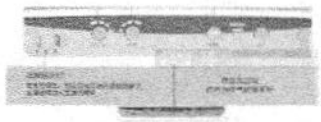 指示灯一目了然
迪美	单独滤网		白色 黑色	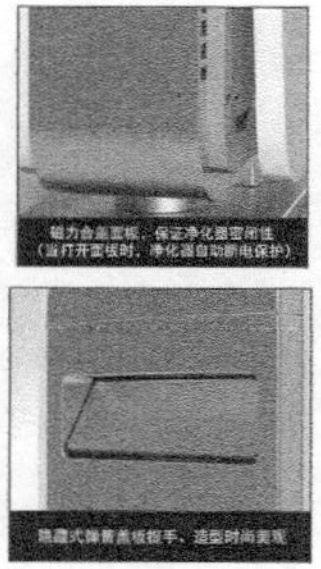	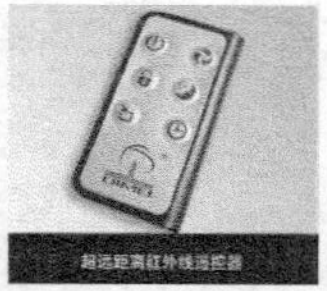 超远距离红外线遥控器	 隐蔽式出风口，更好地阻隔灰尘的入侵，延长过滤网寿命	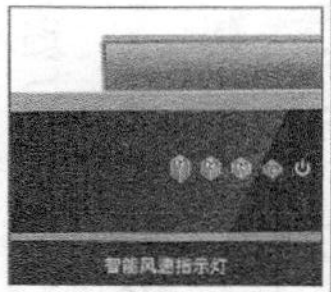 智能风速指示灯

在产品造型设计中，对比和调和是最常使用的形式美法则之一。通过对局部间设计元素进行大小、粗细、疏密、曲直、软硬、动静、轻重等对比，来活跃产品造型视觉印象，为了避免差异性过大而产生的造型过渡生硬不协调之感，一般又会在元素间使用渐变和相似形的方法，使相邻的元素既有对比又不失调和，如图 2-1-30 所示。

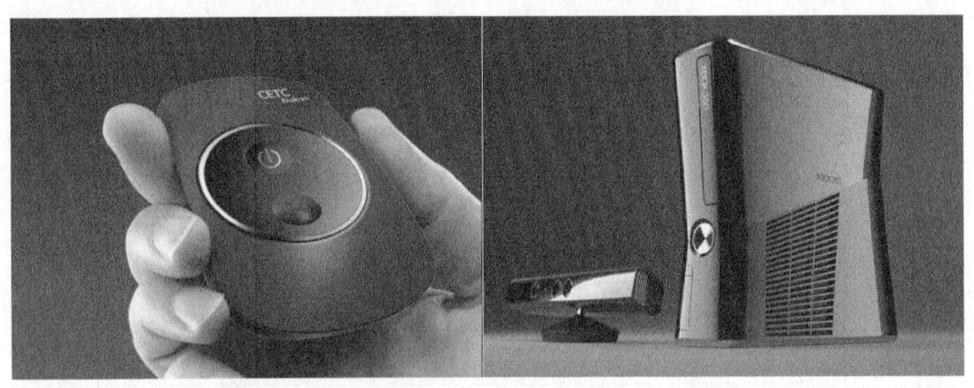

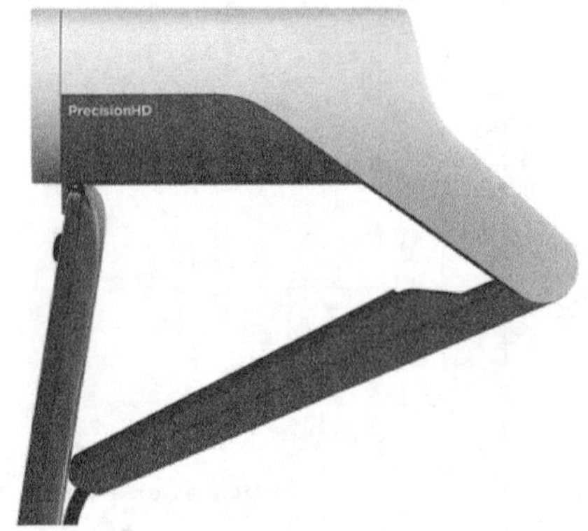

图 2-1-30　家电产品的对比与调和

2. 比例与分割

比例是人们在长期的生产实践和生活活动中以人体自身的尺度为中心，根据自身活动的方便总结出的各种尺度标准。对产品而言，比例就是指产品各个部分之间、部分与整体造型之间的数比关系。在产品造型设计中，一直运用着各种比例关系，如等差数列、等比数列、黄金分割比等。符合比例的产品造型具有一种内在的生命力，使人感到和谐与美。按照一定的关系处理分割产品各部分的关系也是产品造型设计常用的手法，如书本、电影银幕、电视屏幕等经典产品的长宽比就是按照黄金分割比关系确立的。其他一些产品的细节与整体的比例关系同样也遵循此道，如图 2－1－31 所示。

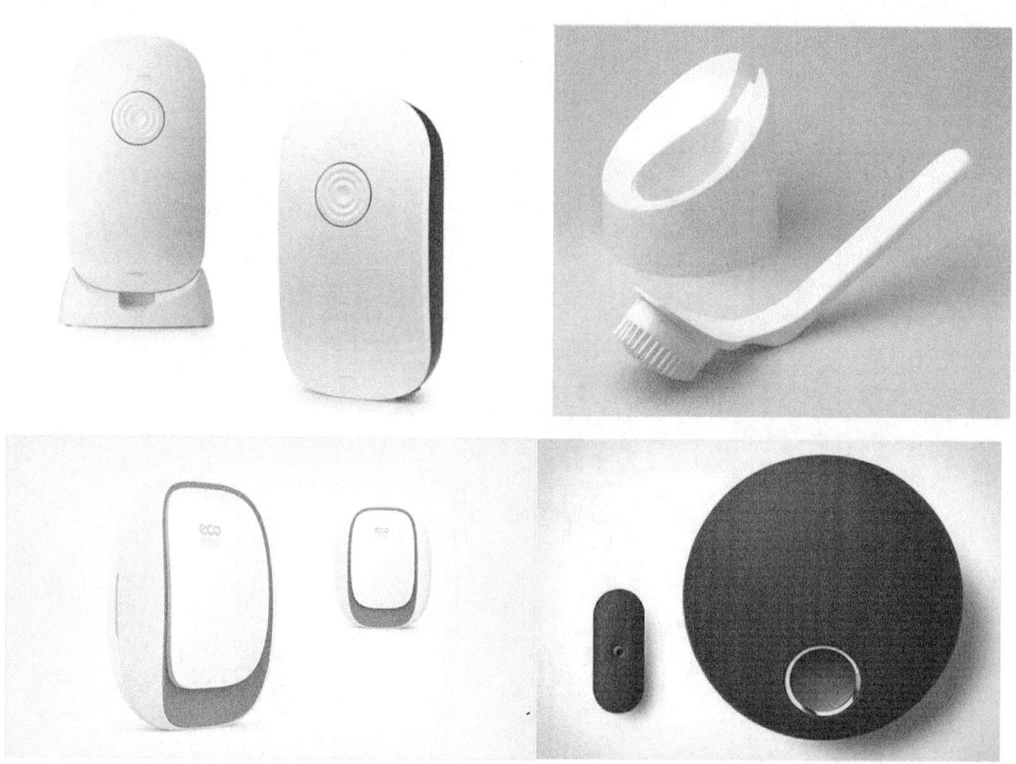

图 2－1－31　小产品中的比例与分割

电子体温计由温度传感器、液晶显示器、纽扣电池、专用集成电路及其他电子元器件组成。它能快速准确地测量人体体温，与传统的水银玻璃体温计相比，具有读数方便，测量时间短，测量精度高（误差一般不超过±0.1 ℃），能记忆并有蜂鸣提示等优点，尤其是电子体温计不含水银，对人体及周围环境无害，特别适合于家庭、医院等场合使用。其具有 LED 变色屏幕、智能芯片和记忆功能，有测温键和开关调节键等不同按钮，耳部测量，速度快精度高，安全、方便、卫生。缺点是测量稳定性相对于玻璃体温计稍差。在未来的电子体温计设计上应注重儿童的安全防护和体积大小，方便手持，注重口中测量的卫生。

电子体温计造型形式美学设计运用及细节分析如表 2－1－8 所列。

表 2-1-8 电子体温计造型形式美学设计运用及细节分析

品牌	特点	造型	设计细节对比				
			颜色	屏幕	探头	开关	测温键
鱼跃	①红外接收； ②大屏显示； ③1 s 速测； ④发烧警示； ⑤自动关机； ⑥两单位转换； ⑦温度补偿		白色	LCD大屏幕显示使读数更加清晰	被动红外接收技术	电源及记忆键	创新性温度补偿技术
博朗	①用前热处理； ②秒速测温； ③LED 夜光显示； ④9 次记忆功能； ⑤一次性耳套测温； ⑥三色发烧预警		象牙白 淡蓝色				

续表 2-1-8

品牌	特点	造型	设计细节对比				
			颜色	屏幕	探头	开关	测温键
欧姆龙	①红外耳式测量； ②结束时蜂鸣提醒； ③发烧提醒； ④舒适造型； ⑤9 次记忆功能		淡蓝色				
冠昌	①智能芯片； ②零干扰； ③多功能测奶水； ④抗摔； ⑤蜂鸣提醒； ⑥三色发烧提醒		浅紫色 浅粉色				
汉诺	①进口智能芯片； ②LED 双色屏幕； ③电源背景灯双键； ④拇指型测温键； ⑤无需测温耳套		白色 淡蓝色				

2.2 机械产品的色彩设计

学习造型设计的色彩知识，了解某领域内的产品设计色彩运用概况，根据色彩的特点，有针对性地进行产品的设计。熟练运用造型设计中的色彩知觉，进而指导自己的设计，提高审美情趣，培养卓越的设计灵感。

工作任务

了解机械产品的色彩设计运用如图 2-2-1 所示。

推土机 　　翻斗机

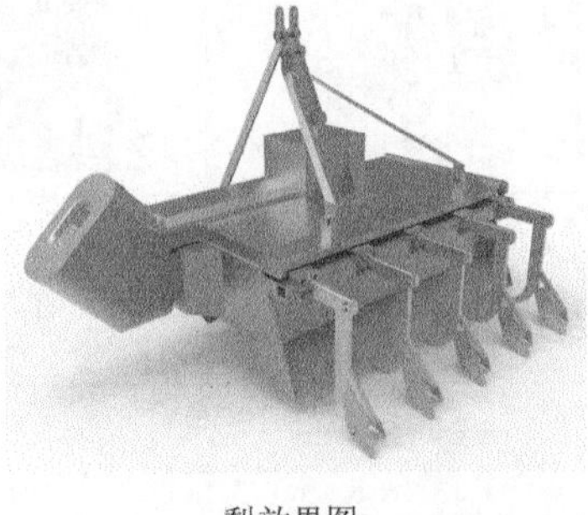

犁效果图 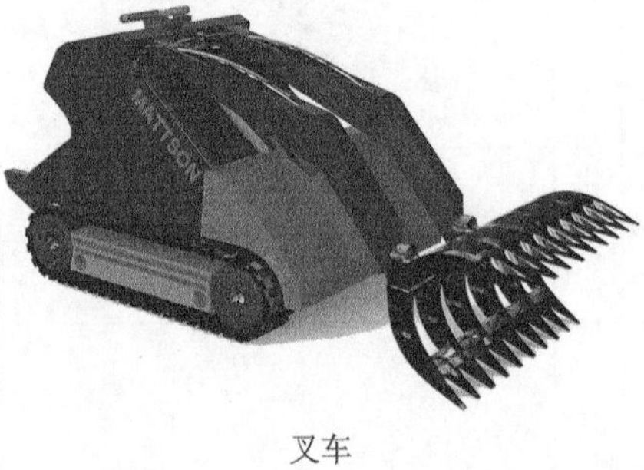　　叉车

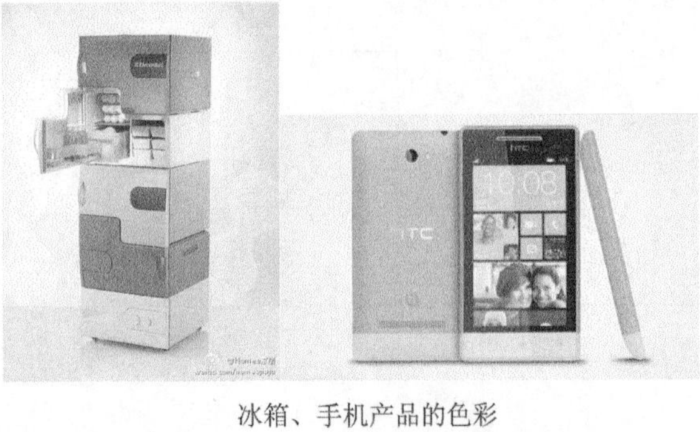

冰箱、手机产品的色彩

图 2-2-1　产品色彩设计运用

在推土机和翻斗机、犁效果图和叉车等机械设备的色彩设计中，应考虑设备将放置的环境，并综合考虑加工物体、机械设备、室内环境、操作者等几部分的内容，如图 2-2-2～图 2-2-6 所示。在工业机械设备的色彩设计时，还应该考虑操作台面、加工物以及室内环境的色彩调和、对比设计。

图 2-2-2　翻斗机

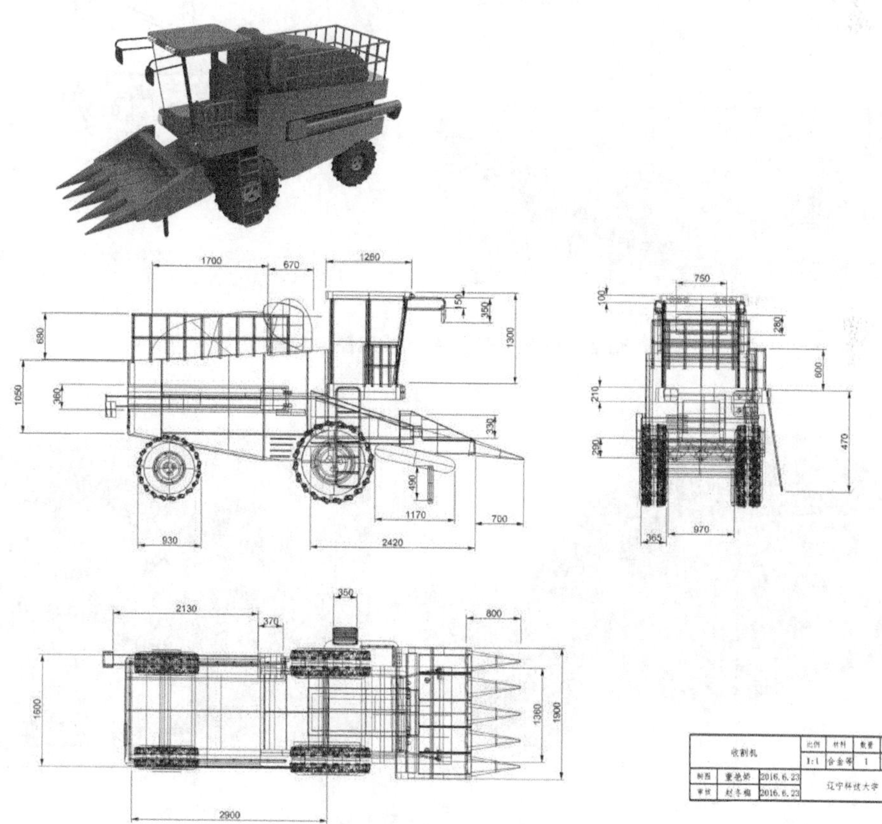

图 2-2-3　收割机效果图及工程图

图 2-2-4　犁效果图及工作结构图

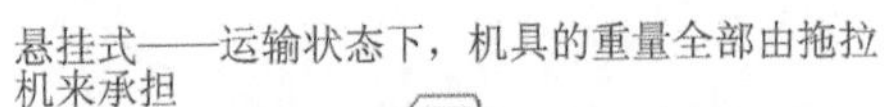

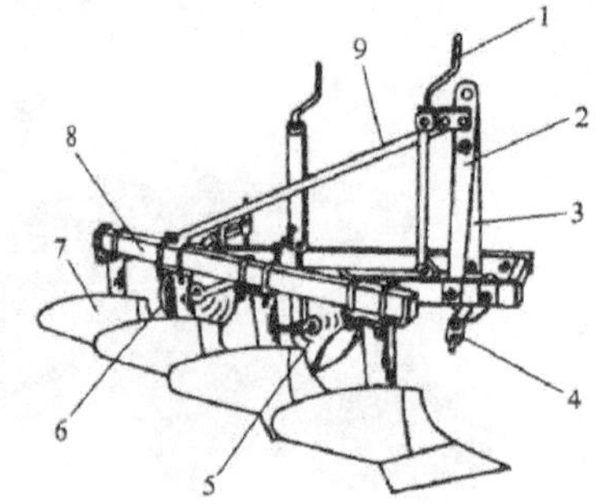

1—调节手柄; 2—右支杆; 3—左支杆; 4—悬挂轴; 5—限深轮;
6—圆犁刀; 7—犁体; 8—犁架; 9—中央支杆

图 2-2-5　悬挂式犁效果图及结构图

图 2-2-6　叉　车

对于冰箱、手机等产品的色彩,设计合理能对人的生理、心理产生良好的影响,能使人克服精神疲劳,心情舒畅,精力集中。产品的色彩设计,总的要求是使产品的物质功能、使用环境与使用者的心理产生统一、协调的感觉。

机械设备的色彩设计

在机械设备的色彩设计中,应考虑设备将放置的环境,综合考虑加工物体、机械设备、室内环境、操作者等几部分内容。

对于体积比较笨重的工程机械设备,如图 2-2-7 所示的推土机,在进行色彩设计时,应尽量采用明度较高的亮色系来涂色,比如浅灰、浅绿、浅黄等,以此来减轻操作者心理上的沉重感和压抑感,一般以普遍认为的行业色彩——黄色为主,这些产品的主色调选择是典型的、普遍的,但并不代表所有企业的选择都是这样,有些企业会提出一些新的色彩搭配以体现自己企业和产品的特点。对于机器中的主要控制开关、制动、消防、配电、急救、启动、关闭、易燃、易爆等标志色彩的设计,应用对比色来突现它们的位置及含义,并要符合国家通用标准。这样便于操作者在工作中的知觉识别,提高工作效率,而且利于在紧急情况下及时、准确地排除故障,确保安全生产。

图 2-2-7 推土机

叉车的材料是相同的,碳纤维、钢材、钛合金、塑料、塑胶。整体外形大同小异,颜色有所差别,但大部分品牌的叉车颜色以橙、红色为主,驾驶室有微小差异,但大体上是一致的。造型单一,功能单一,色彩也比较单一。

叉车的色彩设计运用及细节分析如表 2-2-1 所列。

表 2-2-1　叉车色彩设计运用及细节分析

品　牌	材　料	整体造型	色　彩	设计细节对比			
				发动机	驾驶室	提升机构	车　身
合力	碳纤维、钢材、钛合金、塑料、塑胶		橙色为主体颜色，黑色为辅助颜色				
林德	碳纤维、钢材、钛合金、塑料、塑胶		橙红色，黑色				
永恒力	碳纤维、钢材、钛合金、塑料、塑胶		黄色，黑色				

续表 2-2-1

品牌	材料	整体造型	色彩	设计细节对比			
				发动机	驾驶室	提升机构	车身
力至优	碳纤维、钢材、钛合金、塑料、塑胶		红色，黑色				
丰田	碳纤维、钢材、钛合金、塑料、塑胶		橙红色，黑色，也有蓝色机身	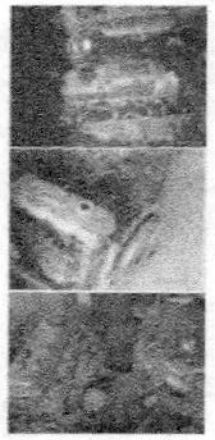		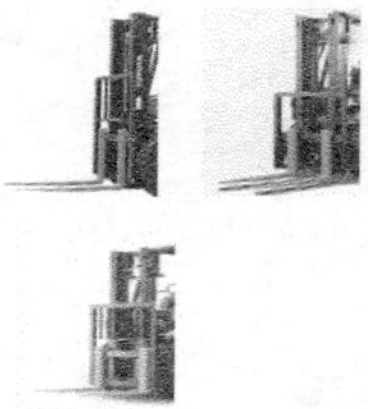	

为了避免眼睛因明暗适应带来的误差和注意力的分散，在工业机械设备的色彩设计时，还应该考虑操作台面、加工物以及室内环境的色彩调和、对比设计，在设计机械设备的操作台面及加工物的色彩时，应该保持两者有一定的色彩对比度，以保证操作者对加工物的视觉敏锐度和分辨力，如图 2-2-8 所示。

图 2-2-8　机械车对比图

不同品牌的播种机的材料是相同的，基本上都是钢、橡胶、塑料、铸铁、铝合金。色彩有所差别，主要以红色、绿色为主，开沟器几乎都是黑色的，开沟器的造型也没有什么区别。整体造型单一且不太美观。

播种机的色彩设计运用及细节分析如表 2-2-2 所列。

任务拓展

这一部分知识主要供工业设计产品设计专业参考，在机械产品设计中应用较少。

色彩的情感和审美经验

众所周知，当一个物体在我们眼前快速经过时，我们首先感觉到的是它的色彩，其次是造型，最后才是质感，即视神经对于产品造型的三个基本要素是按照色彩、造型、质感依次递减的顺序来感知的。但人们往往只关注产品的造型，而忽视了色彩与质感。实际上，产品的三个基本要素都不是孤立存在的，三者之间是相互联系、相互影响、相互作用的，缺少任一要素，都不能完整地体现一个产品的形象。

银行自助填单机的色彩设计运用及细节分析如表 2-2-3 所列。

表 2-2-2　播种机色彩设计运用及细节分析

品　牌	材　料	整体造型	色　彩	设计细节对比		
				开沟器	排种箱	播种机架
大华宝来	钢、橡胶、塑料、铸铁、铝合金		以绿色为主体色彩，红色为辅助色彩	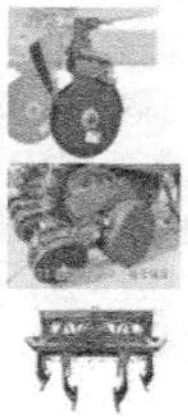		
布谷	钢、橡胶、塑料、铸铁、铝合金		红色为主体色彩，黄色为辅助色彩	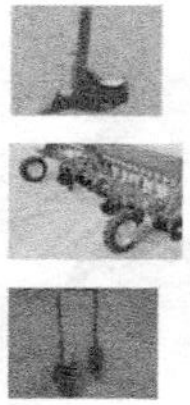		
勃农	钢、橡胶、塑料、铸铁、铝合金		橙红色为主，橡胶轮胎和一些金属部分为黑色			

续表 2-2-2

品牌	材料	整体造型	色彩	设计细节对比		
				开沟器	排种箱	播种机架
豪丰	钢、橡胶、塑料、铸铁、铝合金		红色为主体，一些部分增加了淡蓝色，一部分金属为黑色			
久保田	钢、橡胶、塑料、铸铁、铝合金		主要以红色为主，还有蓝色、绿色	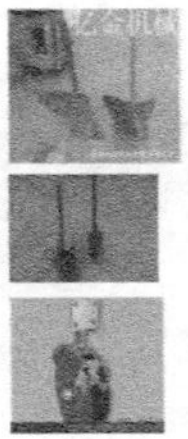		

表 2-2-3　银行自助填单机色彩设计运用及细节分析

品牌	造型	色彩	机壳	特点	设计细节对比			
					屏幕	按键	出单口	底座
千麒泰银行自助填单机		基本色主要有红、绿、蓝、橙、紫五种颜色，也可根据客户需求定制其他颜色，修饰框以及机身颜色均可根据客户需求另行定制	材料为冷轧板，表层全部采用优质户外喷粉处理附着力强，防水、防锈、防腐、耐磨。整机采用优质钢材制造，坚硬厚实，不易变形	①除能实现银行卡的基本业务外，还可办理充值缴费取票等多种业务；②触摸操作，简便直观，界面友好，用户体验感强；③读卡器与发卡机可同时选配2～3种不同的型号；④加密键盘具有拆机自毁自我保护功能，安全性高；⑤预留接口，扩展方便；⑥支持二代证阅读	采用LED屏幕，内嵌式，屏幕上方有LED灯，可在夜间增加亮度	使用九格按键内嵌式，可通过刷卡进行识别	出单口在下方，小型且白色较为突出	底座为镂空间隔式，更有设计特点
永泰YTF180自助填单机		基本色通常为乳白色，也可根据客户需求定制其他颜色，修饰框以及机身颜色均可根据客户需求另行定制	整机采用优质钢材制造，坚硬厚实，不易变形	①联网核查功能；②二维码打印及识别功能；③身份证（卡制证件）扫描复印功能	屏幕外置，智能触屏	按键为屏幕触摸式，识别器在屏幕右侧，更为方便	双层出单口，增加了效率	底座为滚轮式，四角有小型滚轮，方便移动

续表 2-2-3

品　牌	造　型	色　彩	机　壳	特　点	设计细节对比			
					屏　幕	按　键	出单口	底　座
中意自助填单机		基本色通常为浅灰色和深灰色的结合。也可根据客户需求定制其他颜色，修饰框以及机身颜色均可根据客户需求另行定制	整机采用钢材制造，坚硬厚实	客户可以在自助填单机上通过二代身份证读取、自助填单机直接在原始凭证上进行套打，形成的单据与银行现有的单据效力一样，不改变银行现有流程，提升了柜员效率	屏幕为长方形，更多的选择项目	识别器为倾斜放置，万能刷卡式	按键与出单口合为一体，有小型鼠标，方便操作	底座为固定式，两种样式混在一起
雷创自助填单机		基本色通常为浅灰色。也可根据客户需求定制其他颜色，修饰框以及机身颜色均可根据客户需求另行定制	防锈、防腐、耐磨，不易沾污损坏，布线规范整齐，各部件模块与机柜结合紧密，操作简单舒适	采用了工业级低功耗配件，使用寿命长，稳定可靠；采用防暴力破坏的触摸显示屏，整体防渗水结构设计	屏幕周围有小型保护措施，更小巧精致	出单口与识别器在同一平面，倾斜放置	按键与出单口结合，在按键上方又有一个出单口，增加效率	采用四方固定底座

续表 2-2-3

品牌	造型	色彩	机壳	特点	设计细节对比			
					屏幕	按键	出单口	底座
AST-1201C7S 自助填单机		基本色通常为浅灰色和深灰色的结合；也可根据客户需求定制其他颜色，修饰框以及机身颜色均可根据客户需求另行定制	新颖美观、尊贵、坚硬厚实，不易变形；采用防暴力破坏的触摸显示屏	①性能稳定； ②坚固美观； ③防暴防水； ④表层处理	 智能屏幕，小型内嵌式	 按键与出单口结合，识别器较小	 按键与出单口结合，识别器较小	 底座为固定式，底座突出一点，更加稳定
创捷自助填单机		基本色通常为蓝色和乳白色的结合。也可根据客户需求定制其他颜色，修饰框以及机身颜色均可根据客户需求另行定制	新颖美观、坚硬厚实，不易变形；采用环形装置，增加效率，整体不易沾污，性能稳定可靠；机柜自主设计，独有外观专利，造型美观	①多种自动输入方式； ②打印自动校准功能； ③可选单据存储柜； ④可选防窥设备； ⑤提高了客户信息填写的准确性、便捷性； ⑥凭单打印功能	 采用防暴力破坏的触摸显示屏	 识别器与出单口同在一个平面，智能识别，长方形出单口增大出单面积	 按键为电脑式按键，多种方式	底座是4~5个填单机合在一起的
总结：自助填单机在色彩上多为白色和灰色，应多使用鲜艳的颜色，以更为亮眼；屏幕多防爆、防尘；LED屏幕居多，屏幕大小应根据填单机设置；按键分为9格和电脑式按键，大多为电脑式，出单口与识别器多为倾斜状态，识别器多为智能刷卡，固定底座较多，滑轮式较为方便。整体造型较为相似，应更多地改变功能及造型								

色彩能美化产品和环境，满足人们的审美要求，提高产品的外观质量，增强产品的市场竞争力。合理的色彩设计能对人的生理、心理产生良好的影响，克服精神疲劳，使人心情舒畅、精力集中、提高效率。产品的色彩设计，总的要求是使产品的使用功能、使用环境与使用者的心理产生统一、协调的感觉。图 2-2-9 为花盆、冰箱、手机产品的色彩搭配。

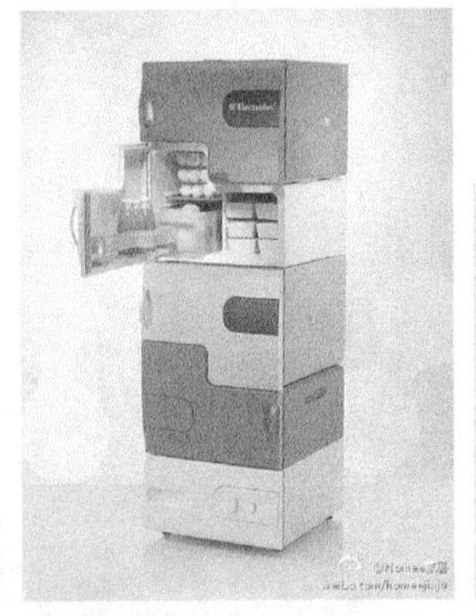

图 2-2-9　花盆、冰箱、手机产品的色彩

色彩会使人产生冷暖、进退、轻重、强弱等感觉，而在色彩的审美活动中，由于审美主体——人的感情因素的作用，使得审美判断的结论总是使无生命的色彩披上种种感情的外衣，形成了不同人对色彩的不同需要。这往往受到诸多因素的影响，比如年龄、性别、地域文化、个人差异及社会地位等。不同的产品色彩的感觉基调也是不一样的。例如图 2-2-10 所示的桌面微波炉就呈现出稳重的感觉；另外，笔筒的色彩设计(见图 2-1-19)，也体现了厚重稳当的视觉感受。

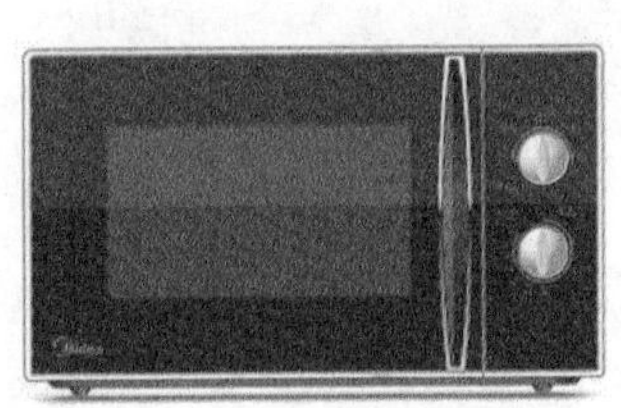

图 2-2-10　色彩稳重的桌面微波炉

如表 2-2-4 所列为点钞机色彩设计运用及细节分析。

表 2-2-4　点钞机色彩设计运用及细节分析

品牌	图片	材料	造型	色彩	特点	设计特点		
						叶轮	显示器	进钞口
科密		点钞机的外壳可用塑料如下：① ABS PA-717C；② PC 141R；③ PC/ABS C1200	该机外形小巧	采用黑白色外观，搭配黄色按键和一款小屏液晶	科密 D6200C 点钞机是一款带语音的智能点钞机，具备过热保护、过载保护功能	叶轮整体采用黑色，完美与机身和接钞口融为一体。旋转速度快，点钞不粘连	显示器采用液晶显示屏，可以清晰显示钱数，夜晚也会发出柔和的光亮，方便使用。按钮也采用夜光设计，夜晚也可以使用	进钞口在不使用时可以将盖子扣上，防止落灰
康亿			外形圆滑而不失高雅	采用了黑色和银色搭配的外壳，上面的按钮用紫色点缀	智能点钞、清点计数、预置计数、半张识别、连张识别、重张识别、窄钞识别、磁性安全线检伪、自动吐钞	叶轮采用了黑色与银色结合的形式，映衬了外壳的银色和接钞口的黑色，旋转速度快	显示器采用立式，这样可以方便数钱者和客户同时看见钱数	进钞口也采用了翻盖处理
得力			犹如被切开的方块，切口处弧线优美	通体白色的机身，配上两个黑色的数钞齿轮	自动启停，自动清零，自动吐钞，送钞流畅；智能三磁头，使机器感应更灵敏准确；外接显示器	叶轮全黑样式，与机身形成鲜明对比，数钱时更加容易观察	显示器采用了立式与平面相结合的形式，既方便数钱人观看，又方便存钱人观看	进钞口也是采用翻盖措施，防止进灰

续表 2-2-4

品牌	图片	材料	造型	色彩	特点	设计特点		
						叶轮	显示器	进钞口
中钞信达		点钞机的外壳可用塑料如下： ① ABS PA-717C； ② PC 141R； ③ PC/ABS C1200	整体非常圆润，出钞口也十分内敛	整个机身是白色的，干净整洁，适合银行工作的氛围	四种主要点钞功能：智能点钞、分版处理、清点计数、预置计数	银色的叶轮与棕色的机身搭配，显现出了高贵，又不失典雅	立式的钱数显示器，可以更方便观看	进钞口采用了滑盖
川唯			外观时尚小巧，扁平整洁	通体浅灰色的色调，不仅不会给人压抑感，反而会让人觉得高档	智能：荧光检伪，磁性检伪，安全检伪，光普检伪，红外检伪，幅面检伪。 假币：假币报警	黑色的叶轮配合银色的机身，更加显示出了精炼的数钱技能	显示器可以显示大量钱数，最高钱数得到提升	后盖采用滑盖，可以避免落灰、卡钱
总结： 色彩：市场上的点钞机大部分都是由黑、白、灰三种颜色作为主色调。 外形：外观造型都偏向小巧整洁，大部分点钞机的外形都是方形。 细节：显示器使用数字显示屏，可以直接将钱数、张数等显示在屏幕上								

如表 2-2-5 所列为纸币清分机色彩设计运用及细节分析。

表 2-2-5　纸币清分机色彩设计运用及细节分析

品　牌	图　片	材　料	造　型	色　彩	特　点	设计特点		
						进钞口	出钞口	操作按钮
德国 G&D			卧式造型，多出钞口	淡青色与白色结合，给人一种通透精明的感觉，让人感觉这个机器十分精准	精确点算。 每个传感器均由西门子微处理器系列及Intel微处理器系列操纵，传感器能进行自我校准，避免人手调整和不当调整的风险，提高安全保障；提供一致性的传感器读数，提高检测的可靠性	大型进钞口，可以一次进大量钞票	有多种出钞口，可以辨别多种钞票	触屏操作更加方便快捷
中钞信达			卧式多出钞口可扩展中小型纸币清分机，开放式设计，外观独特、大方，加钞和取钞位置极佳，特别适合于人民银行和各商业银行大量现金处理业务的清分工作	主体为白色，配合适当的黑色给人简单利落、精明强干的感觉	清分效果好，鉴伪能力强，性价比高。 ● 高速清分； ● 适用范围广； ● 采用中钞信达独有的纸张厚度高速检测技术，全面解读钞票的量化磁性特征； ● 采用最先进的预反馈智能补偿技术； ● 采用全彩色的触摸屏设计	进钞口在上方，不方便大量进钱	出钞口明显、易懂、量多，可以识别6种钞票	液晶屏触屏操作界面，更方便快捷

续表 2-2-5

品 牌	图 片	材 料	造 型	色 彩	特 点	设计特点		
						进钞口	出钞口	操作按钮
日本 Glor			与普通的点钞机相比，拥有 2 个出钞口和 1 个退钞口，所以工作能力更强大	蓝色与灰色的结合显得大气	通过灵活设定 USF-100，就可以轻松地鉴伪并进行清分，从而建立快速高效的纸币处理流程。 1. 使用压钞杆； 2. 容量大； 3. 效率高； 4. 空间利用率高	进钞口在侧面，可以方便使用，不会误放	出钞口设计得精简实用又美观	显示屏清晰，按键用不同颜色标注，清晰、易懂
辽宁聚龙			小巧、简洁又功能俱全，造型简单却富有趣味	黑色和白色为主体，适合融入办公环境	1. 可同时对多种不同面额的人民币进行统计、正损、清分； 2. 超强的正损、清分能力； 3. 独有的智能模块化设计	进钞口有挡板，可以防止钞票飞出	两种清分口，可更加精准地清分	操作按键手感好

续表 2-2-5

品　牌	图　片	材　料	造　型	色　彩	特　点	设计特点		
						进钞口	出钞口	操作按钮
古鳌			纯朴大方的外观造型，富有深意	黑色和灰白色为主体，黑与白比例协调，既不暗，又不过亮	采用高速度图像扫描仪（CIS）、数字信号处理器（DSP）与控制器进行采样控制，具有清分、分版、面向、计数功能	进钞口有挡板，防止钱飞洒而出	出钞口也有挡板，而且是玻璃的，可以清楚地看到出钱，又防止钱飞出	人性化按钮，既简单易懂，又方便操作

总结：

色彩：市场上的纸币清分机大部分都是由黑、白、灰三种颜色作为主色调。这样可以显得商业化，适合时代需求和人们的审美。

外形：双口纸币清分机外观造型都偏向小巧整洁，大部分纸币清分机的外形都是方形，也有三角形等，显得稳重耐用。大型纸币清分机一般都是长方形，适合区别纸币，便于制造及摆放。

细节：显示器使用数字显示屏，可以直接控制清分金额；显示器一般采用触屏，可以方便使用，使界面更加简洁

如表 2-2-6 所列为灭火器色彩设计运用及细节分析。

表 2-2-6 灭火器色彩设计运用及细节分析

品 牌		天广	远红	坚瑞	江荆	国泰
材 料		塑料、不锈钢	不锈钢、塑料	不锈钢、塑料	不锈钢、塑料	不锈钢、塑料
造 型						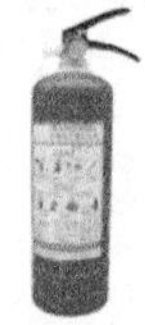
色 彩		红、白	红、黑	红、黑	绿、红	粉、白
设计细节对比	喷口					
	启动按钮					
	筒体					
定 义		灭火器是一种可携式灭火工具。灭火器内放置化学物品，用以救灭火灾。灭火器是常见的防火设施之一，存放在公众场所或可能发生火灾的地方。不同种类的灭火筒内装填的成分不一样，是专为不同的火警而设，使用时必须注意区分，以免产生反效果及引发危险				

图 2-2-11 为灭火器外形图。

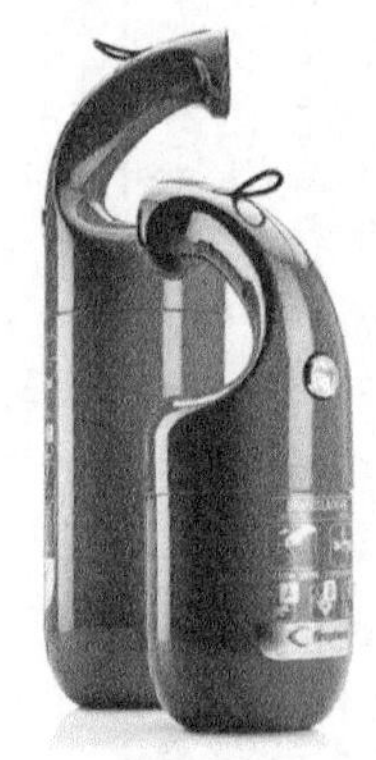

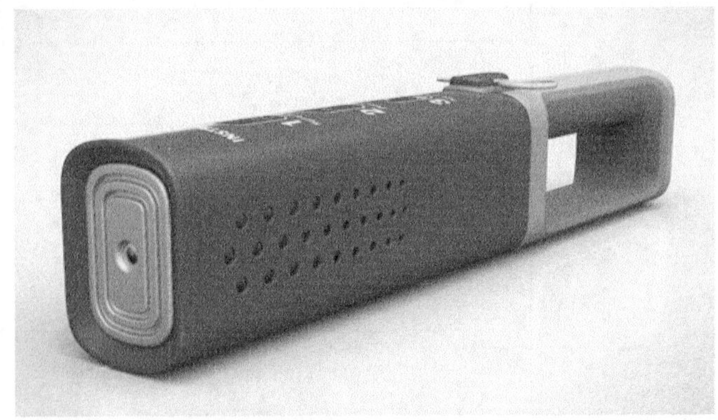

图 2-2-11 灭火器

另外，色彩的设计方案应该是多元化、多方位和多角度的，也就是说，必须从各方面来反映人们感受色彩的心理。以产品的设计色彩如何适应人的生理和心理需要为基础，来解决色彩与情感心理的舒适感问题，从而使人们的各种需要与产品的色彩设计联系在一起。

比如，一般灭火器整体采用红色，在 7 种颜色中以红色最不会被折射，在布满烟雾的火场中，远远看红色最明显。而红色也是传得最远的，如果用蓝色就会立刻被折射到地板或者天花板上了。根据功能不同，灭火器也有其他颜色的。绿色瓶的灭火器是可以自救的，里面的物质可以往人身上喷，有大概 1 分钟的隔热保护作用，把全身都喷上，可以直接穿过火场，但时间只有 1 分钟左右。这种物质对人的身体没有腐蚀，但易挥发，一般用于精密仪器和自救。红色灭火器是具有腐蚀性的，不能往人身上喷，会腐蚀皮肤，一般只能用来救火，不能用于自救，也会腐蚀高档精密仪器。

2.3 机械产品的语义设计

学习造型设计的语义知识，旨在了解某领域内的产品设计语义运用概况，根据产品语义的内涵，有针对性地进行产品的设计；熟练运用造型设计中的语义学知识，进而指导自己的设计，提高对于产品设计的积极性。

如图 2-3-1 所示为零钱交换机及使用场景图。

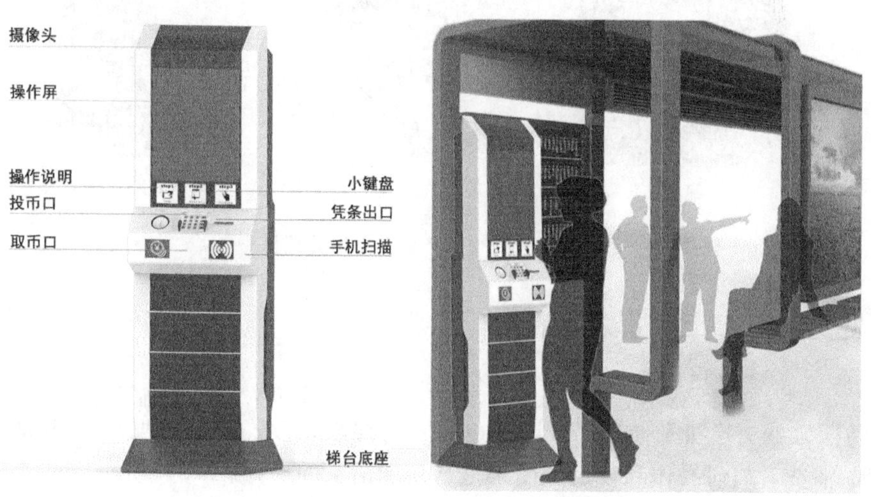

图 2-3-1　零钱交换机及使用场景图

如图 2-3-2 所示为产品语义设计运用。

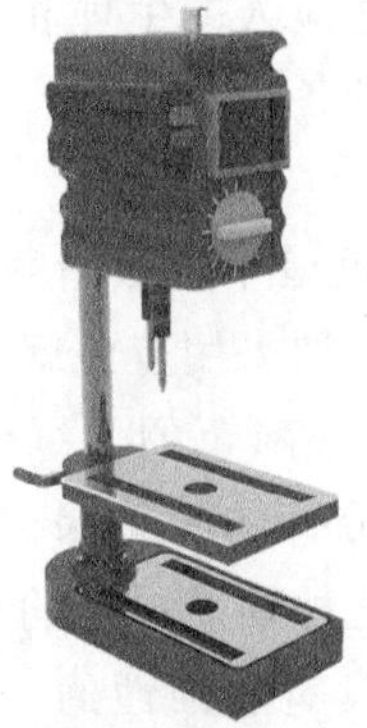

(a) 控位攻丝机 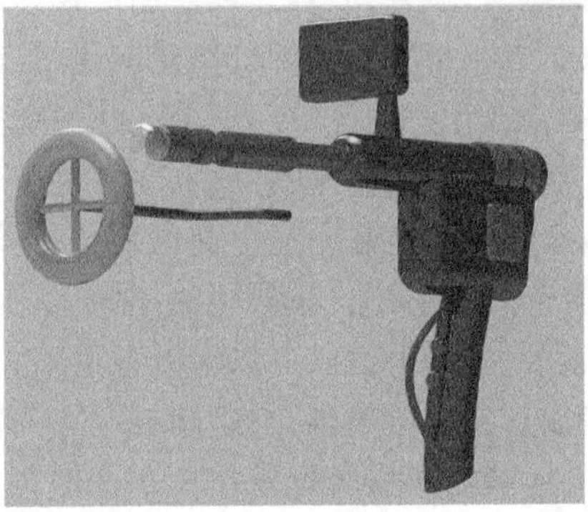　　(b) 气　枪

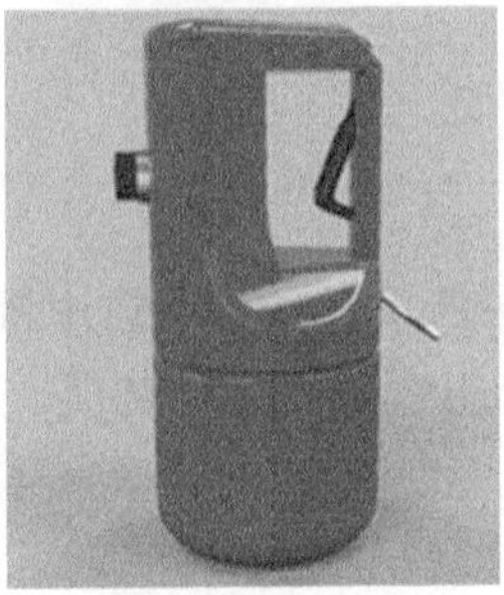

(c) 灭火器 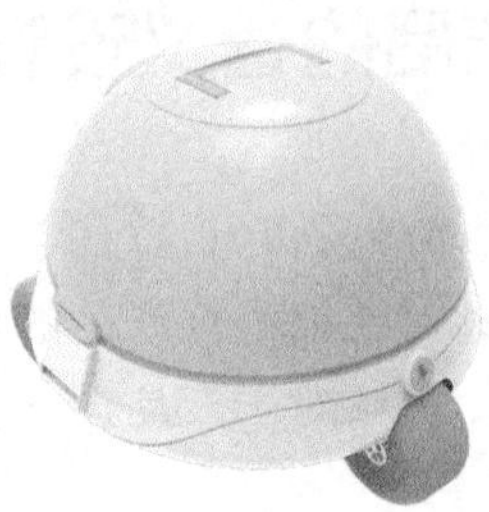　　(d) 呼吸机

(e) 跑步机 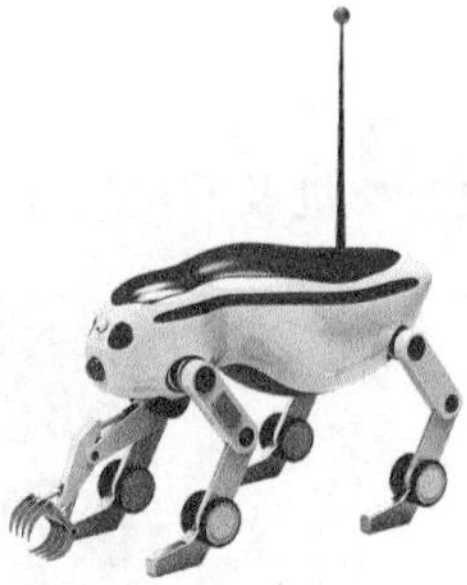　　(f) 智能搜救机器人 　　(g) 火灾救援机器人

图 2-3-2　产品语义设计运用

① 零钱交换机及使用场景图。应远看有层次，近看有细节，要围绕主要功能的实现、消费者如何操作和使用产品来进行功能语义的设计。

② 控位攻丝机、气枪、灭火器和呼吸机。特别关注人的感觉对形状含义的经验，目的在于最大化地满足人的使用习惯，提高操作的舒适性和秩序性。通过对按钮的

大小、形状、颜色的差异化设计，提供不同状态的明示，亦暗示功能的主次和操作的先后等关系。

③ 跑步机、智能搜救机器人、火灾救援机器人。通过特定的设计符号指示功能和使用方式，以及关联性表达产品语义，挖掘并借助更为广泛的符号体系表达产品语义。

相关理论

机械产品的语义是指产品的外部造型所呈现或表达出来的语义含义。一般，人们对某一事物的认识是从事物的外部开始，是一个由表及里的实践认知过程。例如：针对某一产品，我们总是先对其形状、色彩、材质、纹理、体量、尺度有个直观的认识，随后开始了解其功能、原理、内部结构及操作方式，进而全面地认识这一产品，取得一定经验，并把它作为一种语义符号记在头脑中，日后一旦提及这一产品，就会回忆这个认知过程，并把这一语义符号作为一种判断基础。人们在对任何事物的认知过程中，往往会不知不觉地动用了头脑中许多记忆的语言符号。设计师必须研究产品语义，语义生动可以使消费者对产品的造型与功能一看就能理解，明白无疑，不会引起误会。设计的产品造型，应有鲜明的时代特征，符合市场流行趋势，符合消费者的社会属性要求及企业品牌特征。产品语义应生动、醒目，有文化艺术内涵，有审美情趣。

从本质上讲，产品语义强调的是人与物之间的一种交流，即通过产品的材料、造型、结构、色彩、质感等视觉语言向使用者揭示或暗示产品的内部结构，使产品功能明确化，使人机界面单纯、易于理解，从而解除使用者对于产品操作上的困惑，以更加明确的视觉形象和更具象征意义的设计，传达给使用者更多的文化内涵，同时又能产生富有情趣的生活方式，达到人、机、环境的和谐统一。

产品语义表达的方法

目前在机械产品语义表达的研究中，尽管出发点大体一致，但就具体操作方法而言则有所差别。Klaus Lehmann 在 1991 年提出了“产品语义造型类别”，它包括许多造型原则及丰富的隐喻，概括起来可分为五类：

① 从可解读的机械原理取得意义的设计造型类别；

② 从人或动物姿势象征符号取得意义的设计造型类别；

③ 从熟悉的抽象造型符号取得意义的设计造型类别；

④ 从科技符号以及当时杰出模式取得意义的设计造型类别；

⑤ 从现代建筑师和设计师流行使用的设计造型，利用风格上或历史上的隐喻，以回想我们文化传统的设计造型类别。

在具体设计实践中，我们可以参照 Klaus Lehmann 的产品语义造型类别理论，针对不同特性的产品，选取对应的造型类别进行语义的有效表达。比如，一款零钱交换机产品(见图 2-3-1),属于从可解读的机械原理中取得意义的设计造型类别(直线条与几何造型成为其独特的造型语言)。设计者通过合适的阵列重复来塑造统一而又蕴含变化的整体造型,远看有层次,近看有细节,所以产品要围绕主要功能的实现、消费者如何操作和使用产品进行功能语义的设计。其具体包含以下内容:

① 操作形式:产品的操作形式是立式还是坐式;工作形式是落地式、台式、移动式,还是便携式等功能形式。

② 操作面:操作空间、操作方向,以及控制器、显示器等功能要求。

③ 操作环境:光环境、热环境、气体环境、声环境、安全环境等功能要求。

这些功能往往与人的生理、心理有关,直接影响产品使用的舒适程度。语义的表达清晰、明确,那么产品的内涵也逐渐深入起来。

另外,产品语义的表达应当符合人的感官对形状含义的经验。如看到“平板”时,会想到可以放东西或可以坐等;看到“圆”时,会想到旋转或转动的东西等。操作者可以很清楚地明白哪个是按钮,哪个是旋钮。特别关注人的感觉对形状含义的经验,目的在于最大化地满足人的使用习惯,提高操作的舒适性和秩序性。

如图 2-3-3~图 2-3-7 所示为控位攻丝机、气枪、游戏手柄、灭火器、无人机。

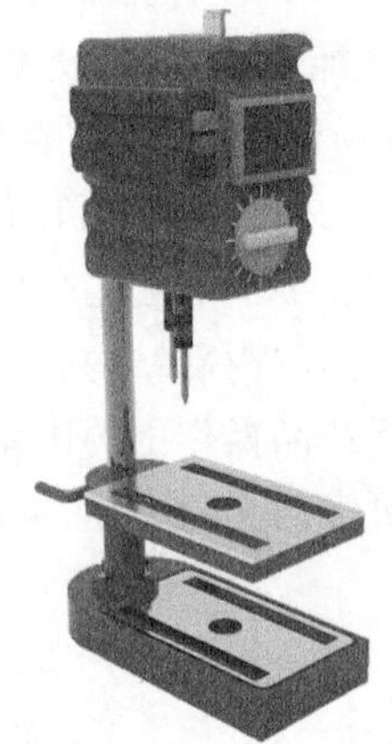

图 2-3-3 控位攻丝机

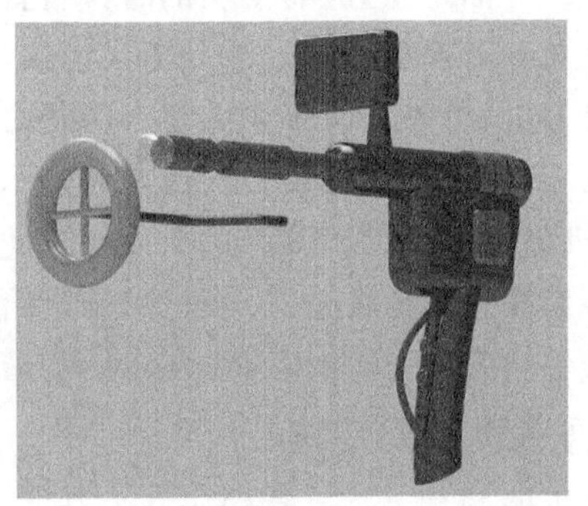

图 2-3-4 气 枪

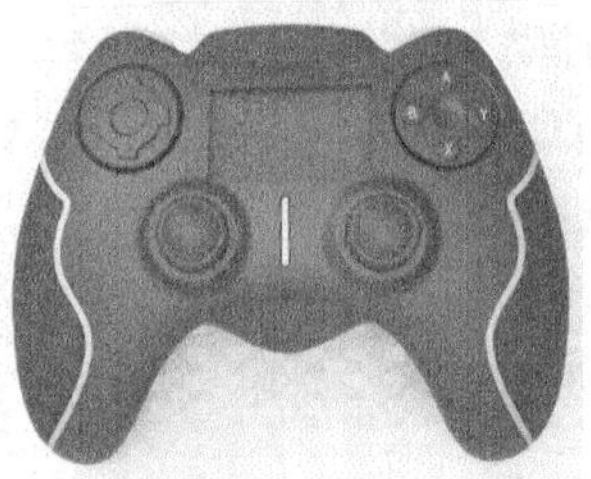

图 2-3-5 游戏手柄

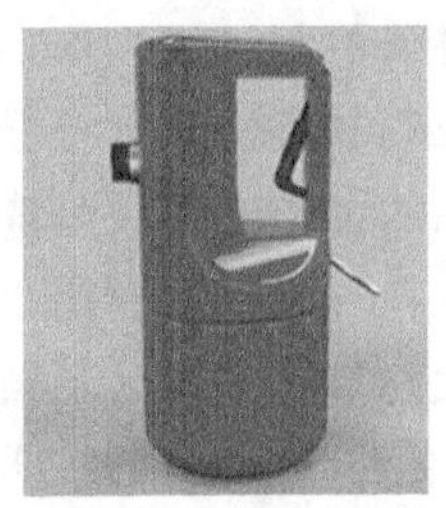

图 2-3-6 灭火器

图 2-3-7　无人机

产品语义的表达应当提供方向含义、物体之间的相互位置、上下前后层面的布局含义。比如铺路机每个模块的组合方向性很强，尤其是推土铲和机械臂的灵活转向，各自的方位需要色彩加以区分，让使用者感到安全、高效。

产品语义的表达应当提供状态的含义，如产品的正常运行指示灯、电池电量提示等。

产品语义必须给用户提示如何操作。要保证正确操作，必须提供操作装置和操作顺序。如图 2-3-8 所示，这一款产品，通过对按钮的大小、形状、颜色的差异化设计，提供不同状态的明示，或暗示功能的主次和操作的先后等关系。

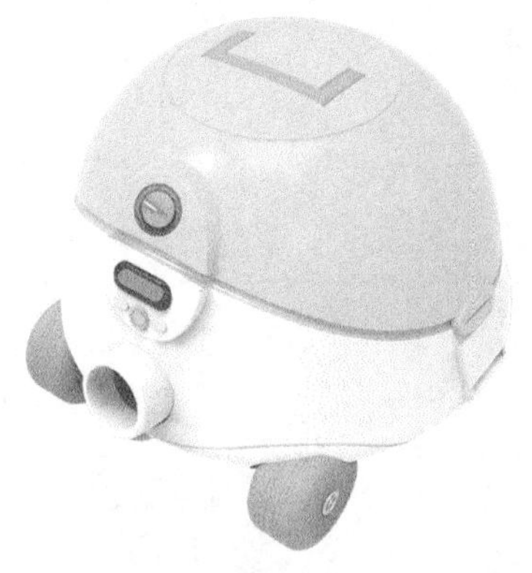

图 2-3-8　呼吸机

从外延和内涵两个方面分别进行语义的表达，且彼此关联产品语义，具有双重意义，既要表达产品自身的物理属性，即产品的外延意义，又要投射人类情感。设计导入情感这一认知语义使产品具有人情味、亲和性，表达产品在使用情境中显示出的心理性、社会性、文化性等内涵，是当今设计的重要特征。

如表 2-3-1 所列为打印机语义设计运用及细节分析。

表 2-3-1　打印机语义设计运用及细节分析

品　牌	材　料	整体造型	色　彩	细节语义对比			
				进纸口	出纸口	开　关	操作屏
惠普	通用塑料		黑色		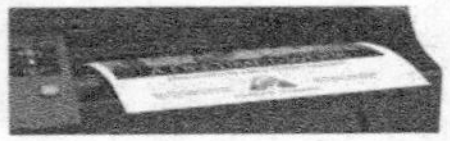	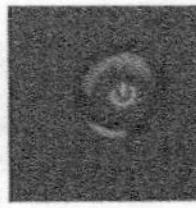	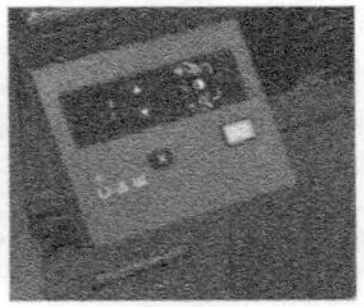
佳能	通用塑料		白色居多	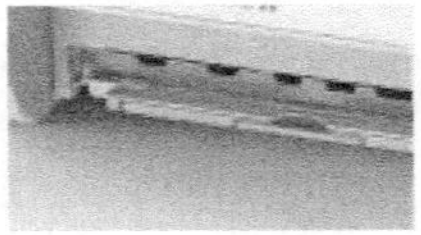			
联想	通用塑料	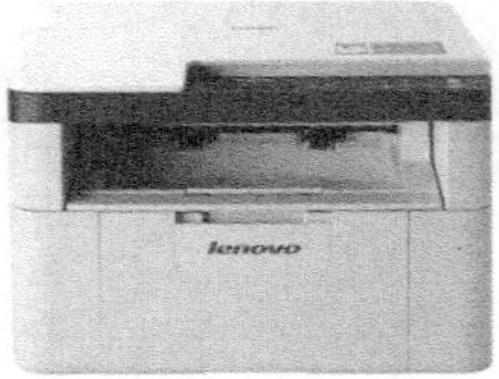	白色				

续表 2-3-1

品　牌	材　料	整体造型	色　彩	细节语义对比			
				进纸口	出纸口	开　关	操作屏
富士施乐	通用塑料		白色		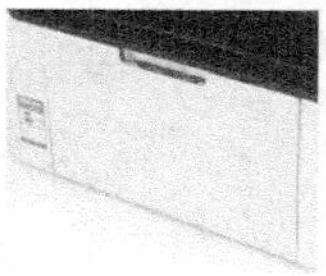		
兄弟	通用塑料		白色				
调研总结	通用塑料	基本框架为方体，在方体上面进行细微的造型变化	白色居多	有露天式进纸口，也有掀盖式进纸口	大部分分布在整个机器的上方	大部分为圆形，也有其他形状	大部分操作面板分布在机器顶部，也有少部分被安放在其他位置

在设计实施过程中，我们不妨从外延和内涵两个方面分别进行语义的表达。其中，外延性语义的表达主要是通过特定的设计符号指示功能和使用方式来体现。这些符号的象征含义是人们在大量的生活经验中学习积累起来的，是被习俗和习惯所广泛接受的。其方法主要包括：

① 通过视觉符号的相似性暗示使用方式；

② 通过视觉符号的因果联系暗示使用方式；

③ 通过产品的肌理和颜色暗示使用方式，并吸引人们的注意力。

而内涵性语义的表达，则主要通过造型传达思想感情，其方法主要包括：

① 通过视觉语言反映产品的技术象征和本身的性质及趣味等。

② 通过视觉语言把握好产品的档次象征，以此表现产品的等级和特性，并通过产品标志、常用的典型造型或色彩手法、材料甚至价格来体现。

③ 通过视觉语言体现产品的安全象征。安全感体现在使用者心理及生理两个方面：著名的品牌、饱满的造型、精细的工艺、沉稳的色泽，都会给人以心理上的安全感；而合理的尺寸，避免无意触动的按钮开关设计等会在生理上给人以安全感。当然，在外延意义和内涵意义的表达中，设计师还必须考虑二者的关联性，做到彼此呼应，做到有机的统一。

图 2-3-9～图 2-3-11 所示为灭火器、跑步机、ATM 机。

图 2-3-9　灭火器

图 2-3-10　跑步机

图 2-3-11　ATM 机

任务拓展

这部分语义表达的方法在机械设计领域应用较少，常在工业设计专业领域中应用。

产品语义表达的其他思维和方法如下：

(1) 通过关联性表达产品语义

关联性包括：不同产品之间的关联，产品与使用环境之间的关联，产品与文化背景的关联等。随着人们对于产品认识的不断深化，产品造型的语言也在不断扩展，设计人员可以根据理解的相关性，对已有的元素进行加工、重组、修改、整合，得出新的造型。

仿生设计就是运用了产品与自然界的关联性，仿生的造型要能够很好地体现语义传达关系，其典型特征就是语义便于理解和接受，可观性强，便于记忆，让人心领神会。如各种植物、动物、微生物等都可以成为语义表达的符号。

图 2-3-12 所示为智能搜救机器人。

(2) 挖掘并借助更为广泛的符号体系表达产品语义

产品本身所具有的符号属性，比如点、线、面及颜色的任意组合所传达出的语义，虽然简便好用，具有普遍性的优势，但存在单一性和局限性，无法满足人们情感的多样化需求。因此，产品语义表达在方式和内容上的丰富性、灵活性还需要挖掘并借助更为广泛的符号体系，比如产品的声音、质感、振动等，这些也可成为符号，表达产品的象征信息，实现与用户多通道的沟通。设计师则可以借助如修辞这样的文学手法来迎合人们对于情感性语义的新需求。

图 2-3-12　智能搜救机器人

总体来说，以上这些思想和方法都为产品语义的合理表达提供了参考，尽管各有差异，但基本都考虑了使用者在认知产品时的主体性及语义、文脉、符号因素，并可以以此设问以寻求解决的方法。当然，产品语义表达重在设计应用，需要我们在实践中慢慢掌握，且不断摸索、积累。

图 2-3-13 所示为家用小型制氧机细节图。

 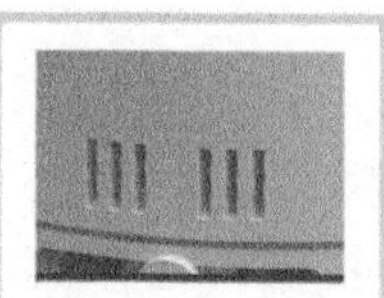 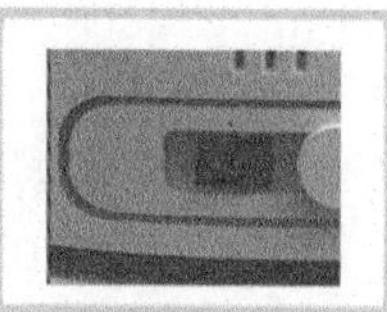 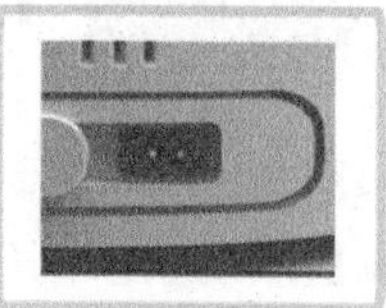

图 2-3-13　家用小型制氧机细节图

图 2-3-14 所示为火灾救援机器人。

图 2-3-14　火灾救援机器人

第3章

机械产品造型材料及加工工艺

3.1 机械产品造型材料

本章主要学习现有的机械产品造型材料都有哪些，对各种材料的基本特性、材料分类以及特点结合例子进行阐述，并对每种材料的成型加工工艺进行叙述，通过结合案例分析每种材料的成型工艺、加工工艺等工艺特性，深层次挖掘学习每种机械产品的造型材料。

了解机械产品造型材料及加工工艺。

如图3-1-1所示为机械产品造型材料。其中，图(a)不锈钢金属产品，应用了金属材料，采用了压力铸造的方式，属于精密铸造方法，得到尺寸精确、组织细腻、表面光滑的金属产品。图(b)笔筒，属于塑料产品，采用了吹塑成型的方式，制造出如图所示的中空塑料制品。图(c)狗玩具，属于橡胶产品，应用了天然橡胶的材质，通过压出工艺等一系列加工工艺制作出具有良好弹性和韧性的橡胶产品。图(d)无人机，采用了“蜂窝发泡”材料，整体性能优于碳纤维复合材料，通过模压成型、喷射成型等成型加工工艺制造而成。图(e)托盘，采用了木质材料，通过传统的锯割、刨削、凿削、铣削等工艺对原木进行加工制作而成。图(f)瓶子，属于玻璃制品，采用了吹制成型的加工工艺，以此来制作瓶子这种中空产品。图(g)厨房用品，属于陶瓷材料，采用了旋坯成型的加工方法获得。

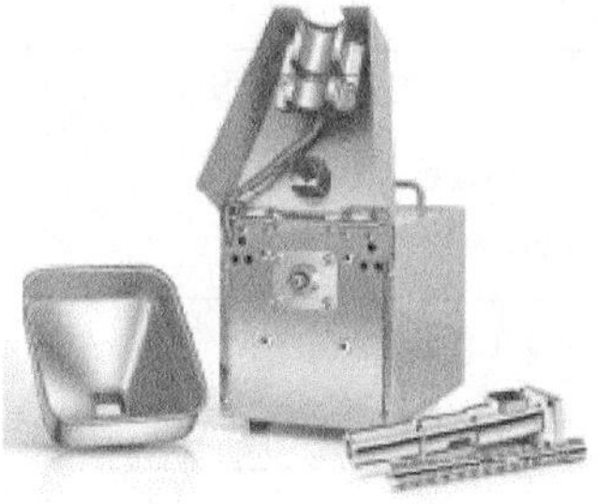

(a) 不锈钢金属产品  (b) 笔　筒  (c) 狗玩具

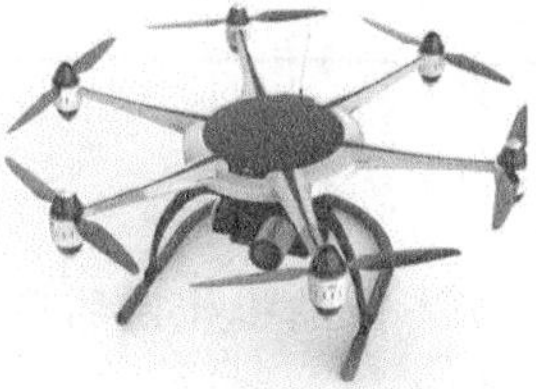

(d) 无人机 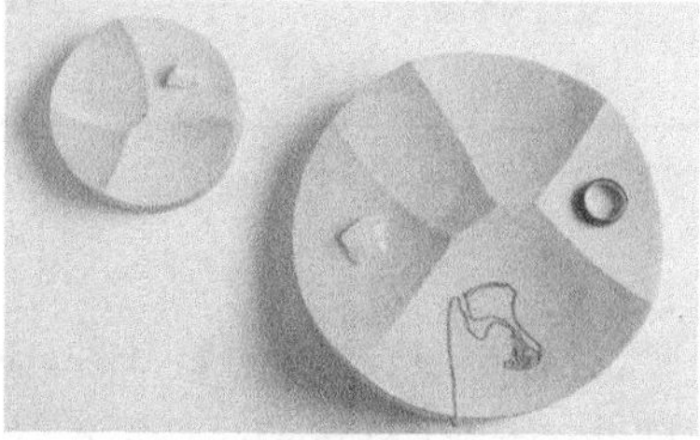 (e) 托　盘  (f) 瓶　子

(g) 厨房用品

图 3-1-1　机械产品造型材料

相关理论

机械产品的外观造型是由相应的材料经过特定的加工工艺制造而成的,材料是构成机械产品造型的基础,无论是对传统材料还是对人工材料、复合材料、新型材料,材料始终都是机械产品造型设计的基础;而加工工艺是改变材料实现机械产品造型的技术手段。材料及加工工艺是产品造型设计的前提和物质技术条件,因材料的不同,其加工工艺也会有相应的差别,因此机械产品造型也会不同,能带给人新的视觉感受。

根据不同的分类条件,材料可以分为不同的类型,如表 3-1-1 所列。

表 3-1-1　材料分类

按材料来源分类	按材料物质结构分类	按材料形态分类
天然材料。 如:木材、竹材、石材等	金属材料。 如:黑色金属、有色金属、特种金属	线状材料。 如:钢丝、塑料管等
加工材料。 如:金属、玻璃、陶瓷等	无机材料。 如:石材、陶瓷、玻璃等	板状材料。 如:金属板、塑料板等
合成材料。 如:塑料、橡胶等	有机材料。 如:木材、塑料、橡胶等	块状材料。 如:木材、石材等
复合材料。 如:智能材料或应变材料	复合材料。 如:玻璃钢、碳纤维复合材料	

3.1.1　金属材料

金属材料分为黑色金属、有色金属、特种金属材料,应用于不同的机械产品造型中,尤其是钢铁、合金等材料,成为现代机械产品造型设计中的主流材质。

常用的金属材料分类如表 3-1-2 所列。

表 3-1-2　金属材料分类

<table>
<tr><th>钢铁材料</th><th>有色金属材料</th><th>特种金属材料</th></tr>
<tr><td>工业纯铁</td><td>铝及铝合金(银白色)</td><td>非晶态金属材料</td></tr>
<tr><td rowspan="2">钢、碳素钢、合金钢</td><td rowspan="3">铜及铜合金(黄、青、白、紫等)、钛及钛合金、镁及镁合金、锡及锡合金、铅及铅合金、镉及镉合金</td><td>准晶</td></tr>
<tr><td>微晶</td></tr>
<tr><td>铸铁</td><td>纳米晶</td></tr>
</table>

在机械工程领域中,金属材料是应用最为频繁的一种结构材料,因为金属材料及其合金在物理学、化学以及加工工艺方面受自身基本特性的影响具有绝对的优异性能,可赋予产品以机械美学的价值,具有品质造型的美感。如图 3-1-2 中所示的概念车的设计,整体采用的造型材料为金属、合金等材料,具有天然的质感,其金属材料表面的色彩肌理呈现出硬质、亮丽的质感效果,具有良好的反射能力,使得车辆在行驶过程中更加安全可靠,符合设计中的安全性设计原则;不透明性的金属质感,带给大众精致、高雅的视觉感观。车辆等交通工具的造型材料需要具备一定的韧性、坚固性,金属材料具备优良的力学性能,具有较高的弹性模量,其刚度、强度都满足车辆的正常安全性能指数。如图 3-1-2 中所示的概念车造型曲面较多,不规则的型面设计,使得产品难以加工成型,由于金属的优良加工性能,可将外车壳、车身等通过铸造、锻压加工成型,并且金属还可以进行切削加工、焊接等型面连接,以达到机械产品

的造型目的。概念车的蓝色、红色、黄色、灰黑色的色彩肌理是由金属本身易于进行表面涂覆的特性获得的,通过金属的这一特性,赋予车辆以理想的质感。

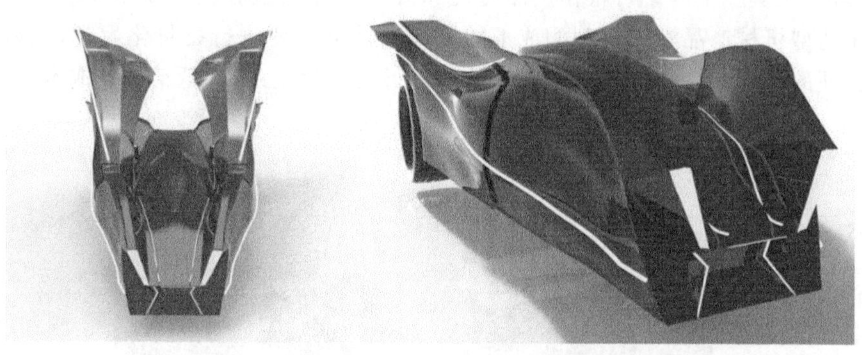

图 3-1-2 概念车设计

3.1.2 塑 料

塑料的原料广泛,由于其具有性能优良、装饰性强、价格低廉、品种繁多、易于加工等优点,被广泛应用于生活中的各类产品、各个领域中,出现了许多替代衍生材料,缓解了金属、木材等资源的不足,是生活中最为基本的应用材料。

塑料的分类如表 3-1-3 所列。

表 3-1-3 塑料的分类

按热行为分类	按应用分类
热塑性塑料。 如:ABS、聚乙烯、聚丙烯等	通用塑料。 如:聚乙烯、聚丙烯、聚氯乙烯等
热固性塑料。 如:环氧塑料、氨基树脂等	工程塑料。 如:ABS、聚酰胺、聚碳酸脂等
	特种塑料。 如:医用塑料、导电塑料等

机械产品造型材料要求能够充分发挥材料独属的特性,材料要能够易于加工、自由成型,要符合产品所要求的特性。通过人工合成的塑料可满足这些条件,其具有良好的综合性能。如图 3-1-3 中所示的食品级 3D 打印机的外壳几乎全是塑料制品。塑料的质量轻、比强度高,这种小巧型的 3D 打印机,选择塑料这种造型材料,可以有利于满足产品轻量化的要求。虽然塑料的强度低,但受到密度的影响,其自身比强度较高,因此在机械产品造型设计中,这种材料也是最常使用的一种。在实际生产制造过程中,某些工程塑料是可以替代部分金属材料来制造多种机械零部件的;3D 打印

机的前盖和左右两侧的塑料呈现透明的特点,可透过外部看到内部,这种透光效果也与塑料的优良特性有关。塑料具有透明性,富有光泽,并且塑料着色简易,不易变色,色彩鲜艳,在实际生产中可根据产品特性和大众喜好任意着色。如图 3-1-4 中所示的小巧型机械产品在保证利润成本的前提条件下需要进行批量化生产,塑料成型加工方便的这一优良特性使得这一产品可进行批量化生产,降低精加工成本。

图 3-1-3　食品级 3D 打印机

图 3-1-4　章鱼仿生产品

3.1.3　橡胶材料

橡胶属于高分子材料,具有高度的弹性,应用比较广泛,是生产、生活中不可缺少的材料成分之一。橡胶材料由于其优良的性能被应用于我们生活的方方面面,具有广泛的用途。

常用的橡胶材料如表 3-1-4 所列。

表 3-1-4　橡胶材料分类

天然橡胶	合成橡胶
巴西橡胶	丁苯橡胶
橡胶草(俄罗斯蒲公英)	顺丁橡胶
杜仲树	丁基橡胶
银胶菊等	乙丙橡胶
	氯丁橡胶
	硅橡胶等

机械产品造型设计的材料选择，尤其是交通工具轮毂的材料选择上都选用了具有高弹性的橡胶材料，如图 3-1-5 所示的玩具汽车在造型材料上就选用了具有高弹性的橡胶材料。橡胶材料在发生较大变形时能够快速恢复到原形状，具有可变形性，在汽车的使用中，可以保证车辆行驶的安全可靠；由于受地面的影响以及行车的影响，车轮的轮胎选用橡胶，质地柔软，硬度低，在路面上行驶的过程中能够减轻摩擦力，更加省时省力；由于橡胶材料的密封性和耐磨性较好，使用寿命较长，安全系数较高，因此橡胶成为人们日常生活中不可缺少的材料，被广泛应用。

图 3-1-5　玩具汽车

3.1.4　复合材料

复合材料是以塑料、金属、橡胶等各种材料为基体组成的，具有不同的物理、化学性质，其结构组织大不相同，性能相对于单一材料更为优越；并且复合材料种类繁多，具有优良的综合性能，可以满足更多机械产品使用的要求，是一种新型的工程材料，应用前景广阔。

复合材料的分类如表 3-1-5 所列。

表 3-1-5　复合材料的分类

<table>
<tr><th>使用性分类</th><th>基体分类</th><th>增强体形态分类</th><th>复合形式和复合结构分类</th></tr>
<tr><td>结构复合材料</td><td>树脂基复合材料</td><td>连续纤维复合材料</td><td>纤维复合材料</td></tr>
<tr><td rowspan="3">功能复合材料</td><td>金属基复合材料</td><td>短纤维复合材料</td><td>夹层复合材料</td></tr>
<tr><td>陶瓷基复合材料</td><td>颗粒复合材料</td><td>颗粒复合材料</td></tr>
<tr><td>碳-碳复合材料</td><td>编织物复合材料</td><td>混杂复合材料</td></tr>
</table>

常用的复合材料如表 3-1-6 所列。

表 3-1-6　常用的复合材料

<table>
<tr><th>纤维增强复合材料</th><th>层合复合材料</th><th>颗粒复合材料</th></tr>
<tr><td rowspan="2">玻璃纤维增强塑料：
热塑性玻璃纤维增强塑料、热固性玻璃纤维增强塑料</td><td>金属层压复合材料</td><td rowspan="2">非金属颗粒增强非金属基体的混凝土</td></tr>
<tr><td>塑料金属多层复合材料</td></tr>
<tr><td rowspan="2">碳纤维复合材料：
碳纤维树脂复合材料、碳纤维金属复合材料、碳纤维陶瓷复合材料</td><td rowspan="3">夹层结构复合材料</td><td>金属颗粒增强非金属基体的复合固体推进剂</td></tr>
<tr><td>金属颗粒增强金属基体的烧结合金</td></tr>
<tr><td>其他纤维复合材料：
硼纤维复合材料、晶须增强复合材料、石棉增强材料</td><td>非金属颗粒增强金属基体的碳化物硬质合金</td></tr>
</table>

复合材料能融合所组成材料的优良性能，极大地发挥各个材料的优点，结构设计最佳，具有优越的综合性能。如图 3-1-6 所示的斧头就是一种复合材料制品，它由钢材等硬质材料组合而成，其比强度、比模量高，抗疲劳强度比单纯的金属的抗疲劳强度要高，使用寿命很长，斧头需要有良好的摩擦性和耐磨性才能在正常的作业过程中增强使用性。复合材料就具有这种优良的性能，而且其减振性能良好，能够减轻在工作过程中由于振动产生的一系列不必要的破坏；并且复合材料的成型工艺简单多变，能够进行模具的一次成型，可节约成本，大批量生产。

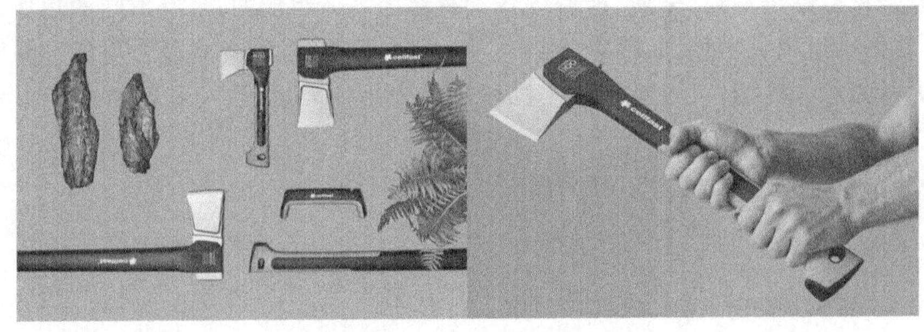

图 3-1-6　斧　头

在平时常见的材料中除了以上的金属、塑料、橡胶、复合材料等用于机械造型中外，还有一些其他的材料，如木材、玻璃、陶瓷等，这些材料在机械造型中极少用到，但在产品设计造型中却是必不可少的材料组成部分。

3.1.5 木 材

木材的原料广泛，用途广，取材方便，性能优良，是常用的一种造型材料，其自然的纹理特征给人一种亲切感，是一种最富有人性化的材质。

常用的木材分类如表 3-1-7 所列。

表 3-1-7 常用的木材分类

原 木	人造板材	新颖木材
锯材： 板材、方材、薄木	胶合板	特硬木材
	刨花板	有色木材
	纤维板	陶瓷木材
	细木工板	染色材料
		防火木材

产品造型设计中，木材作为优良的造型材料被广泛应用，如图 3-1-7 所示的家具具有一种古风特色，古香古韵中体现了家具的独特韵味。受木材本身的天然纹理和色泽的影响，家具中多使用木材表达一种自然特征，不同品种的木材具有不同的色泽和纹理，在实际使用过程中可以根据环境进行选择；此外，木材具有良好的工艺性，如图 3-1-8 所示的木质家具经过一系列的加工方可成型，其经过锯、刨、切等工艺流程才得以加工而成，受其含水量以及密度等因素的影响，在进行连接打孔的过程中难易程度不同；木材具有可塑性，可加热弯曲成型，连接较为方便，加工相对于金属来说较为简单。图 3-1-7 中的桌子便通过加热高温弯曲成型塑造而成。木材易于涂饰，表面吸附能力强，可以简便地进行表面色彩装饰，改变原本属性，美化木材（见图 3-1-8）。家具要具有一定的强度和硬度以保障使用过程中的安全性。木材具有良好的力学性质，其强度、硬度高，弹性好，能抵挡一定的外界冲击力，具有很强的耐磨性，这是木材成为生产木质零件、轴承等的选材依据，木材的耐磨性可以延长使用周期。

图 3-1-7　屏风、桌子

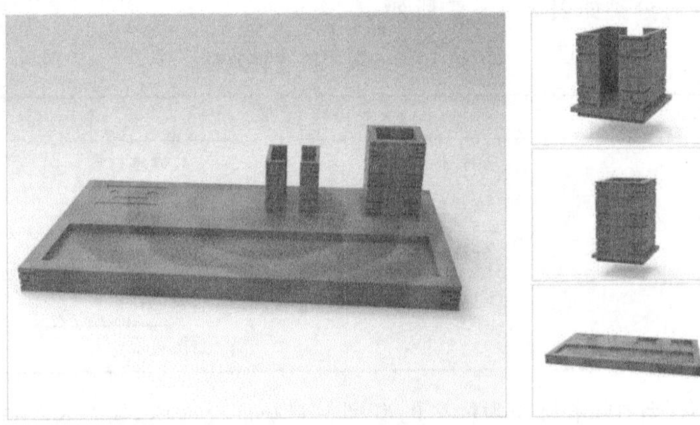

图 3-1-8　文化用品设计

3.1.6　玻璃材料

玻璃具有一系列的优良性能，是现代产品造型设计的一种重要材料，是生活、生产过程中不可或缺的材料，并且玻璃属于一种环保材料，也是生产商和设计师普遍看好的材料。

玻璃材料的分类如表 3-1-8 所列。

表 3-1-8　玻璃材料的分类

用途和使用环境分类	化学成分分类	制造方法分类
日用玻璃	钠钙玻璃	吹制玻璃
技术玻璃	铅玻璃	拉制玻璃
建筑玻璃	石英玻璃	压制玻璃
玻璃纤维	硼硅酸玻璃等	铸造玻璃

如图 3-1-9 所示的产品为自动贩书机，其壳体的外部为玻璃材质。玻璃具有一定的透明性，能够透过一定的光线，在使用过程中用户可以通过透明玻璃从外部看到内部的东西；玻璃的强度和硬度较高，仅次于金刚石等材料，比金属硬，这种特性使其适合做外壳体；玻璃的化学性质较为稳定，是一种很好的绝缘材料。因此，在自动贩书机的材料选择上，外壳的可视部分采用玻璃材质是一种最佳的选择。

图 3-1-9　自动贩书机

3.1.7　陶瓷材料

陶瓷材料是生产、生活中不可缺少的一种人造材料，其具有优良的性能，因此在机械产品造型设计中作为重要的工程材料被广泛应用。按照一定的原料配比，陶瓷可分为传统陶瓷和特种陶瓷两种。

常用的陶瓷制品如表 3-1-9 所列。

表 3-1-9　常用陶瓷制品

日用陶瓷	建筑陶瓷	卫生陶瓷	美术陶瓷	园林陶瓷	特种陶瓷
陶器	通体砖	洗面器	陶塑人物	中式琉璃制品	结构陶瓷
半瓷	抛光砖和玻化砖	浴缸	陶塑动物	西式琉璃制品	功能陶瓷
瓷器	釉面砖	便器	陈设品	花盆	氧化物陶瓷
	陶瓷锦砖	淋浴器等			非氧化物陶瓷

陶瓷材料具有优良的物理、化学性能，多用于日常生活，在产品造型中受其基本属性的影响会给用户带来不同的视觉感受。如图 3-1-10 所示的茶具就是采用了陶瓷材料。陶瓷的刚度大、硬度高。陶瓷在各类材料中刚度最大，比金属刚度还要大，硬度也是最高的，因此在烧制茶具的过程中才不易损坏。图 3-1-10 中的茶具需要经过高温烧制成型。陶瓷具有耐高温的特性，具有高熔点，是一种极好的耐高温、耐火材料。总之，陶瓷材料具有良好的性能和耐高温、耐腐蚀等特性，在日用品的

图 3-1-10　茶　具

材料使用中居多,并且其原料广泛,是一种很好的高温功能材料和高温结构材料,具有广泛的应用前景。

3.2 机械产品材料加工工艺

材料的加工工艺可以将产品进行美化,通过不同的工艺手段,可以塑造机械产品,产生不同的视觉效果。材料的加工工艺分为材料成型加工工艺、材料连接工艺以及材料的表面处理工艺。

影响材料成型加工工艺效果的因素如表 3-2-1 所列。

表 3-2-1　影响工艺效果的因素

工艺方法	工艺水平	新工艺的采用	工艺方法的综合应用
去除成型; 切削加工成型	铸造成型: 翻砂铸造,机械零件粗糙、尺寸精度低;熔模铸造,机械零件精度和表面精度高	精密铸造、冲压等使毛坯变成品	铸件产品: 合理结构、脱模斜度、壁厚
堆积成型; 铸造成型、压制成型、快速成型		电火花、电解等使精密加工、复杂形面成型更容易	切削加工件产品: 便于刀具出入
塑性成型; 变形、弯曲等		快速成型技术拓宽了设计思想	模压产品: 要有合理的分型面

造型材料连接工艺的分类如表 3-2-2 所列。

表 3-2-2　连接工艺的分类

机械连接	焊　接	粘接技术	静连接	动连接
分为:钉接、螺纹栓连接、铆接、卡扣连接等	分为:熔焊、压焊、钎焊	分为:胶黏剂粘接、溶剂粘接	不可拆固定连接:焊接、铆接、钉接等	移动连接:滑动连接、滚动连接
				转动连接:轴连接、铰链连接
			可拆固定连接:螺纹连接、卡扣连接等	柔性连接:软轴连接、弹簧连接

造型材料的表面处理工艺分类如表 3-2-3 所列。

表 3-2-3 表面处理分类

表面精加工	表面层改质	表面披覆
机械方法： 切削、研磨、研削	化学方法： 化成处理、表面硬化	金属披覆：电镀
		有机物披覆：涂装
化学方法： 电化学抛光、蚀刻等	电化学方法： 阳极氧化	珐琅披覆：搪瓷、景泰蓝
		表面披覆

3.2.1 金属材料的加工工艺

金属材料的工艺性能受到物理、化学、机械性能等的影响，其工艺技术的难度也有所不同。金属材料的加工工艺包括成型加工工艺、表面处理工艺等。

金属成型加工工艺如表 3-2-4 所列。

表 3-2-4 金属加工工艺

铸　造	塑性加工	切削加工	焊接加工	粉末冶金
砂型铸造	锻造	车削	熔焊	无
熔模铸造	轧制	铣削	压焊	
金属型铸造	挤压	刨削	钎焊	
压力铸造	拔制	磨削		
离心铸造	冲压	钳工等		

金属材料的表面装饰工艺如表 3-2-5 所列。

表 3-2-5 金属表面装饰工艺

金属表面着色工艺	金属表面肌理工艺
化学着色	表面锻打
电解着色	表面抛光
阳极氧化着色	表面研磨拉丝
镀覆着色	表面镶嵌
涂覆着色	表面蚀刻
珐琅着色	
热处理着色	

图 3-2-1 所示的压面机的加工工艺在整体的机壳上采用了冲压的方法。金属冲压成型是一种金属冷处理的加工方法，称为冷冲压。压面机外壳体在成型过程中借助冲压设备的动力，使金属板材在模具内受力，锻造出预想的形态。设计压面机造型中出于对安全指数的考虑，各个部件之间都需要进行精细加工，因此金属型铸造在

对零件等进行表面粗糙度和尺寸精度的处理上都比其他的铸造方式更加优良，这样的机械零部件在组织结构上更加紧密、精细，同时力学性能也高。然而在这种大型精密制作的机械产品中除了金属型铸造方式外，对于精密铸造还有另外一种压力铸造的方式，在压面机的各个小的精细零部件中也经常采用。采用这种铸造方式的优点在于铸件精密，表面光洁，尺寸精确。压面机内部有很多复杂的铸件，这种铸件的特点多是小巧、壁薄，采用压力铸造可以简化工艺流程，实现批量化生产。压面机的边缘棱角在造型的过程中采用了切削加工的方式，将金属工件的多余加工量切去，形成形状规则统一的造型语言，通过这种切削加工可得到不同的肌理和质感效果；压面机的各部分零件外壳通过加工形成规格零部件，可通过焊接工艺将各零部件外壳高温熔化，使得金属与金属发生工艺连接。

图 3-2-1　压面机

在图 3-2-1 中，压面机的外壳色彩采用科技感十足的黑白灰中性色，这种中性的色调并不是金属本身的自然色彩，而是经过表面处理装饰而成的，采用涂覆着色的方式，对外壳体进行颜色的喷涂；此外，也可对金属表面采用镀覆着色的表面处理技术，通过电镀等对金属表面的沉积金属、合金、氧化物等进行处理，形成均匀的保护膜层，有美化处理金属质感和肌理的效果，达到优良的表面装饰效果。

3.2.2　塑料的加工工艺特性

塑料的工艺特性有很多，根据其所属的状态不同，加工工艺也有所不同。在实际生产中，塑料的加工工艺是使塑料成为具有实用价值的产品的重要环节，塑料不同的形态具有不同的工艺过程。

塑料的加工工艺分类如表 3-2-6 所列。

表 3-2-6　塑料的加工工艺分类

塑料的成型工艺	塑料的二次加工
注射成型(注塑成型)	塑料机械加工
挤出成型(挤塑成型)	塑料热成型
压制成型： 模压成型、层压成型	塑料连接： 塑料焊接、塑料溶剂粘接、塑料胶接
吹塑成型： 薄膜吹塑成型、中空吹塑成型	
压延成型	塑料表面处理： 涂饰、镀饰、烫印等
滚塑成型	
搪塑成型	
铸塑成型	
蘸涂成型	
流延成型	
传递模塑成型	
反应注塑成型	

如图 3-2-2 所示的医疗 3D 打印机，在成型加工工艺中，对机体的外壳采用注塑成型的加工方法，这也是热塑性塑料的成型方法之一，利用注射机内部柱塞结构运动，将内部已经加热塑化的塑料通过一定压力，压制到模腔内，冷却硬化后形成 3D 打印机的外壳。这种成型加工方式尺寸精确、成型周期短、生产性能优良，适合大批量生产，满足医疗高精密仪器的标准，整体适应性好；3D 打印机内部的一些小型零部件可通过挤出成型进行加工，利用挤出机内部的螺杆进行旋转运动，使得熔融的塑料在压力的作用下通过模腔，待冷却硬化后得到断面状塑料制品，其生产成本低，操作简单，效率高，可进行综合性生产。

图 3-2-2　医疗 3D 打印机

塑料制品需进行二次成型加工，3D 打印机在外壳的成型中采用塑料热成型的方法，这也是热塑性塑料最简单的成型方法，其生产成本低，模具简单，无论产品的壁薄或壁厚皆可生产，并且加工精度高，适合医疗产品的加工制造，符合安全性、易用性的设计原则。所有生产的塑料零部件都可通过塑料溶剂粘接的方式,将塑料表面溶解膨胀,然后加压粘接在一起,进行牢固化处理。通过对其表面进行涂覆装饰达到美化产品的目的;通过对内部结构的零部件进行涂饰可以减缓塑料老化的速度,提高耐用性;对其表面进行着色装饰,达到不同的肌理效果,符合大众审美感知。

3.2.3 橡胶材料的加工工艺

橡胶制品的加工工艺流程复杂,受多种因素、性能以及产品自身情况的影响较大。

橡胶制品的加工工艺流程如图 3-2-3 所示。

图 3-2-3 橡胶制品的加工工艺流程

如图 3-2-4 中所示的咖啡壶在造型材料上选择了硅橡胶,其加工工艺首先是将生胶塑炼成可塑性的橡胶,不至于过于黏弹失去成型性;然后将混合剂配入橡胶中制成混炼胶,这是橡胶加工工艺过程中最重要的一道工序,与橡胶制品的质量有一定的关联性。将混炼胶通过压延工艺和压出工艺制成具有一定形状的半制品,其中压延工艺是通过压延机的挤压力将物料进行变形制得最终所需要的几何造型;而压出工艺是通过压出机的挤压力,通过咖啡壶造型的圆柱形型口,制得圆柱形的几何形状;把咖啡壶制品的各个零部件进行粘合,组装成一定形状的产品;最后将所有制得的橡胶物料在高温、压力的作用下经过一系列的变化,制成具有一定性能和使用价值的最终产品。

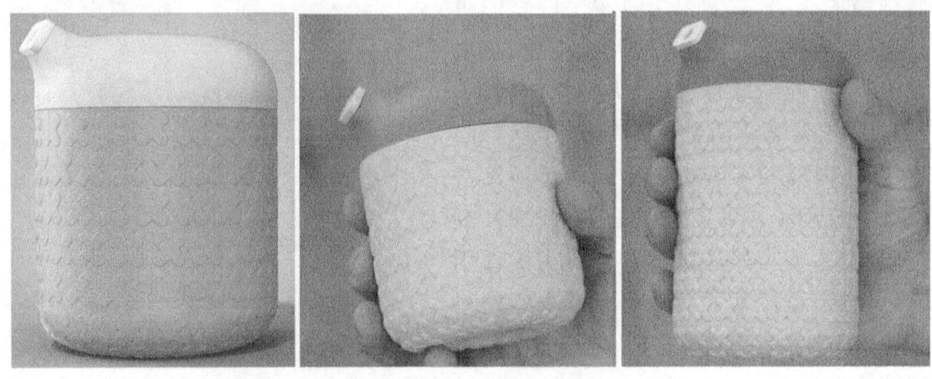

图 3-2-4 咖啡壶

3.2.4 复合材料的加工工艺

复合材料的成型加工工艺多种多样，性能优良，特点鲜明，可以制成不同的制品，促进复合材料工业的发展进步。复合材料成型工艺方法繁多，每种方法都有其自身的特点。

复合材料的成型加工工艺如表 3-2-7 所列。

表 3-2-7 复合材料的成型加工工艺

手糊成型	纤维缠绕成型	模压成型	喷射成型	其他成型
先涂刷树脂，铺贴增强材料，如此反复，然后加热固化、脱模	将浸渍树脂的纤维和带缠绕于芯模上，然后固化成型，得到制品	借助压力机，将纤维制品压制成造型形状，然后固化成型	将树脂、硬化剂、纤维等喷射到模具上，达一定厚度后固化成型	连续成型、离心成型、树脂注射成型、回转成型、裱衬成型

如图 3-2-5 所示的水龙头在造型材料中应用了复合材料，其加工工艺也运用了复合材料的加工工艺，具有优良的性能。水龙头主要采用了模压成型的加工工艺，在压力机的作用下产生压力，然后将涂覆好的纤维制品压制成图中水龙头的造型，最后固化成型，获得水龙头制品。通过模压成型的水龙头质量可靠、均匀，水龙头表面平整光滑，生产效率高，在水龙头的曲面复杂造型中，其生产效率相比于另外几种成型方法要高。

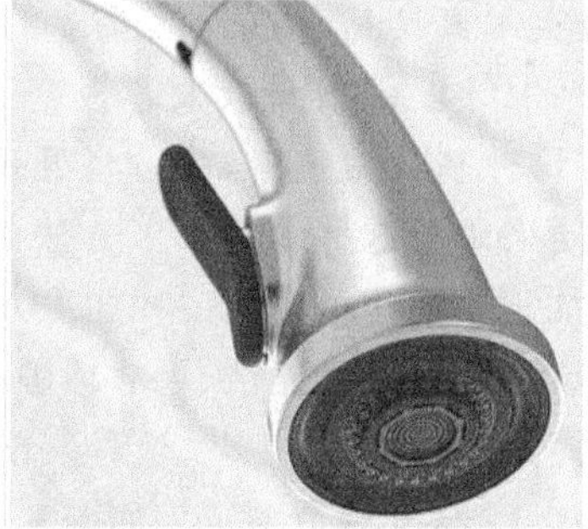
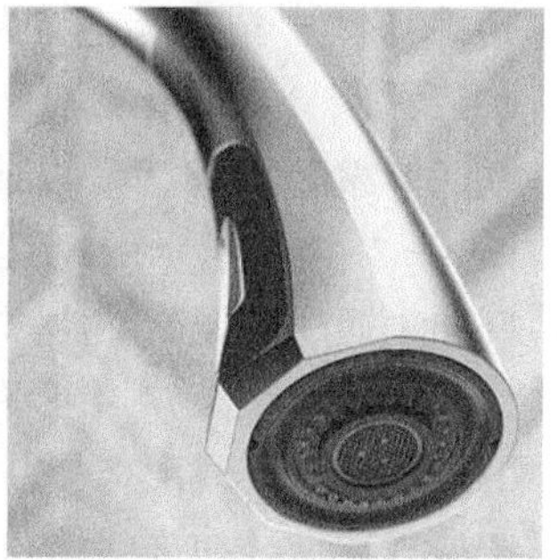

图 3-2-5 水龙头

3.2.5 木材的加工工艺

木材的加工工艺很多，其加工成型都需经过一个流程，方法成熟，装配过程可根据加工工艺条件进行选择。木材本身表面易涂饰，其表面装饰塑造能力强，易于美化，可增强人们的视觉效果。

木材的加工工艺如表 3-2-8 所列。

表 3-2-8　木材的加工工艺

木材加工工艺流程	木材加工基本方法	木制品装配方法
配料	锯割	榫结合
基准面加工	刨削	胶结合
相对面加工	凿削	钉结合
画线	铣削	板材拼接方式
榫头、榫眼、型面加工	弯曲成型	
表面修整		

木材的表面装饰处理技术如表 3-2-9 所列。

表 3-2-9　木材表面装饰处理技术

表面涂饰	表面覆贴
涂饰前的表面处理： 干燥、去毛刺、脱色、消除内含杂物	面饰材料通过胶黏剂粘贴
底层涂饰	
面层涂饰	

目前在家具材料的选择上多选用木材，在木材中实木家具和人造板材的家具居多。实木家具按实木的用量不同分为纯实木家具、全实木家具、板材结合家具。其中板材结合家具定义为实木家具是有百分比要求的，40%、60%的标准皆有；人造板材家具材质有密度板、中纤板、胶合板、大芯板、三聚氰胺板，表面覆有木皮或纸。三聚氰胺板就是以前几种基材为主料，然后将处理过的纸热压在表面而成的。图 3-2-6 中所示的家具便采用了这种木材加工方法，在木材原有的基础上进行锯割加工而成。锯割是木材加工中应用最多的一种加工方式；锯割后的木材表面粗糙，通过刨削的加工方式可将表面变得平整光洁、尺寸精确；通过凿削可将图 3-2-6 中的木制品进行装配，实现榫卯结合的加工工艺，这种装配方式构造简单、结构外露、便于检查。做好初步的木材加工，将外观造型定为如图 3-2-6 中所示的家具的样式，接着需对其表面进行精加工及表面处理，通过对家具表面进行涂饰，将加工的木材进行进一步修整，以涂饰保护家具产品；再通过涂饰将其表面纹理与木材色彩进行装饰，使纹理更加明显，色彩更加饱和，木质感更强；最后通过抛光、覆贴等工艺手段对其进行处理，成为装饰感极强的家具产品。

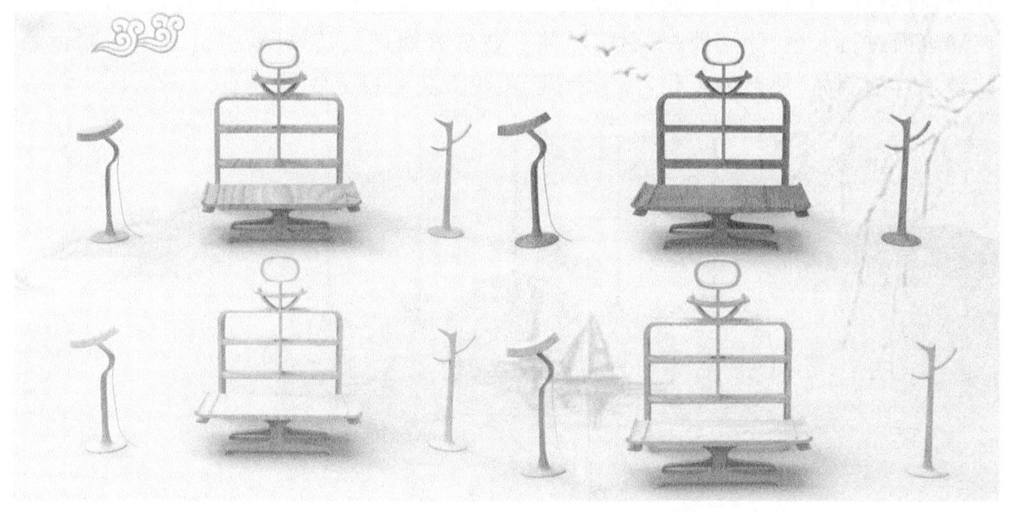

图 3-2-6 家 具

3.2.6 玻璃材料的加工工艺

玻璃的加工工艺主要包含三部分:成型加工工艺、二次加工工艺、熔制工艺。每一种工艺都有独立的加工环节,各个环节、工艺相互配合才可制造生产出美轮美奂的玻璃制品。

玻璃成型加工的方法如表 3-2-10 所列。

表 3-2-10 玻璃成型加工方法

玻璃成型方法	玻璃二次加工方法
压制成型	冷加工: 研磨、抛光、切割、磨边、喷砂、钻孔、车刻
吹制成型	
压延成型	热加工
拉制成型	表面处理: 玻璃彩饰、玻璃蚀刻
浮法成型	

玻璃材质应用于产品造型中能给人一种梦幻、流光溢彩的感觉,玻璃材质的天然的、独具魅力的透明性和变幻无穷的流动感、色彩感都构成了它唯美的形象,若有似无,实而又虚。如图 3-2-7 所示的灯具采用了吹制成型的方法进行加工,这也是制作玻璃器皿中最为常见的方法。将玻璃粘料压制成锥形,再将压缩气体吹入熔融状态下的玻璃型块中,吹制形成中空的玻璃制品,这是初加工的玻璃制品。对存在瑕疵的初加工玻璃制品进行二次加工,可对粗糙的玻璃制品进行机械式的冷加工,从而改变其粗糙的外形和表面状态,通过研磨,磨除玻璃表面的瑕疵缺陷,获得平整、精确的

外形；将玻璃表面进行抛光获得光滑平整的表面；通过玻璃制品的表面处理，可以对玻璃表面进行着色、涂层处理，利用彩釉对玻璃表面进行装饰，获得灯具中不同色彩的玻璃灯泡制品，使产品美化，带来新颖、美轮美奂的视觉效果。

图 3－2－7　灯　具

3.2.7　陶瓷材料的加工工艺

陶瓷的生产工艺流程较为复杂，其工序繁多，工艺手段也各不相同，是生产生活中应用较为广泛的一种原材料。受加工工艺的影响，陶瓷具备不同的视觉美感，产品具有雅致的艺术效果。

陶瓷制品的加工工艺流程如表 3－2－11 所列。

表 3－2－11　陶瓷制品的加工工艺

原料配置	坯料成型	干　燥	施　釉	窑炉烧结	后续加工
传统陶瓷原料（可塑性原料）	可塑成型	对流干燥	荡釉	无	磨削加工
	注浆成型	微波干燥	浸釉		研磨与抛光
特种陶瓷原料（无可塑性原料）	压制成型	远红外线干燥	喷釉		超声波加工
			浇釉等		激光加工等

陶瓷制品的加工工艺流程较多，如图 3－2－8 所示的茶具在加工过程中受其性能要求、形状大小、壁的薄厚等因素影响，主要采用了可塑成型的加工方法。茶具的制作是在配比完成的坯料中加入塑化剂制作成为具备可塑性的泥料，然后进行手工或机械制作。图中的茶具造型是不规则的形体，在加工过程中采用了拉坯成型的方法，这种成型加工工艺不需要模具，通过手工在拉坯机上拉制，再通过自有延展形态塑造而成。对拉制好的形体进行干燥处理，去掉水分，防止发生坯体变形，可提高坯体对于釉料的附着力度，从而缩短烧制的周期。对茶具坯体干燥完成后需要对其进行外观的美化，施釉是其中一个重要手段。黑色的釉料附着于坯体表层，起到一种装饰的作用；同时也作为坯体的保护层对坯体有保护作用，改善表面性能，提高茶具的

外观效果。然后将其放入窑炉烧结，进行精细加工、打磨抛光等工艺处理，便可制作成光洁、美观的优质陶瓷制品。

图 3-2-8 茶 具

第4章

SolidWorks 数控车加工

针对 FANUC 0i Mate-TC 数控加工系统的编程特点，采用 CAMWorks 自带的通用后置处理器获得了适合该机床的 NC 程序代码，并通过虚拟数控加工仿真验证结果的正确性，提高了编程的准确性，缩短了编程时间，实现了自动编程软件与数控机床的无缝连接，从而提高了零件加工的产品质量和生产效率。

4.1 SolidWorks 仿真软件操作

CAMWorks 是一款基于直观的实体模型的 CAM 软件，CAMWorks 是 SolidWorks 认定的加工/CAM 软件黄金产品，为公众认可的 SolidWorks 设计软件提供了先进的加工功能。作为 SolidWorks 第一款 CAM 软件，其提供了真正的基于知识的加工能力。CAMWorks 在自动可加工特征识别（AFR）以及交互特征识别(IFR)方面处于国际领先地位。CAMWorks 提供了真正跟随设计模型变化的加工自动关联，消除了设计更新后重新进行编程在时间上的浪费。

运用 CAMWorks 数控加工仿真软件加工如图 4-1-1 所示的零件，其加工流程图如图 4-1-2 所示，具体的仿真加工步骤见表 4-1-1。

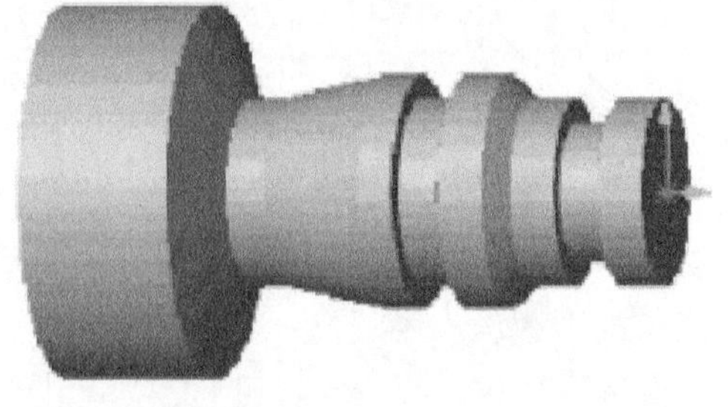

图 4-1-1 零 件

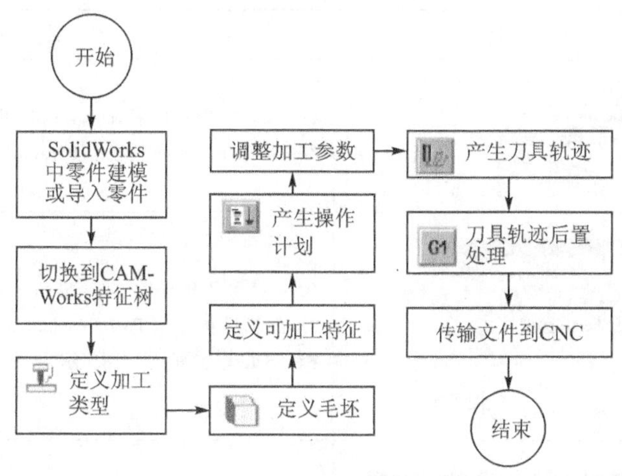

图 4-1-2 零件数控仿真加工流程图

零件的仿真加工步骤如表 4-1-1 所列。

表 4-1-1 零件的仿真加工步骤

步 骤	图 形	说 明
1. 创建打开零件类型		在 SolidWorks 中创建一个实体零件图，在 CAMWorks 目录中的\examples 文件夹中打开此零件图文件 TURN2AX-SLDPRT（即\program flesk\camworks\examples）
2. 切换到 CAM-Works 特征树		在特征树的底部点击 CAMWorks Feature Tree 特征树标签 。如左图所示，CAMWorks 特征树显示出了“毛坯”(Workpiece)、“机床”(Machine)和“回收站”(Recycle Bin)项目。根据特征树上的机床图标可以分出是车削还是铣削： “车削”图标；“铣削”图标

续表 4-1-1

<table>
<tr><th>步 骤</th><th>图 形</th><th>说 明</th></tr>
<tr><td rowspan="6">3. 定义加工类型</td><td>
</td><td>(1) 在 CAMWorks 特征树上右击“机床”(Machine)项，在快捷菜单上选择“参数”(Parameters)，如左图所示</td></tr>
<tr><td>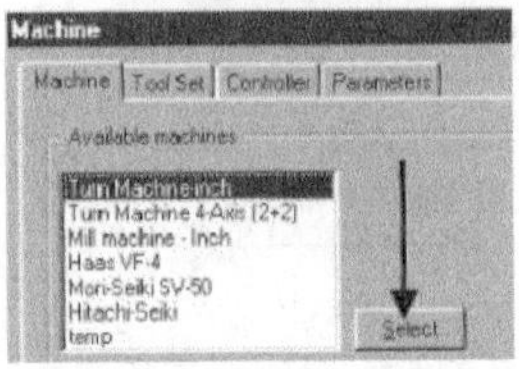
</td><td>(2) 在“可用机床”(Available machines)列表上选择“车削机床英寸”(Turn Machine-inch)，然后单击“选择”(Select)按钮，如左图所示</td></tr>
<tr><td>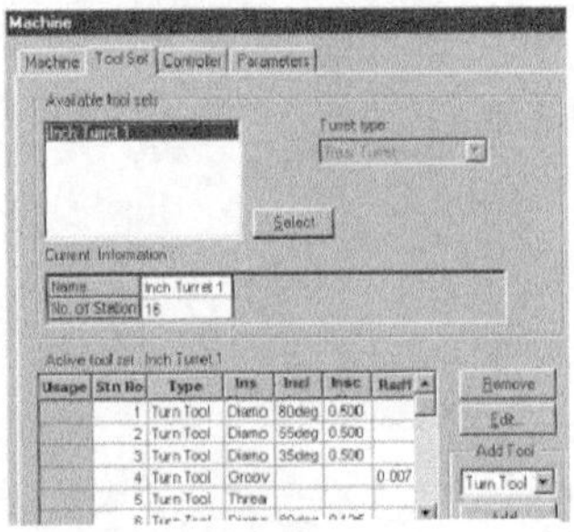
</td><td>(3) 单击“刀具库”(Tool Set)标签，确认 Inch Turret 选中。
Tool Set 页面允许选择“刀具转塔”(Turret)。Inch Turret 是为车削加工例子所设置的默认转塔。如左图所示，当在工艺技术数据库中定义机床后，可以设置自己的转塔</td></tr>
<tr><td>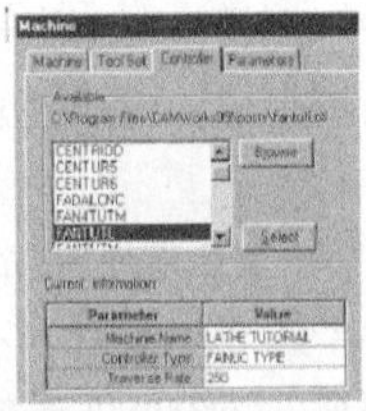
</td><td>(4) 单击“控制器”(Controller)标签。
单击 FANTUTL(后置处理器)，如左图所示，然后单击“选择”(Select) 按钮</td></tr>
<tr><td>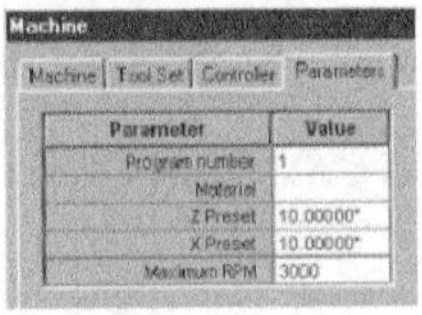
</td><td>(5) 单击“参数”(Parameter)设置“最大转速”(Maximum RPM)为 3 000 r/min，如左图所示。系统使用“Z 和 X 预量”(Z and X Preset)作为返回位置</td></tr>
<tr><td></td><td>(6) 输入 1001 作为程序号，然后单击 OK 按钮退出机床对话框</td></tr>
</table>

续表 4－1－1

步　骤	图　形	说　明
4. 定义毛坯	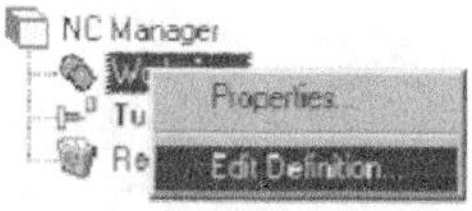	(1) 在特征树上右击“毛坯”(Workpiece)，在快捷菜单上显示“编辑定义”(Edit Definition)车削毛坯对话框，如左图所示
	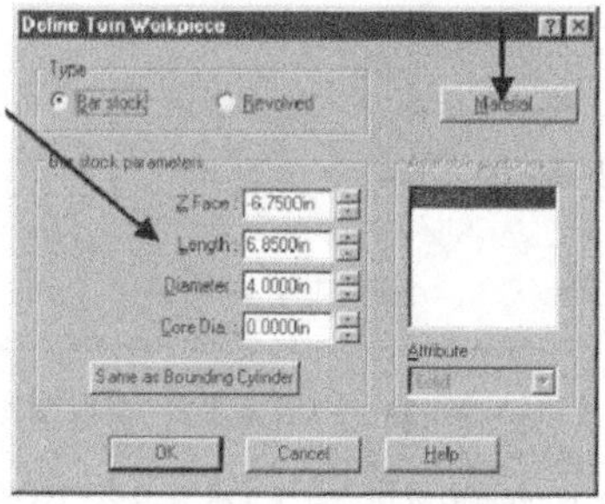	(2) 将“类型”(Type)设置为“棒料”(Bar Stock)，如左图所示。 (3) 将“长度”(Length Dimension)修改为 6. 850 in，把直径设为 400 in，如左图所示。 (4) 单击“材料”(Material)标签。 (5) 在“毛坯材料”(Workpiece Material)对话框上，单击下拉箭头按钮，将“名义名称”(Common name)选为 304L。 (6) 单击 OK 按钮退出“车削毛坯定义”对话框。毛坯在视图区更新。注意毛坯线向上移动 0. 1 in(Z 轴方向)
	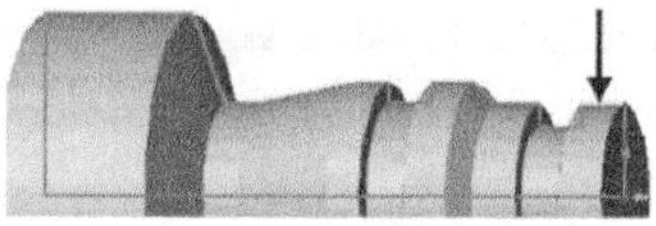	粗车零件的第一段外圆。这个外圆段在 OD Feature1 的精车操作中精加工。 (1) 在特征树上右击 OD Feature1，在快捷菜单上选择“插入车削特征”(Insert Feature)，插入车削对话框显示。 (2) 单击选择“实体件”(Selected entities)列表框聚焦选择。 (3) 拾取第一个外圆轮廓段，在槽的右边最接近端面的地方拾取。一段轮廓高亮显示，如左图所示。
		(4) 单击“特征信息”(Feature info)列表框旁边的下拉箭头。可插入的可加工特征列表显示。 (5) 选择 OD Feature(OD 特征)。 (6) 在选择“实体”(Sclected entities)列表中单击 Extend 2，然后在“延伸选择组”(Extend group)中选择 X (AlongX)，这使特征段的一端终止并达到毛坯的主要外圆，如左图所示。单击 OK 按钮，退出插入车削特征对话框。 (7) 在特征树上把显示出来的 OD Feature2 拖动到 OD Feature1 之上

续表 4-1-1

步　骤	图　形	说　明
5. 调整加工参数	 NC Manager Workpiece Turn Machine-inch Turn Setup1 [Turn OpSetup1] Face Rough1 Face Finish1 Turn Rough1 Turn Finish1 Turn Rough2 Turn Finish2 Rough Groove1 Finish Groove1 Rough Groove2 Finish Groove2 Cut Off1	(1) 右击"粗车"(Turn Rough1) (OD Feature2),在快捷菜单上选择"参数"(Parameters),"加工参数"(Machining Parameters)对话框显示所有定义的刀具轨迹参数,可选择不同的刀具。 (2) 单击"粗车"(Rough Turn)标签,将"首切量"(First Cut Amount)修改为 0.150 0 in。 (3) 单击其他的标签,观察参数。 (4) 单击 OK 按钮退出
6. 产生操作计划		(1) 在 CAMWorks 工具条上单击"模拟刀具轨迹"(Simulate Toolpath)按钮,或者右击这些设置 1,选择"模拟刀具轨迹"(Simulate Toolpath)。 (2) 单击运行按钮,在"刀具"(Tool)模式下运行仿真,在仿真过程中刀具将显示在右上角。单击按钮,取消仿真,返回到 SolidWorks 显示
7. 修改加工顺序	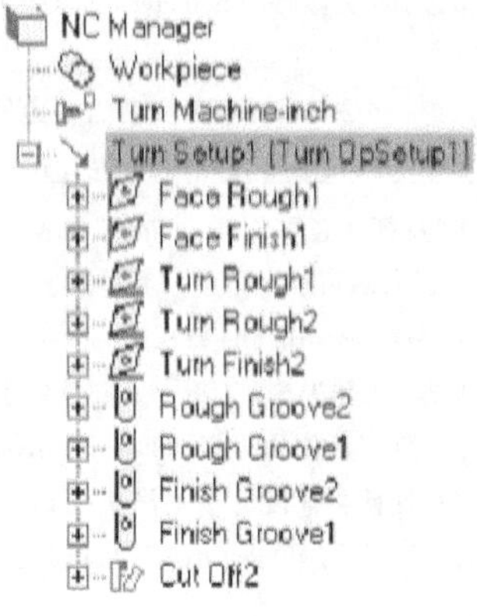 NC Manager Workpiece Turn Machine-inch Turn Setup1 [Turn OpSetup1] Face Rough1 Face Finish1 Turn Rough1 Turn Rough2 Turn Finish2 Rough Groove2 Rough Groove1 Finish Groove2 Finish Groove1 Cut Off2	(1) 通过拖放"槽"(Groove)操作,选择操作顺序。 (2) 在操作树上右击"车削设置 1"(Turn Setup1),在快捷菜单上选择"生成刀具轨迹"(Generate Toolpath),如左图所示。如果在生成刀具轨迹之后修改操作顺序,必须重新生成刀具轨迹。 (3) 右击"车削设置 1"(Turn Setup1),选择"刀具轨迹仿真"(Simulate Toolpath)

续表 4-1-1

<table>
<tr><th>步　骤</th><th>图　形</th><th>说　明</th></tr>
<tr><td>8. 运行轨迹仿真</td><td>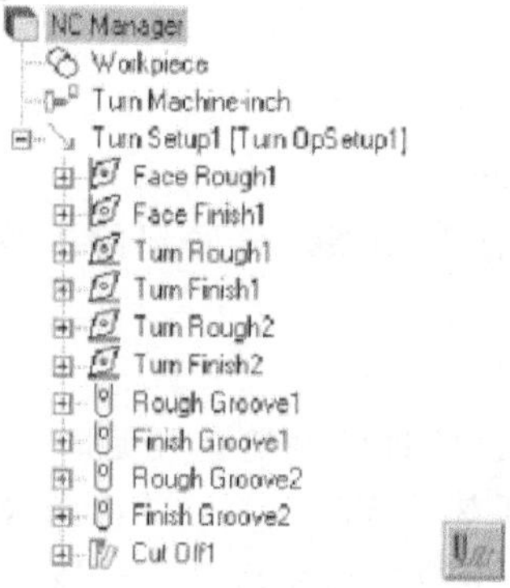
</td><td>(1) 在 CAMWorks 工具条上单击“生成刀具轨迹”(Generate Toolpath) 按钮  ，或者在操作树上右击“车削设置 1”(Turn Setup1)，在快捷菜单上选择“生成刀具轨迹”(Generace Toolpath)。CAMWorks 为设置中的每一个操作计算刀具轨迹。
(2) 按住 Shift 键，选择树上的第一个和最后一个操作</td></tr>
<tr><td rowspan="2">9. 刀具轨迹后处理</td><td>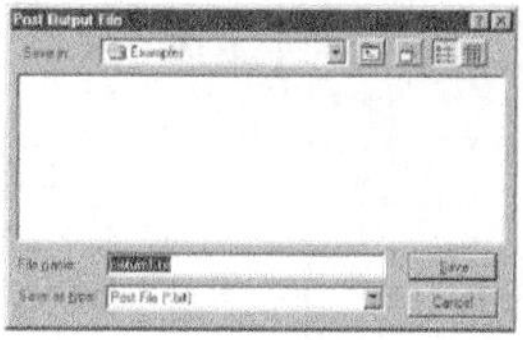
</td><td>(1) 在 CAMWorks 工具条上单击“后置处理”(Post Process)按钮  ，或者在操作树上右击“数控管理器”(NC Manager)。在快捷菜单上选择“后置处理”，后置输出文件对话框，输入数控程序文件的名字，如左图所示。菜单上或者 CAMWorks 工具条上“后置处理”(Post Process)变成灰色，则已经选择了一个后置处理器并产生了刀具轨迹。
(2) 若 cwturn1. txt 不在文本框中，则输入 CW-TURN1，然后单击“保存”按钮(Save)</td></tr>
<tr><td>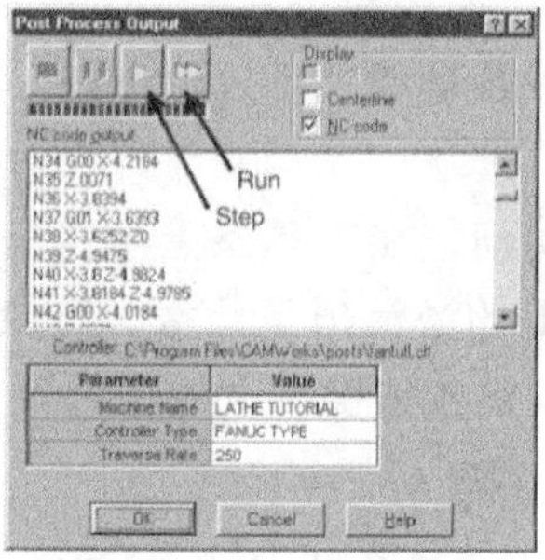
</td><td>(3) 在后置处理输出对话框的项上单击“步进”(Step) 按钮，如左图所示。
(4) 再一次单击“步进”按钮，显示下一行数控代码。
(5) 单击“运行”按钮。后置处理一直运行到结束。当后置处理结束时，可以使用滚动条观察所有代码。
(6) 单击 OK 按钮，退出后置处理输出对话框</td></tr>
<tr><td>设置清单</td><td></td><td>单击快捷菜单上数控器的“设置清单”(Setup Sheet)命令，设置一个清单</td></tr>
</table>

1. CAMWorks 基本界面设置

(1) 特征管理器设计(Feaure Manager Design)

该设计树列出了零件上的特征、草图、平面和轴线。树底部的标签是为了在CAMWorks和SolidWorks之间切换而设置的。

(2) CAMWorks 加工树

CAMWorks加工树提供一个零件模型加工信息的概览。开始时，CAMWorks特征树只显示“数控管理器”(NC Manager)、“毛坯”(Workpiece)、“机床”(Machice)、“回收站”(Recycle Bin)等项目。当按照步骤产生数控程序后，这个树将生长而包含“车削设置”(Turn Setup)车削毛坯、铣削毛坯以及“可加工特征”(Machinable feaures)。树底部的标签是为了在CAMWorks和SolidWorks中切换。

(3) 毛　坯

毛坯是指要加工零件的坯料。可以定义毛坯为一个圆柱体(棒料)，或者一个封闭轮廓(锻件或铸件)，并指定材料的型号。

(4) 机　床

机床(Machine)是用来加工零件的。机床包括刀具、后置处理器。机床分为车削机床、铣削机床。机床在工艺技术数据库中设置。

CAMWorks特征树上的“回收站”(回收站)是用来存储不想加工的零件的。

(5) CAMWorks 菜单

CAMWorks菜单列出了CAMWorks命令。这些命令在CAMWorks在线帮助中解释。除了CAMWorks菜单，右击鼠标，在快捷菜单上可以快速进入常用命令。

(6) CAMWorks 工具条

CAMWorks工具条提供了对菜单命令的访问。在工具条上单击一个按钮与在数控管理器上选择一个命令是相同的，不论树上的激活项是什么。“选项”(Opions)对话框包含一个标签，允许选择在工具条上出现的按钮键。

2. SolidWorks 数控仿真加工的实例应用

在SolidWorks中设计好所要的零件，设计完成后，直接单击CAMWorks进行加工编程操作(见图4-1-3)。CAMWorks的车床加工模拟仿真操作步骤见表4-1-2。

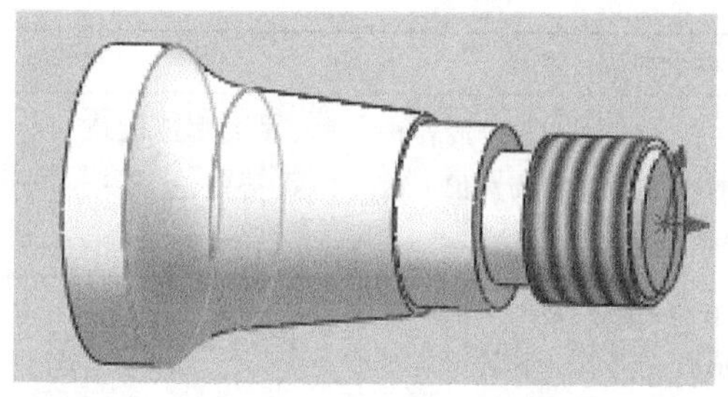

图 4－1－3　SolidWorks 零件模型

表 4－1－2　CAMWorks 的车床加工模拟仿真操作步骤

序　号	操作步骤	简　图
1	单击定义机床，在弹出的对话框中选择“车床”	车床 Turn Single Tu
2	单击定义毛坯，选择系统默认的毛坯尺寸。定义完机床和毛坯以后，可以直接单击提取可加工特征，系统根据零件特征进行分析，分析结果见右图	车削设置2 面特征2 [Coarse] OD特征3 [Coarse] 矩形槽 OD2 [Coarse] 切断特征2 [Coarse]
3	单击每一个特征：端面加工、外形加工、割槽加工，最后是隔断。零件右侧有螺纹加工(需要手动添加)，单击车削设置后单击新特征，下拉窗口中选择车削特征，弹出对话框后在实体中选择螺纹曲面，这样在 CAMWorks 特征操作树中，就多了一项，见右图	OD特征4 [Coarse]
4	选中后，可见特征具体位置。选中加工特征，上下拖动，按照工艺要求来调整加工特征的顺序。设置好加工特征后，单击生成操作计划，得到右图，生成的操作中粗车 5 和精车 5 是不需要的，需删除，同时需添加一个螺纹车削。单击新建车削操作，在下拉窗口中选中螺纹。在弹出的对话框中，在特征窗口中选择特征 5；在操作设置中，按照实际情况设置刀具位置、螺距 1.5、每刀切深等。设置好后单击，可在选中后对操作的位置进行调整。调整好后，对于其他操作，按照自身刀具要求去设置。完成后即可单击生成刀具轨迹	面粗加工3[T14 - 0.4x80° 菱形刀片 面精加工3[T14 - 0.4x80° 菱形刀片 粗车4[T14 - 0.4x80° 菱形刀片] 精车4[T02 - 0.8x80° 菱形刀片] 槽粗加工3[T15 - 2.54 切槽刀片] 槽精加工3[T15 - 2.54 切槽刀片] 粗车5[T14 - 0.4x80° 菱形刀片] 精车5[T02 - 0.8x80° 菱形刀片] 切断3[T15 - 2.54 切槽刀片]

续表 4-1-2

序　号	操作步骤	简　图
5	在生成刀具轨迹后，单击车削设置或者其他操作时，卡盘的位置不正确，需对位卡盘的位置并手动调整	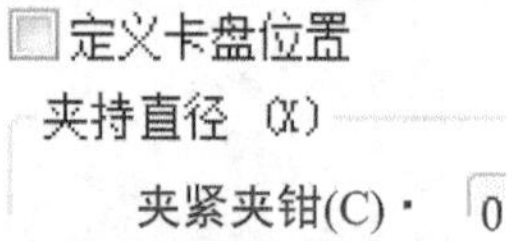 定义卡盘位置 夹持直径 (X) 夹紧夹钳(C)· 0
6	双击车削设置，在弹出的对话框中选择卡盘位置，单击方框后，在右图处设置卡盘的偏移	 Z 偏移(Z): 0mm
	设置好后直接确定，得到如右图所示的零件	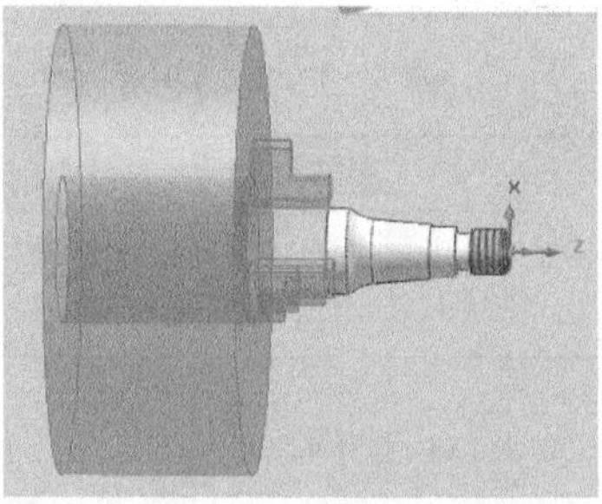
7	选中车削设置以后，单击刀具轨迹模拟，查看刀具路径是否正确	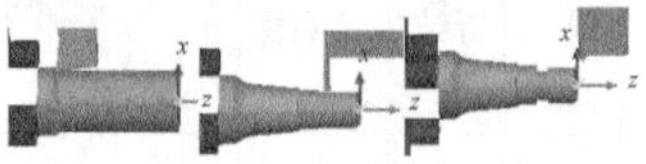
8	模拟实际的加工过程。双击车削设置，在弹出的对话框中的偏移项目中选择工件坐标系。设置完成后打钩，单选车削设置，右键在加工模拟中选择标准- APT 刀位，如右图所示	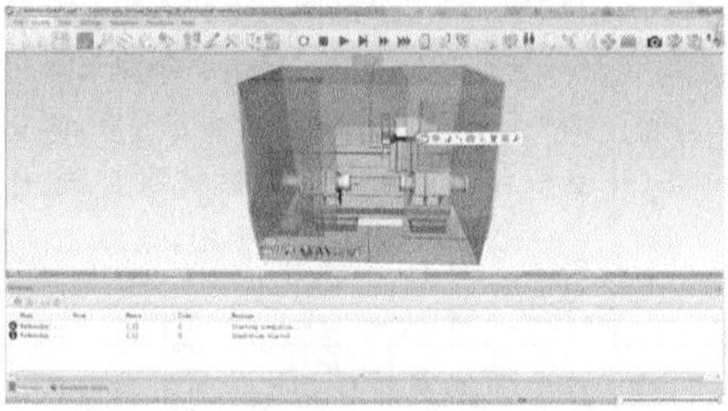
	单击单步播放按钮可模拟实际加工过程。选择车削设置，右击选择 G1 后置处理。在弹出的对话框中，选择保存目录后，直接单击快速，就可以在保存目录下得到程序，用于机床的实际加工	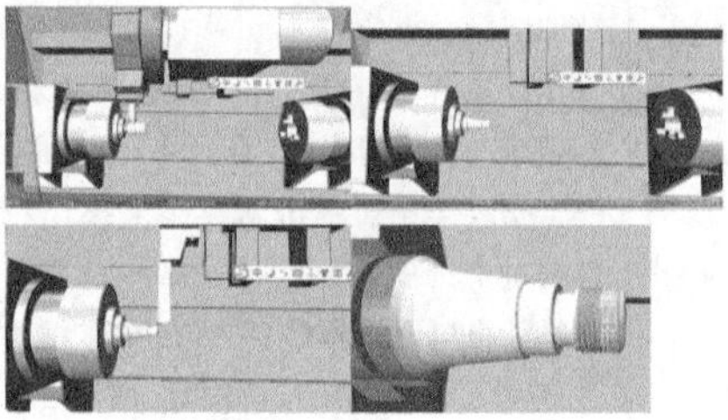

3. 数控加工软件 CAMWorks 调整操作参数

SolidWorks 零件模型如图 4-1-4 所示，CAMWorks 调整操作参数如表 4-1-3 所列。

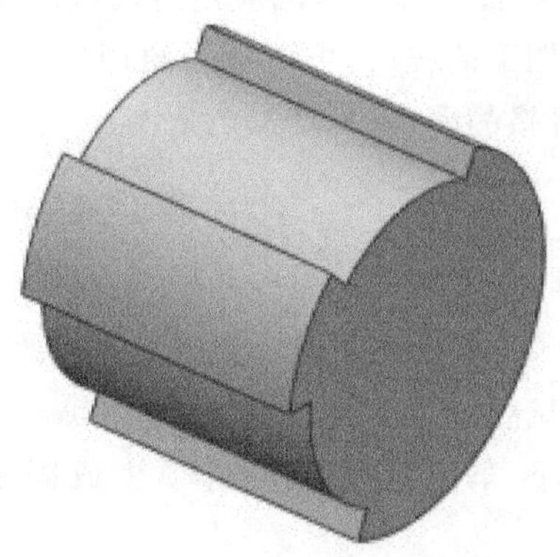

图 4-1-4 SolidWorks 零件模型

表 4-1-3 CAMWorks 调整操作参数

步 骤	说 明
1	在 CAMWorks 文件夹中的\examples 文件夹中打开零件文件 MT_2. SLDPRT
2	单击 CAMWorks 特征树
3	右击 Example Mill-in 并选择编辑定义
4	点亮 Example Mill-in 并单击选择
5	单击 OK 按钮关闭对话框
6	双击毛坯管理
7	在毛坯管理对话框中，设置参数如下，再单击 OK 按钮
8	—Z Face = − 4 in —Length = 4.1 in —Diameter = 5 in
9	单击选项图标。在 Mill 标签下，查看提取可加工特征区域并确保选择方式为 AFR。单击 OK 按钮关闭对话框
10	单击提取可加工特征
11	右击 Mill Part Setup1 并选择 Delete
12	单击 Yes 按钮确认删除
13	右击回收站，选择清空，单击 Yes 按钮

4.2 SolidWorks 代码生成及轨迹仿真

SolidWorks 数控加工后置处理技术的应用对机械产品的加工也很重要，它能为数控机床的切削加工提供加工的程序，可以运用轨迹仿真再生成代码来保证产品加工的精准性，提高产品的合格品率，降低产品的成本。

外螺纹车削加工零件见图 4-2-1。可以使用 CAMWorks 生成用于车削外螺纹加工的 G 代码，然后修改车削操作相关选项生成固定循环代码，具体方法见表 4-2-1 和表 4-2-2。

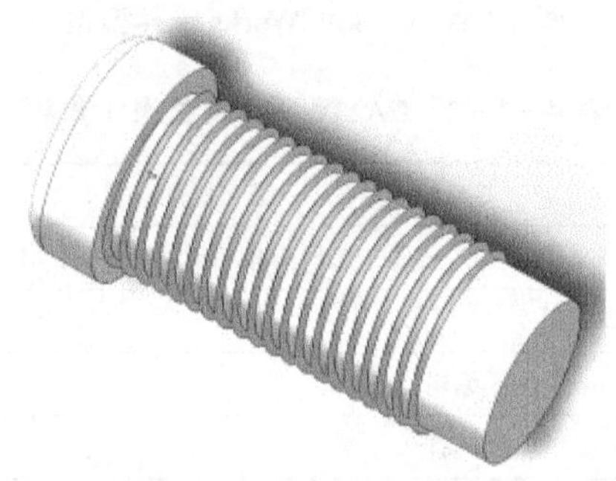

图 4-2-1　外螺纹零件

表 4-2-1　车削特征设置和刀路生成及模拟

步骤 1	车削特征设置	说　明
（1）车削使用的毛坯		定义毛坯后的车削设置。左图所示为车削使用的毛坯，采用的是圆条形毛坯，棒料参数均为默认

续表 4-2-1

步骤 1	车削特征设置	说　明
（2）外圆特征	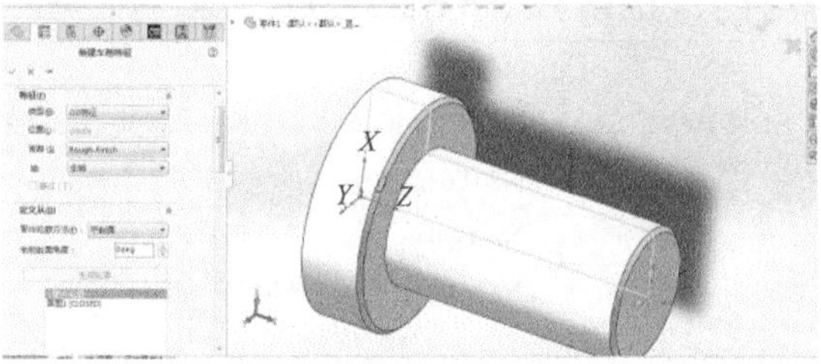	右击在 CAMWorks 特征树中的车削设置并选择车削特征。在左图中选择类型 OD 特征（外圆特征）。策略是使用粗车-精车（Rough - Finish），选用零件轮廓，绿色线条是选定要车削的轮廓作为车削特征
（3）螺纹特征	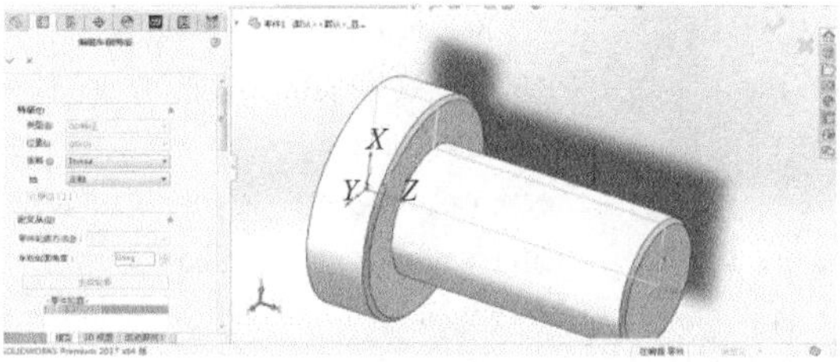	左图为设置的螺纹特征。策略是选择螺纹（Thread），选用草图 1 轮廓，绿色线条为要车削的特征
（4）修改螺纹参数	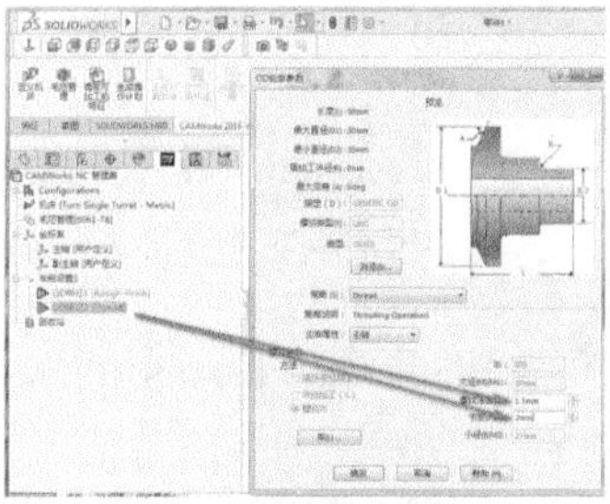	完成后右击 OD 特征 2（Thread）选择参数，修改螺纹参数如左图所示。完成后直接生成操作计划，车削操作的相关参数根据自己的实际情况进行设置，这里只进行车削螺纹参数设置，其他参数均使用默认，不做修改
步骤 2	刀路生成及模拟	说　明
刀路生成及模拟		右击在 CAMWorks 操作树中的车削设置，选择生成刀路轨迹或者在 CAMWorks 工具条中单击生成刀路轨迹，然后进行刀路模拟。模拟结果如左图所示

表 4-2-2 后处理和固定循环

步骤 1	刀路生成及模拟	
说 明	模拟完成后进行后置处理，得到 G 代码如下图中(a)所示，无固定循环	
后置处理得到的 NC 代码	00001	00001
	NI (CNMG 431 80DEG SQR HOLDER)	NI (CNMG 431 80DEG SQR HOLDER)
	N2 T0101	N2 T0101
	N3 B90	N3 B90
	N4 G00 G96 S548 M03	N4 G00 G96 S548 M03
	N5(相 1)	N5 (相 1)
	N6 G54 G00 Z3.354 M08	N6 G54 G00 Z3. M08
	N7 X51.806	N7 X57.099
	N8 G01 X45.099 Z0 F.409	N8 G71 P9 Q14 U.5 W.5 D3000 F.409
	N9 Z-53.5	N9 X27.766
	N10 X48.299	N10 G01 Z-.117 F.409
	N11 G03 X50.986 Z-54.056 R1.9	N11 X30. Z-.117 F.409
	N12 G01 X51.099 Z-54.113	N12 Z-55.
	N13 X52.099	N13 X48.63
	N14 G00 X58.099	N14 X50.865 Z-56.117
	N15 Z.354	N15 M01
	N16 X41.364	
	N17 G01 X40.657 Z0	N16(DNMG 431 80DEG SQR HOLDER)
	N18 Z-53.5	N17 T0303
	N19 X45.099	N18 B90.
	N20 X45.806 Z-53.146	N19 G00 G96 S548 M03
	N21 G00 X51.806	
	N22 Z.354	N20(捷 1)
	N23 X36.923	N21 G54 G00 Z3.383 M08
	N24 G01 X36.216 Z0	N22 X33.766
	N25 Z-53.5	N23 G01 X27.766Z.383 F.409
	N26 X40.657	N24 Z-.117
	N27 X41.364 Z-53.146	N25 X29.766 Z-1.117
	N28 X42.264	N26 G03 X30. Z-1.4 R.4
	N29 G00 X47.364	N27 G01 Z-55.
	N30 Z.5	N28 X48.299
	N31 X34.113	N29 G03 X48.865 Z-55.117 R.4
	N32 G01 X31.774	N30 G01 X50.865 Z-56.117
	N33 Z0	N31 X51.865
	N34 X31.887 Z-.056	N32 G00 X57.865

续表 4-2-2

<table>
<tr><td>步骤 2</td><td colspan="2">刀路生成及模拟</td></tr>
<tr><td>后置处理得到的 NC 代码</td><td>N35 G03 X33. Z-1.4 R1.9
N36 G01 Z-53.5
N37 X40.657
N38 X41.364 Z-53.146
N39 G00 Z.666
N40 X28.614
N41 G01 Z.166
N42 X30.473 Z-.764
N43 G03 X31. Z-1.4 R.9
N44 G01 Z-54.5
N45 X48.299
N46 G03 X49.572 Z-54.764 R.9
N47 G01 X50.865 Z-55.41
N48 X51.865
N49 G00 X57.865
N50 X508. Z127. M09
N51 M01

N52 (DNMG 431 80DEG SQR HOLDER)
N53 T0303
N54 B90.
N55 G00 G96 S548 M03

N56 (捷 1)
N57 G54 G00 Z3.383 M08
N58 X33.766
N59 G01 X27.766 Z.383 F.409
N60 Z-.117
N61 X29.766 Z-1.117
N62 G03 X30. Z-1.4 R.4
N63 G01 Z-55
N64 X48.299
N65 G03 X48.865 Z-55.117 R.4
N66 G01 X50.865 Z-56.117
N67 X51.865
N68 G00 X57.865
N69 X508. Z127. M09
N70 M01</td><td>N33 G40 X508. Z127. M09
N34 M01

N35 (BASIC OD THREADING TOOL 60DEG)
N36 T0505
N37 B90.
N38 G00 G96 S132 M03
N39 (汗 1)
N40 G54 G00 Z3. M08
N41 X36.
N42 G92 X29.2 Z-50. F2.
N43 X27.2
N44 M30
(b)固定循环</td></tr>
</table>

续表 4-2-2

步骤 2	刀路生成及模拟
后置处理得到的 NC 代码	N71 (BASIC OD THREADING TOOL 60DEG) N72 T0505 N73 B90. N74 G00 G96 S132 M03 N75 (汗 1) N76 G54 G00 Z3. M08 N77 X36.2 N78 X29.2 (a) 无固定循环
说 明	在 CAMWorks 操作树上分别双击粗车 1 和螺纹进入操作参数设置界面,然后分别选择对应粗车和螺纹标签下的固定循环输出,如(a)固定循环输出所示,完成后确定退出并重新生成刀路轨迹后,进行后置处理,得到的 G 代码如(b)固定循环所示。比较可以发现,使用固定循环输出后生成的 G 代码使用了 G71(N8)外圆粗车循环指令和 G92(N42)螺纹切削循环指令,且代码行数减少了一半
图 形	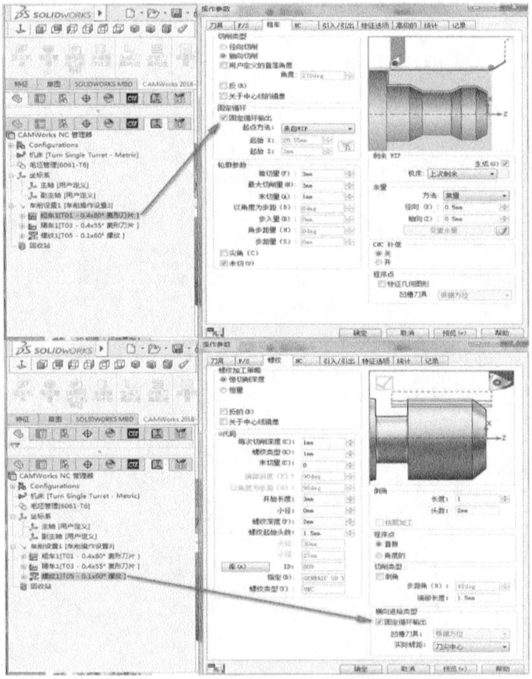

随着计算机与软件的快速发展,使数控加工中复杂数据的计算得以实现。通过用 CAD 模块得到的刀具轨迹即刀具源文件,并将自动编程软件系统与数控机床加工联系起来,把所设置的刀具路径及参数转换为数控机床能够识别的 G/M 指令代码进行传递。

1. SolidWorks 数控加工编程流程

SolidWorks 数控加工编程流程如图 4-2-2 所示。使用 SolidWorks 完成数控编程分为建立零件几何模型、加工工艺分析、模拟仿真三个部分。

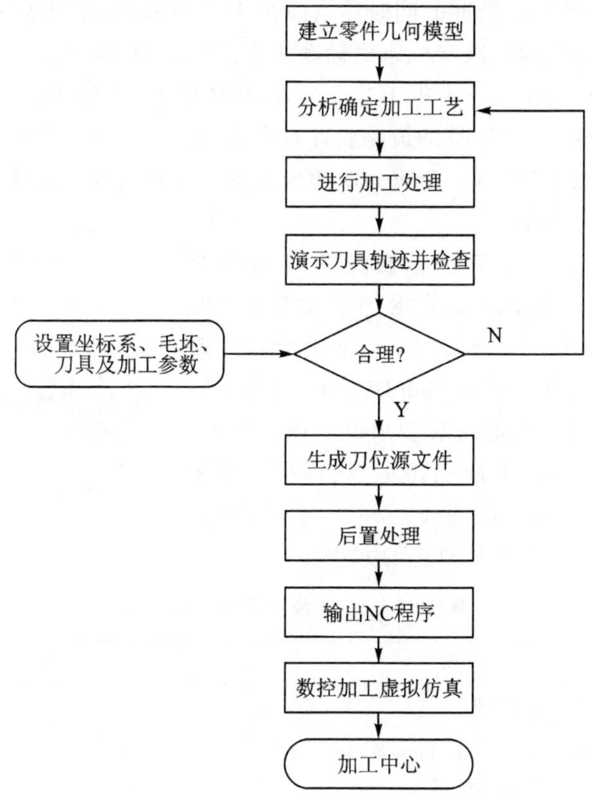

图 4-2-2 数控加工编程流程图

(1) SolidWorks 数控加工的应用

1) 建立零件几何模型

SolidWorks 是多功能机械设计软件,能够从事三维机械设计、工程分析等。进入 SolidWorks 机械设计模块下的零部件设计功能建立 SLDPRT 文件,创建零件模型，作为加工仿真编程的目标零件。

2）加工工艺分析

在数控机床上加工的零件是一个加工精度要求高、几何形状复杂的零件。在利用 SolidWorks 中的 CAMWorks 插件编程之前，拟定加工的方案，选择适用的刀具，确定金属切削量。对一些如对刀、制定加工路线、确定加工零件的坐标系、确定零件的零点等工艺进行仔细研究，优化并选择数控加工工艺参数。

3）CAMWorks 的车床加工模拟仿真

进入 CAMWorks 数控加工设计平台后，首先，在进行加工前，需设置数控机床的相关参数和与工件相关的信息，如制订机床基本参数、毛坯零件、加工坐标原点及安全平面等。其次，定制加工坐标系即确定编程原点，加工坐标系（MCS）为刀具轨迹的定位基准，在编程过程中只需考虑工件的外形特点及尺寸即可保证刀路轨迹的可靠性，在保证工件加工精度的同时尽量减少空刀的出现，以减少实际的加工时间。后置处理时可考虑坐标原点与机床坐标系原点的偏置值，以保证工件加工时的设计坐标系与加工坐标系重合。根据工艺方案，对选择框中的内容进行对应的参数修改，以保证 CAMWorks 软件运算的道路轨迹符合实际加工要求。然后进行刀路轨迹的仿真。可用数控加工软件 CAMWorks 生成刀具轨迹并进行后处理。

（2）生成刀具轨迹

CAMWorks 是一款基于直观的实体模型的 CAM 软件，是 SolidWorks 认定的加工/CAM 软件黄金产品，为公众认可的 SolidWorks 设计软件提供了先进的加工功能。作为 SolidWorks 的第一款 CAM 软件，其提供了真正的基于知识的加工能力。下面介绍 CAMWorks 使用操作参数、特征尺寸和形状来计算刀具轨迹。以图 4－2－3 零件为例，表 4－2－3 说明了生成刀具轨迹的方法。

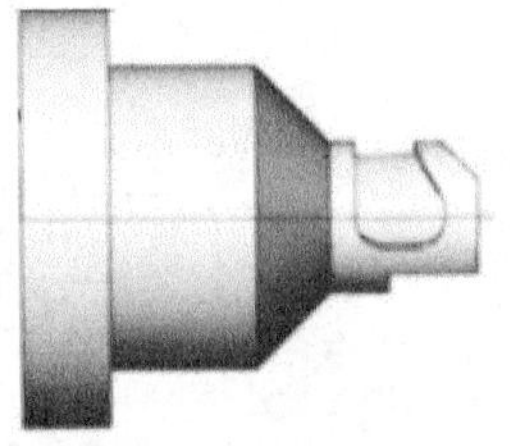

图 4－2－3　零　件

表 4－2－3　生成刀具轨迹的方法

步　骤	说　明	图　形
1	单击生成刀具轨迹按钮	
2	为设置合适的视角，右击 Turn Setup 1，选择 Set View，然后选择转到 ZX	
3	双击 Turn Setup 1 显示操作设置参数对话框	
4	单击卡盘定义标签	
5	选择 4 in 1 Step Chuck，并设置长度和宽度均为 0.4 in（1 in＝2.54 cm）	
6	单击卡盘位置标签	

续表 4-2-3

步　骤	说　明	图　形
7	选择如右图所示的两点	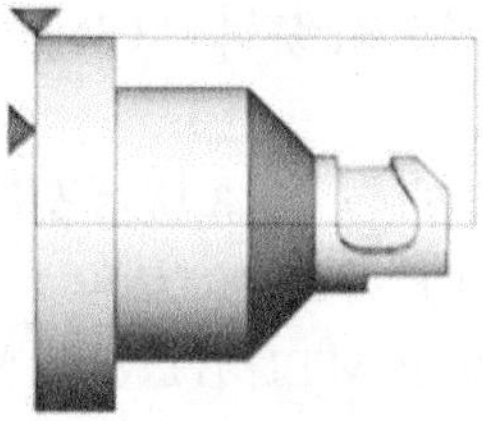
8	单击 OK 按钮	
9	单击模拟刀具轨迹按钮	
10	设置结束条件为下一个设置(Next Setup)	
11	单击运行按钮。模拟运行到 Turn Setup 1,然后暂停	
12	再次单击运行按钮	
13	当模拟暂停时,继续单击运行按钮来模拟每一个 Mill Part Setup	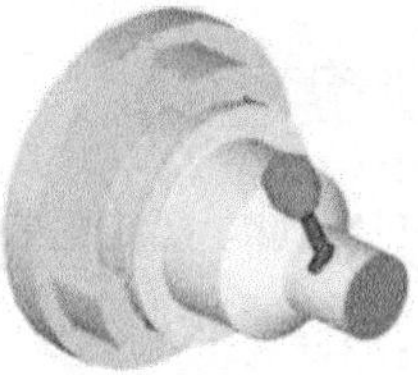
14	单击 X 按钮来关闭对话框并返回到 SolidWorks 显示	
15	单步模拟	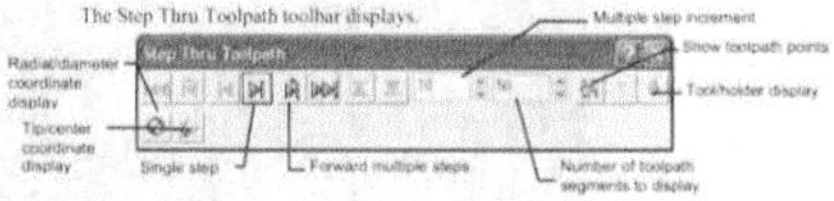
16	右击单步按钮若干次	
17	设置多步增量为 5,并单击向前多步按钮若干次	
18	单击直到结束按钮,刀具轨迹完成	
19	单击 X 按钮关闭对话框	

2. 刀具轨迹后处理

后置处理是生成数控程序的最后一步。当使用 CAMWorks 内部后置处理器时,这一步把普通的轨迹和操作信息翻译成一个特定的机床控制器的数控代码。

CAMWorks 按照 CAMWorks 操作树的顺序为加工轨迹产生 NC 代码。当进行一个零件后置处理时，CAMWorks 产生两个文件：NC 程序和设置清单（Setup Sheet）。这些是能阅读、编辑，以及可以使用任何文字处理程序或文本编辑器打印的文本文件。

对如图 4-2-3 所示零件进行后处理并生成 NC 程序，操作步骤是：

① 打开后处理对话框。

② 如果 MT1 不是文件名，输入 T1，然后单击保存按钮。

③ 在后处理输出对话框中单击运行按钮。

④ 当后处理结束时，下拉滚动条查看代码。

⑤ 单击 OK 按钮关闭后处理输出对话框。

4.3 FANUC 0i MDI 键盘仿真操作

了解 FANUC 系统数控车床仿真软件的键盘操作界面及其主要功能。

学习 FANUC 系统数控车床仿真软件的键盘操作界面（见图 4-3-1）及其主要功能。

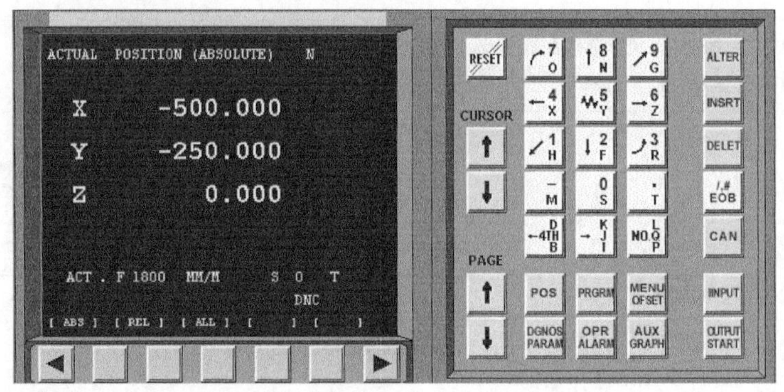

图 4-3-1 FANUC 0i 系列 CRT/MDI 键盘

数控仿真软件常采用宇龙数控仿真软件，它能模拟机床的调整、刀具和毛坯料的安装、程序的编辑和输入，以及零件的加工和检测，其功能与真实机床的功能相似。

1. MDI 键盘说明

MDI 按键功能如表 4-3-1 所列。

表 4-3-1 MDI 按键功能

按 键	功 能
RESET	复位
CURSOR ↑、↓	向上、下移动光标
7 O、8 N、9 G、4 X、5 Y、6 Z、1 H、2 F、3 R、- M、0 S、. T、D 4TH B、K J I、NO. L Q P	字母、数字输入。 输入时自动识别所输入的为字母还是数字。 D 4TH B、K J I、NO. L Q P 三个键需要连续操作,实现在相应字母间切换
PAGE ↑、↓	向上、下翻页
ALTER	编辑程序时修改光标块内容
INSRT	①编辑程序时在光标处插入内容;②插入新程序
DELET	①编辑程序时删除光标块处的程序内容;②删除程序
/,# EOB	编辑程序时输入";"换行
CAN	删除输入区的最后一个字符
POS	切换 CRT 到机床位置界面
PRGRM	切换 CRT 到程序管理界面
MENU OFSET	切换 CRT 到参数设置界面
DGNOS PARAM	暂不支持
OPR ALARM	暂不支持
AUX GRAPH	自动方式下显示运行轨迹
INPUT	①DNC 程序输入;②参数输入
OUTPUT START	DNC 程序输出键

2. 机床位置界面

单击 POS 按键进入机床位置界面。点击[ABS]、[REL]、[ALL]对应的软键分别显示绝对位置(见图 4-3-2)、相对位置(见图 4-3-3)和所有位置(见图 4-3-4)。

坐标下方显示进给速度 F、转速 S、当前刀具 T、机床状态(如“回零”)。

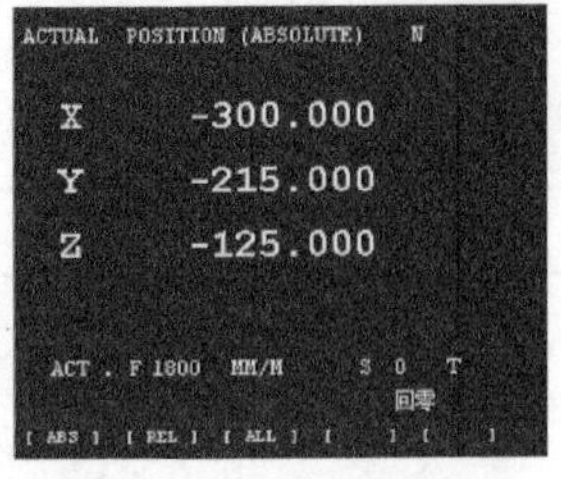

图 4-3-2 显示绝对位置

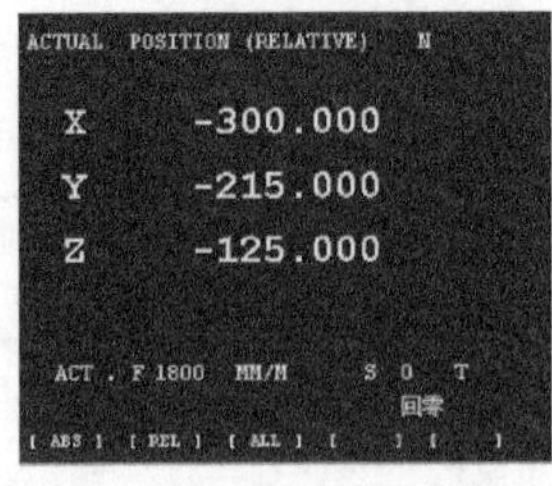

图 4-3-3 显示相对位置

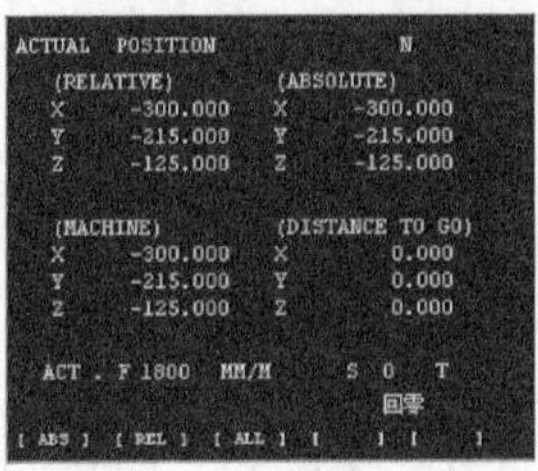

图 4-3-4 显示所有位置

3. 程序管理界面

单击PRGRM按键进入程序管理界面。点击[PROGAM]显示当前程序(见图 4-3-5),点击[LIB]显示程序列表(见图 4-3-6)。在第 1 行的 PROGRAM 一行显示当前的程序号“O0001”和行号“N 0001”。

```
PROGRAM        O0001          N 0001
O0001 ;
G28 X0 Y0 ;
T1 M6 ;
G55 ;
G00 X12.045 Y25.830 Z5. S1000 M03 ;
G01 Z-4. F100. ;
X2.719 Y5.831 ;
G02 X-2.719 R3. ;
G01 X-12.045 Y25.830 ;
G00 Z5. ;
X27.529 Y7.376 ;
                            S 0     T 3
 ADRS                       DNC
[PROGRAM][ LIB ][       ][CHECK] [      ]
```

图 4-3-5 显示当前程序

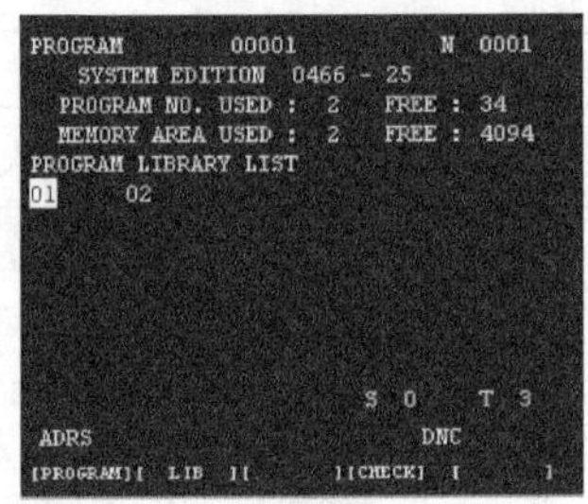

图 4-3-6 显示程序列表

4. 数控程序处理

(1) 导入数控程序

数控程序可以通过记事本或写字板等编辑软件输入并保存为文本格式文件(注意:必须是纯文本文件),也可直接用 FANUC 系统的 MDI 键盘输入,步骤是:

① 将机床 MODE 旋钮置于 DNC 模式。

② 在仿真软件中选择“机床”→“DNC 传送”菜单项,在打开文件对话框中选取文件。在文件名列表框中选中所需的文件,单击“打开”按钮确认。

③ 再通过 MDI 键盘在程序管理界面输入 OXXXX(O 后输入 1～9999 的整数程序号),单击INPUT按键即可导入预先编辑好的数控程序。

注:在程序中调用子程序时,主程序和子程序需分开导入。

(2) 数控程序管理

1) 选择一个数控程序

将 MODE 旋钮置于 EDIT 挡或 AUTO 挡,单击 MDI 键盘上的PRGRM按键进入编辑页面，单击 O 按键输入字母“O”，单击数字键输入要搜索的程序号码 XXXX(搜索号码为数控程序目录中显示的程序号)，单击 CURSOR ↓ 按键开始搜索。找到后，“OXXXX”显示在屏幕右上角程序号位置，NC 程序显示在屏幕上。

2）删除一个数控程序

将 MODE 旋钮置于 EDIT 挡，单击 MDI 键盘上的 PRGRM 按键进入编辑页面，单击 O 按键输入字母“O”，单击数字键输入要删除的程序号码 XXXX，单击 DELET 按键程序即被删除。

3）新建一个 NC 程序

将 MODE 旋钮置于 EDIT 挡，单击 MDI 键盘上的 PRGRM 按键进入编辑页面，单击 O 按键输入字母“O”，单击数字键输入程序号。单击 INSRT 按键，若所输入的程序号已存在，则将此程序设置为当前程序，否则新建此程序。

注：MDI 键盘上的数字/字母键，第一次按下时输入的是字母，以后再按下时均为数字。若要再次输入字母，则须先将输入域中已有的内容显示在 CRT 界面上(单击 INSRT 按键可将输入域中的内容显示在 CRT 界面上)后再操作。

4）删除全部数控程序

将 MODE 旋钮置于 EDIT 挡，单击 MDI 键盘上的 PRGRM 按键进入编辑页面，单击 O 按键输入字母“O”，单击 - 按键输入“-”，单击 9 按键输入“9999”，单击 DELET 按键完成删除全部程序。

(3) 编辑程序

将 MODE 旋钮置于 EDIT 挡，单击 MDI 键盘上的 PRGRM 按键进入编辑页面，选定一个数控程序后，此程序即显示在 CRT 界面上，然后可对数控程序进行编辑操作。

1）移动光标

单击 PAGE ↓ 或 ↑ 按键翻页，单击 CURSOR ↓ 或 ↑ 按键移动光标。

2）插入字符

先将光标移到所需位置，单击 MDI 键盘上的数字/字母键，将代码输入到输入域中，单击 INSRT 按键把输入域中的内容插入到光标所在代码的后面。

3）删除输入域中的数据

单击 CAN 按键可删除输入域中的数据。

4）删除字符

先将光标移到所需删除字符的位置，单击 DELET 按键删除光标所在处的字符。

5）查　找

输入需要搜索的字母或代码，单击 CURSOR ↓ 按键开始在当前数控程序中从光标所在位置之后搜索(代码可以是：一个字母或一个完整的代码，例如：“N0010”

“M”等)。如果此数控程序中有所搜索的代码,则光标停留在找到的代码处;如果此数控程序中在光标所在位置之后没有所搜索的代码,则光标停留在原处。

6)替 换

先将光标移到所需替换字符的位置,将替换成的字符通过 MDI 键盘输入到输入域中,单击ALTER按键后用输入域中的内容替代光标所在处的字符。

(4) 导出数控程序

在数控仿真系统中编辑完毕的程序可以导出为文本文件。

将 MODE 旋钮置于 EDIT 挡,单击 MDI 键盘上的PRGRM按键进入编辑页面,然后单击OUTPUT START按键;在仿真软件中弹出一个对话框,此时输入文件名并选择文件类型和保存路径,单击“保存”按钮执行或单击“取消”按钮取消保存操作。

5. 参数设置界面

连续单击MENU OFSET按键可以在各参数界面中切换。

单击 PAGE ↓或↑按键可在同一坐标界面内翻页,单击 CURSOR ↓或↑按键可以选择所需修改的参数。

通过 MDI 键盘可输入新参数值,单击CAN按键可以依次逐字符删除输入域中的内容,单击INSRT按键可以把输入域中的内容输入到所指定的位置。

注:输入数值时需输入小数点,如 X-100.00,须输入“X-100.00”;若输入“X-100”,则系统默认为 X-0.100。

下面说明各参数的输入方法。

(1) 车床输入刀具补偿

车床的刀具补偿包括刀具的磨损量补偿参数和形状补偿参数,两者之和构成车刀偏置量补偿参数,设定后可在数控程序中调用。

在设置车床刀具补偿参数时可通过单击MENU OFSET按键切换刀具磨损补偿和刀具形状补偿的界面。

刀具使用一段时间后磨损,会使产品尺寸产生误差,因此需要对刀具设定磨损量补偿。步骤如下:

① 将控制面板上的 MODE 旋钮切换到非 DNC 挡。

② 单击MENU OFSET按键直到进入磨损量参数设定页面,如图 4-3-7 所示。

③ 选择要修改的补偿参数编号,用 MDI 键盘输入地址字(X/Z/R/T)和补偿值到输入域(如“X10.0”),单击INSRT按键把输入域中的补偿值输入到指定位置。

采用同样的方法进入刀具形状补偿参数设定页面(见图 4-3-8)来设置形状补偿。

注:在输入车刀磨损量补偿参数和形状补偿参数时,须保证两者的对应值之和为

车刀相对于标刀的偏置量。

```
OFFSET / WEAR          O0001     N  0370
 NO.        X         Z           R     T
W 01      0.000     0.000       0.000  0
W 02      0.000     0.000       0.000  0
W 03      0.000     0.000       0.000  0
W 04      0.000     0.000       0.000  0
W 05      0.000     0.000       0.000  0
W 06      0.000     0.000       0.000  0
W 07      0.000     0.000       0.000  0
W 08      0.000     0.000       0.000  0
   Actual  Position(RELATIVE)
   U       304.301     W        201.017
                          S  0          1
 ADRS                         AUTO
[WEAR ]  [GEOM ]  [W.SHIFT][MACRO  ][        ]
```

图 4-3-7　磨损量参数设定页面

```
OFFSET / GEOMETRY      O0001     N  0370
 NO.        X         Z           R     T
G 01      0.000     0.000       0.000  0
G 02      0.000     0.000       0.000  0
G 03      0.000     0.000       0.000  0
G 04      0.000     0.000       0.000  0
G 05      0.000     0.000       0.000  0
G 06      0.000     0.000       0.000  0
G 07      0.000     0.000       0.000  0
G 08      0.000     0.000       0.000  0
   Actual  Position(RELATIVE)
   U       304.301     W        201.017
                          S  0          1
 ADRS                         AUTO
[WEAR ]  [GEOM ]  [W.SHIFT][MACRO  ][        ]
```

图 4-3-8　刀具形状补偿参数设定页面

(2) 设置工件坐标

以设置工件坐标 G54 X-100.00 Z-300.00 为例,操作步骤是:

① 单击 PAGE ↓ 或 ↑ 按键在 No.1～No.3 坐标系页面和 No.4～No.6 坐标系页面(见图 4-3-9)之间切换。

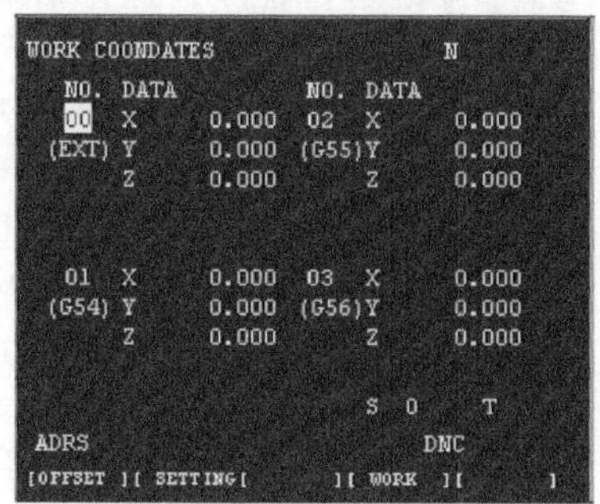

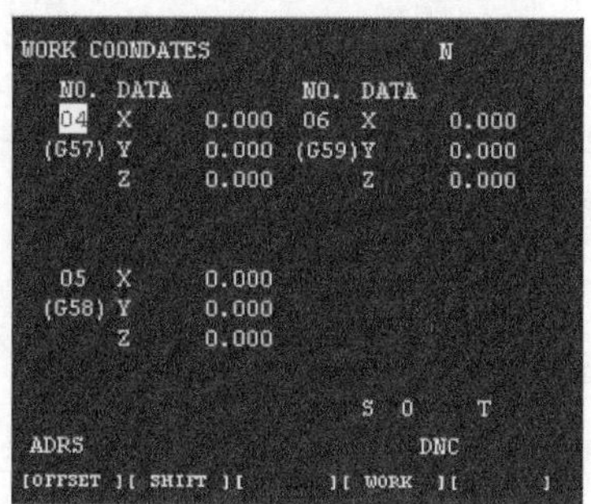

图 4-3-9　No.1～No.6 分别对应 G54～G59

② 单击 CURSOR ↓ 或 ↑ 按键选择所需的坐标系 G54。

③ 输入地址字(X/Y/Z)和数值到输入域,即"X-100.00"。单击 INSRT 按键把输入域中的内容输入到所指定的位置;再输入"Z-300.00"后单击 INSRT 按键即完成了工件坐标原点的设定。

6. MDI 模式

MDI 模式的操作步骤是:

① 将控制面板上的 MODE 旋钮 (STEP/HANDLE、MDI、JOG、REF、DRY RUN、AUTO、DNC、EDIT) 切换到 MDI 模式,进行 MDI 操作。

② 单击 MDI 键盘上的 PROGRM 按键进入编辑页面,如图 4-3-10 所示。

③ 输入程序指令:在 MDI 键盘上单击数字/字母键,第一次按键为字母输出,其后按键均为数字输出。单击 CAN 按键删除输入域中的最后一个字符。若重复输入同

一指令字，则后输入的数据将覆盖之前输入的数据。

④ 单击INSRT按键将输入域中的内容输入到指定位置。CRT界面如图4-3-11所示。

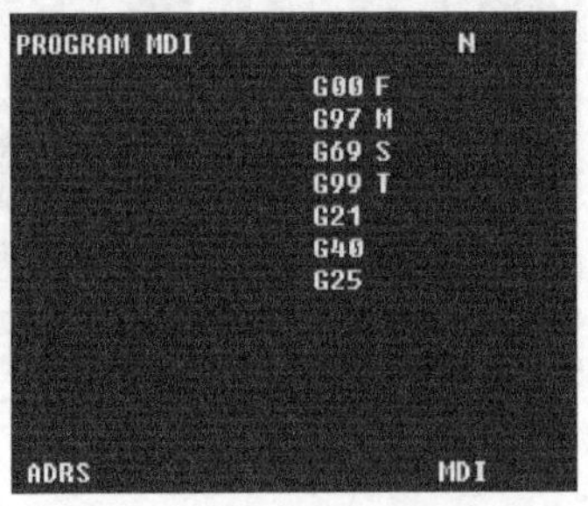

图4-3-10　编辑页面

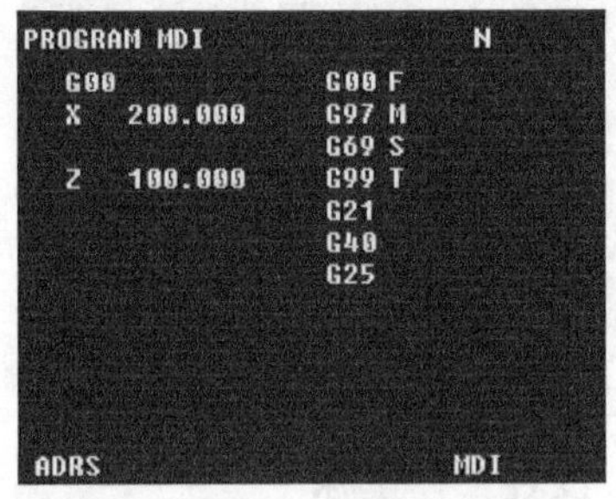

图4-3-11　CRT显示界面

⑤ 单击RESET按键后已输入的MDI程序被请空。

⑥ 输入完整的数据指令后，单击循环启动Start按键运行程序。运行结束后CRT界面上的数据被清空，如图4-3-10所示。

1. 数控加工与机械制造

随着科学技术和社会生产的不断发展，机械制造技术发生了深刻的变化，机械产品的结构日趋合理，其性能、精度和效率日趋提高，因此必然对加工机械产品的生产设备提出高性能、高精度和高自动化的要求。

在当代机械产品中，单件和小批量产品占70%～80%。由于这类产品的生产批量小、品种多，一般都采用通用机床加工，而通用机床自动化程度不高，难以提高生产率和保证产品质量。于是，实现这类产品生产的自动化就成为机械制造业中长期未能解决的难题。

为了解决大批量生产中产品的高产、优质问题，一般采用专用机床、组合机床、专用自动化机床以及专用自动生产线和自动化车间进行生产。但这类产品的生产周期长，产品改型不易，因而使新产品的开发周期加长，使用的生产设备柔性很差。

现代机械产品的一些关键零部件往往都精密复杂，加上批量小、改型频繁，显然不能在专用机床或组合机床上加工，而是借助靠模和仿形机床，或者借助划线和样板，用手工操作的方法来加工，加工精度和生产率受到很大的限制。特别是空间的复杂曲线、曲面，在普通机床上根本无法加工。

为了解决单件、小批量生产，特别是复杂形面零件的自动化加工，数控加工应运而生。自 1952 年美国 PARSONS 公司与麻省理工学院(MIT)合作研制了第一台三坐标立式数控铣床以来,机械制造行业发生了以计算机数字控制(CNC)为标志的技术革命,使机械制造业的发展进入了一个新的阶段。随着 CNC 技术、信息技术、网络技术以及系统工程学的发展,在 20 世纪 60 年代先后获得了直接数字控制(DNC)系统、柔性制造单元(FMC)、柔性制造系统(FMS)、计算机集成制造系统(CIMS) 等一系列重大成果。

数控加工是机械制造中的先进加工技术,它的广泛使用给机械制造业的生产方式、产品结构及产业结构带来了深刻的变化,使机械制造行业的生产面貌焕然一新,为工业经济向高端发展奠定了良好的基础。

2. 数控加工的基本过程

数控加工泛指在数控机床上进行零件加工的工艺过程。数控机床是一种用计算机来控制的机床。用来控制机床的计算机,无论是专用计算机还是通用计算机统称为数控系统。数控机床的运动和辅助动作均受控于数控系统发出的指令,而数控系统的指令是由程序员根据工件的材质、加工要求、机床的特性和系统所规定的指令格式(数控语言或符号)编制的。

所谓编程,就是把被加工零件的工艺过程、工艺参数、运动要求用数字指令形式(数控语音)记录在介质上,并输入数控系统。数控系统根据程序指令向伺服装置和其他功能部件发出运行或停止信息来控制机床的各种运动。当零件的加工程序结束时,机床便会自动停止。任何一种数控机床,其数控系统中若没有输入程序指令,数控机床就不能工作。机床的受控动作大致包括机床的启动、停止;主轴的启停、旋转方向和转速的变换;运动的方向、速度、方式;刀具的选择、长度和半径的补偿、刀具的更换;切削液的开启、关闭等。

图 4-3-12 所示是数控机床加工过程框图。

从图中可以看出,在数控机床上加工零件所涉及的范围较广,与相关的配套技术有着密切的关系。数控加工程序的编制方法分为手工(人工)编程和自动编程。手工编程时,程序的全部内容是由人工按数控系统所规定的指令格式编写的。自动编程即计算机编程,可分为以语言和绘图为基础的自动编程,但是,无论采用何种自动编程方法,都需要有相应配套的硬件和软件。由此可见,数控加工编程是关键。但光有编程是不够的,数控加工还包括编程前必须要做的一系列准备工作及编程后的后处理工作。一般来说,数控加工工艺主要包括的内容是:

① 选择并确定进行数控加工的零件及内容。

② 对零件图样进行数控加工的工艺分析。

③ 进行数控加工的工艺设计。

④ 对零件图样进行数学处理。

⑤ 编制及输入加工程序。

⑥ 校验与修改加工程序。

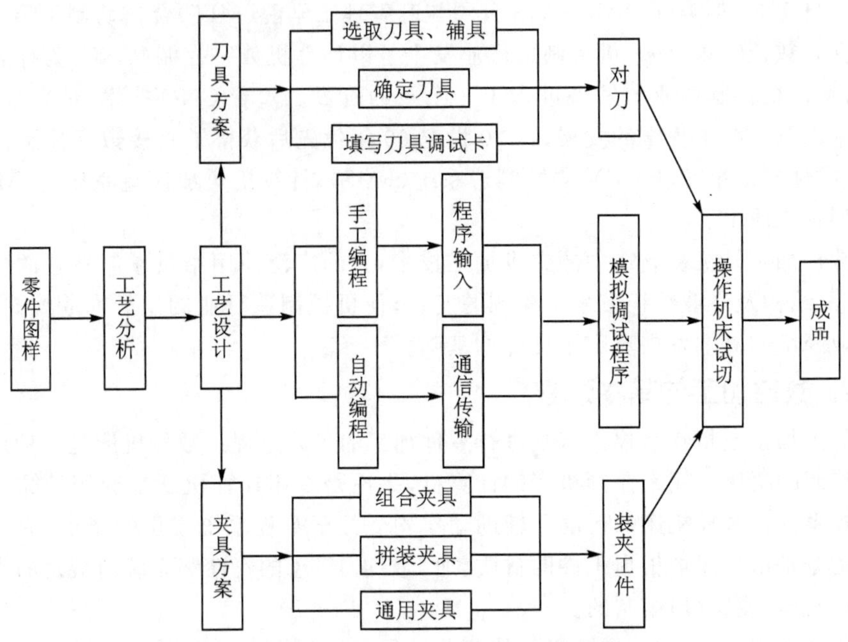

图 4-3-12　数控机床加工过程框图

⑦ 首件试切加工与现场问题处理。

⑧ 对数控加工工艺文件定型与归档。

4.4　FANUC 0i 标准车床仿真面板操作

了解 FANUC 系统数控车床仿真软件的操作界面及其主要功能。

学习 FANUC 系统数控车床仿真软件的操作界面（见图 4-4-1）及其主要功能。

1. 控制面板说明

仿真软件控制面板按键功能如表 4-4-1 所列。

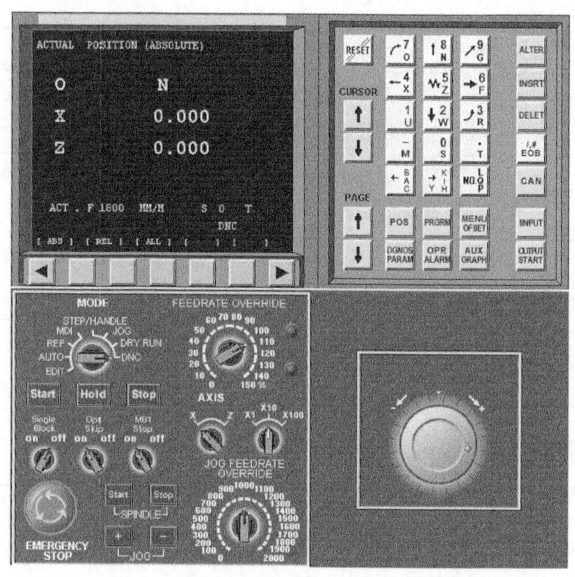

图 4－4－1　FANUC 0i 标准车床面板

表 4－4－1　控制面板按键功能

按　键	名　称	功　能	
MODE	模式选择（MODE）	DNC	进入 DNC 模式，输入/输出资料
		DRY RUN	进入空运行模式
		JOG	进入手动模式，连续移动机床
		STEP/HANDLE	进入点动/手轮模式
		MDI	进入 MDI 模式，手动输入并执行指令
		REF	进入回零模式，机床必须首先执行回零操作，然后才可以运行
		AUTO	进入自动加工模式
		EDIT	进入编辑模式，用于直接通过操作面板输入数控程序和编辑程序
Start	循环启动	程序运行开始。模式选择旋钮（MODE）在“AUTO”或“MDI”位置时单击此按键有效，其余模式下使用无效	
Hold	进给保持	程序运行暂停。在程序运行过程中，单击此按键运行暂停，再次单击则从暂停的位置开始执行	
Stop	停止运行	程序运行停止。在程序运行过程中，单击此按键运行暂停，再次单击则从头开始执行	
Single Block on off	单段	此旋钮置于 on 即打开后，运行程序时每次执行一条数控指令	

续表 4-4-1

按 键	名 称	功 能
Opt Skip on off	跳段	此旋钮置于 on 即打开时，程序中的跳过代码“/”有效，程序跳过一段代码后继续执行
M01 Stop on off	选择性停止	此旋钮置于 on 即打开时，程序中的停止代码“M01”有效，程序停止运行
	急停	紧急停止
Start Stop SPINDLE	主轴控制	主轴旋转、主轴停止
+ − JOG	手动进给	机床进给轴正向移动、机床进给轴负向移动
FEEDRATE OVERRIDE	进给倍率调节	单击或右击此旋钮来调节进给倍率
AXIS	进给轴选择(AXIS)	单击或右击此旋钮来选择进给轴
X1 X10 X100	点动步长选择	X1、X10、X100 分别代表移动量为 0.001 mm、0.01 mm、0.1 mm
JOG FEEDRATE OVERRIDE	手动进给速度	单击或右击此旋钮来调节手动进给速度
	手轮	单击或右击此旋钮来转动手轮

2. 机床准备

(1) 激活机床

检查急停按键是否至松开状态，若未松开，则单击急停按键将其松开。

(2) 机床回参考点

单击或右击 MODE 模式选择旋钮，将此旋钮置于 REF 挡，如图 4-4-2 所示。

先将 X 轴方向回零，在回零模式下，将控制面板上的 AXIS 进给轴选择旋钮置于 X 挡，如图 4-4-3 所示；单击手动进给 JOG 中的正向移动加号按键，此时 X 轴将回零，相应控制面板上 X 轴的指示灯亮，如图 4-4-4 所示，同时 CRT 上的 X 变为“390.000”(见图 4-4-5)；右击 AXIS 旋钮，将其置于 Z 挡，再单击手动进给 JOG

中的正向移动加号按键,可将 Z 轴回零,此时控制面板上的指示灯如图 4-4-6 所示。

图 4-4-2 模式选择

图 4-4-3 进给轴选择

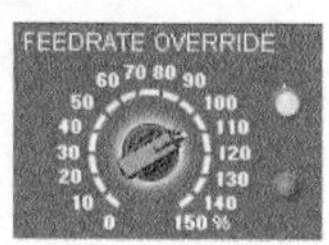

图 4-4-4 *X* 轴指示灯亮(右上)

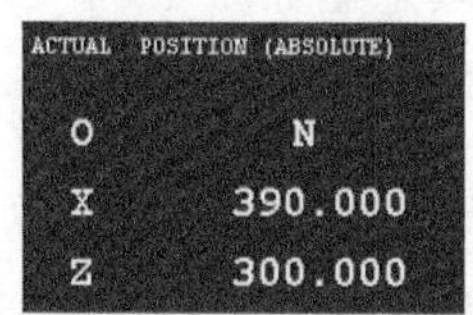

图 4-4-5 X=390.000

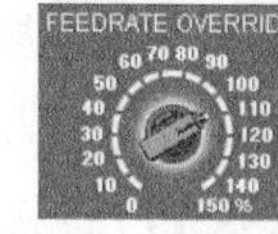

图 4-4-6 *Z* 轴指示灯亮(右下)

3. 对 刀

编制数控程序采用工件坐标系,对刀的过程就是建立工件坐标系与机床坐标系之间关系的过程。

下面具体说明车床对刀的方法。将工件右端面的中心点设为工件坐标系的原点。将工件上的其他点设为工件坐标系原点的对刀方法与此类似。

试切法对刀是用所选的刀具试切零件的外圆和右端面,经过测量和计算得到零件端面中心点的坐标值。

(1) 以卡盘底面中心为机床坐标系原点

刀具参考点在 X 轴方向的距离为 X_T,在 Z 轴方向的距离为 Z_T。

将控制面板上的 MODE 旋钮切换到 JOG 挡。单击 MDI 键盘上的 POS 按键,此时 CRT 界面上显示坐标值,利用控制面板上的 AXIS 旋钮和 + − JOG 按键,将机床移动到如图 4-4-7 所示的大致位置。

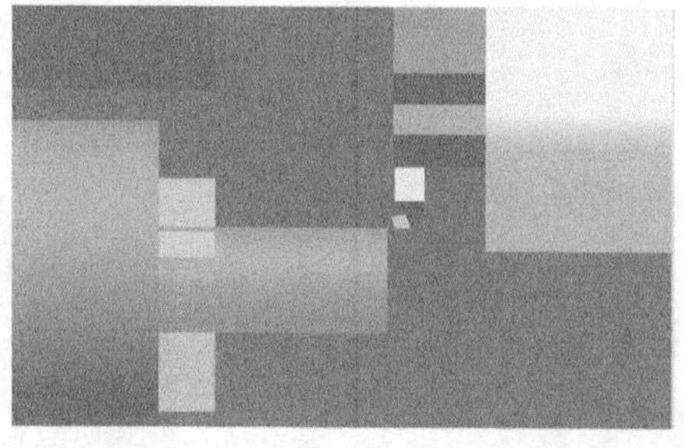

图 4-4-7 移动机床位置

单击主轴控制中的 Start 按键，使主轴转动，将 AXIS 旋钮置于 Z 挡，单击手动进给中的负向移动减号按键，用所选刀具切削工件外圆，如图 4－4－8 所示。单击 MDI 键盘上的按键，使 CRT 界面显示坐标值，点击软键[ALL]，如图 4－4－9 所示，读出 CRT 界面上显示的 MACHINE 的 X 坐标(MACHINE 中显示的是相对于刀具参考点的坐标)，记为 X1(应为负值)。

单击中的正向移动加号按键，将刀具退至如图 4－4－10 所示的位置，将 AXIS 旋钮置于 X 挡，单击中的负向移动减号按键，切削工件端面，如图 4－4－11 所示。记下 CRT 界面上显示的 MACHINE 的 Z 坐标，记为 Z1(应为负值)。

单击中的 Stop 按键，使主轴停止转动。在仿真软件中选择“测量”→“坐标测量”菜单项，显示如图 4－4－12 所示界面，单击切削外圆时所切的线段，选中的线段由红色变为橙色。记下右侧对话框中对应的 X 值(即工件直径)。坐标值 X1 减去“测量”中读取的直径值，再加上从机床坐标系原点到刀具参考点在 X 方向的距离，即 X1－X2＋XT，记为 X；Z1 加上从机床坐标系原点到刀具参考点在 Z 方向的距离，即 Z1＋ZT，记为 Z。(X,Z)即为工件坐标系原点在机床坐标系中的坐标值(见图 4－4－9)。

图 4－4－8　切削外圆

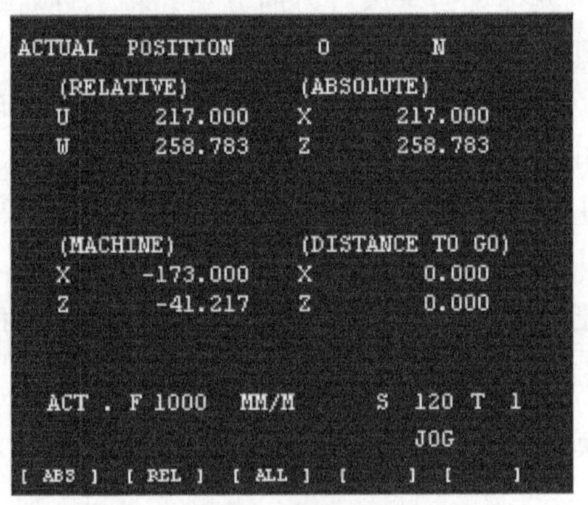

图 4－4－9　显示所有坐标值

图 4－4－10　退　刀

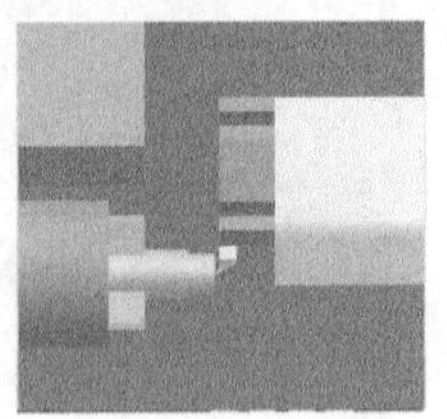

图 4－4－11　切削端面

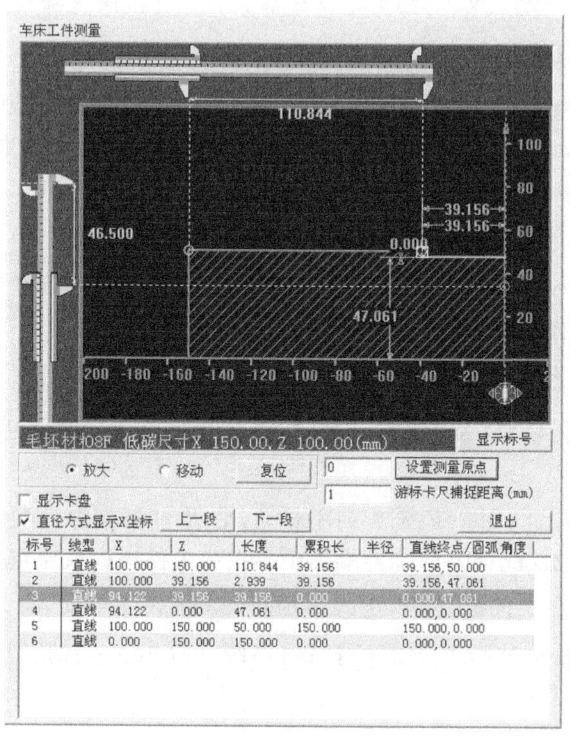

图 4-4-12 进行坐标测量

(2) 以刀具参考点为机床坐标系原点

将控制面板上的 MODE 旋钮切换到 JOG 挡。单击 MDI 键盘上的 POS 按键，此时 CRT 界面上显示坐标值，利用控制面板上的 AXIS 旋钮和 + JOG - 按键，将机床移动到如图 4-4-7 所示的大致位置。

单击 Start Stop SPINDLE 中的 Start 按键，使主轴转动，将 AXIS 旋钮置于 Z 挡，单击 + JOG - 中的负向移动减号按键，用所选刀具试切工件外圆，记下此时 MACHINE 中的 *X* 坐标，记为 X1，如图 4-4-9 所示。

单击 + JOG - 中的正向移动加号按键，将刀具退至如图 4-4-10 所示的位置，将 AXIS 旋钮置于 X 挡，单击 + JOG - 中的负向移动减号按键，试切工件端面，如图 4-4-11 所示，记下此时 MACHINE 中的 *Z* 坐标值，记为 Z1。

单击 Start Stop SPINDLE 中的 Stop 按键，使主轴停止转动。在仿真软件中选择"测量"→"坐标测量"菜单项，显示如图 4-4-12 所示界面，单击试切外圆时所切的线段，选中的线段由红色变为橙色。记下右侧对话框中对应的 *X* 值(即直径)，记为 X2；坐标值 X1 减去"测量"中读取的直径值 X2，即 X1－X2，记为 X；坐标值 Z1 减去端面坐标值

“0”,即 Z1－0,记为 Z。(X,Z)即为工件坐标系原点在机床坐标系中的坐标值。

4. 设置刀具偏移值

在数控车床操作中经常通过设置刀具偏移的方法对刀。但是在使用这个方法时不能使用指令 G54～G59 设置工件坐标系。G54～G59 的各个参数均设为 0。

设置刀具偏移的步骤是:

① 先用所选刀具切削工件外圆,然后保持 X 轴方向不移动,沿 Z 轴退出,再单击Start Stop SPINDLE中的 Stop 按键,使主轴停止转动。在仿真软件中选择“测量”→“坐标测量”菜单项,得到试切后的工件直径,记为 X1。

单击 MDI 键盘上的MENU OFSET按键,进入形状补偿参数设定界面,将光标移到与刀位号相对应的位置后输入 MXX1,单击INPUT按键,系统计算出 X 轴的长度补偿值后自动输入到指定参数上。

② 试切工件端面,保持 Z 轴方向不移动,沿 X 轴退出。把端面在工件坐标系中的 Z 坐标值记为 Z1(此处若以工件端面中心点为工件坐标系原点,则 Z1 为 0)。

单击 MDI 键盘上的MENU OFSET按键,进入形状补偿参数设定界面,将光标移到与刀位号相对应的位置后输入 MZZ1,单击INPUT按键,系统计算出 Z 轴的长度补偿值后自动输入到指定参数上。

5. 多把刀具对刀

车床的刀架上可以同时放置多把刀具,需要对每把刀进行对刀操作。采用试切法或自动设置坐标系法完成对刀后,可通过设置偏置值完成其他刀具的对刀。下面介绍在使用指令 G54～G59 设置工件坐标系时对多把刀具进行对刀的办法。

首先,选择其中一把刀为标准刀具,完成对刀。然后按照以下步骤操作:单击POS按键,使 CRT 界面显示坐标值。单击 PAGE ↓按键,切换到显示相对坐标系(见图 4-4-13)。用选定的标准刀接触工件端面,保持 Z 轴在原位并将当前的 Z 轴位置设为相对零点(单击↓2 W按键,再单击CAN按键,则将当前 Z 轴位置设为相对零点)。把需要对刀的刀具转到加工刀具位置,让它接触到同一端面,读此时 Z 轴的相对坐标值,这个数值就是这把刀具相对于标准刀具的 Z 轴长度补偿。把这个数值输入到形状补偿界面中与刀号相对应的参数中。

再用标准刀接触零件外圆,在保持 X 轴不移动的情况下,将当前 X 轴的位置设为相对零点(单击1 U按键,再单击CAN按键),此时 CRT 的界面如图 4-4-13 所示。

换刀后,将刀具在外圆的相同位置接触,此时显示的 X 轴相对值即为该刀具相对于标准刀具的 X 轴长度补偿。把这个数值输入到形状补偿界面中与刀号相对应的参数中(为保证刀尖准确接触,可采用增量进给方式或手轮进给方式)。此时 CRT 的界面如图 4-4-14 所示,所显示的值即为偏置值。

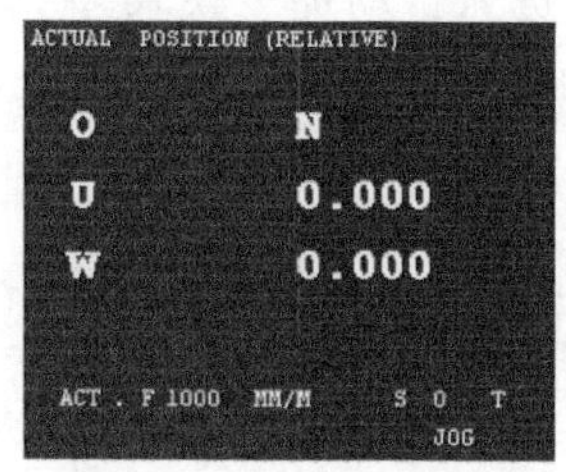

图 4-4-13 显示相对坐标系

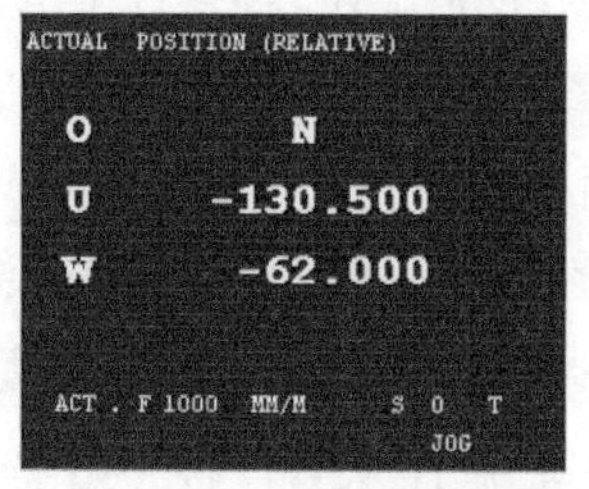

图 4-4-14 显示偏置值

6. 手动加工零件

(1) 手动/连续方式

将控制面板上的 MODE 旋钮切换到 JOG 挡。

配合移动键和 AXIS 旋钮快速准确地移动机床。

单击按键，控制主轴的转动和停止。

注：刀具在切削零件时，主轴需转动。加工过程中，刀具与零件发生非正常碰撞后（非正常碰撞包括车刀的刀柄与零件发生碰撞等），系统弹出警告对话框，同时主轴自动停止转动，调整到适当位置，继续加工时需再次单击中的 Start 按键，使主轴重新转动。

(2) 手动/点动(手轮)方式

在手动/连续加工（参见“手动/连续方式”内容）或在对刀（参见“对刀”内容）需精确调节主轴的位置时，可用点动（手轮）方式调节。

将控制面板上的 MODE 旋钮切换到 STEP/HANDLE 挡。

配合移动按键和点动步长选择旋钮，使用点动（手轮）精确调节机床位置。其中 X1 为 0.001 mm，X10 为 0.01 mm，X100 为 0.1 mm。

单击按键来控制主轴的转动和停止。

注：STEP 挡是点动，HANDLE 挡是手轮移动。

7. 自动加工方式

(1) 自动/连续方式

1）自动加工

自动加工流程是：

① 检查机床是否回零。若未回零，先将机床回零（参见“机床回参考点”内容）。

② 导入数控程序或自行编写一段程序（参见“数控程序处理”内容）。

③ 检查控制面板上的 MODE 旋钮是否置于 AUTO 挡，若未置于 AUTO 挡，则

单击或右击 MODE 旋钮，将其置于 AUTO 挡，进入自动加工模式。

④ 单击 Start Hold Stop 中的 Start 按键，数控程序开始运行。

2）中断运行

数控程序在运行过程中可根据需要暂停、停止、急停和重新运行。

数控程序在运行时，单击 Start Hold Stop 中的 Hold 按键，程序暂停运行，再次单击 Start 按键，程序从暂停行开始继续运行。

数控程序在运行时，单击 Start Hold Stop 中的 Stop 按键，程序停止运行，再次单击 Start 按键，程序从开头重新运行。

数控程序在运行时，单击急停按键至按下状态，数控程序中断运行，继续运行时，先单击急停按键至松开状态，再单击 Start Hold Stop 中的 Start 按键，余下的数控程序从中断行开始作为一个独立的程序执行。

(2) 自动/单段方式

加工流程是：

① 检查机床是否回零。若未回零，先将机床回零(参见“机床回参考点”内容)。

② 导入数控程序或自行编写一段程序。

③ 检查控制面板上的 MODE 旋钮是否置于 AUTO 挡，若未置于 AUTO 挡，则单击或右击 MODE 旋钮，将其置于 AUTO 挡，进入自动加工模式。

④ 将单段旋钮 Single Block on off 置于“on”挡。

⑤ 单击 Start Hold Stop 中的 Start 按键，数控程序开始运行。

注：

① 以自动/单段方式执行每一行程序时均需单击一次 Start Hold Stop 中的 Start 按钮。

② 将跳段旋钮 Opt Skip on off 置于“on”挡，数控程序中的跳过代码“/”有效。

③ 将选择性停止旋钮 M01 Stop on off 置于“on”挡，数控程序中的停止代码“M01”有效。

根据需要用进给倍率调节旋钮 FEEDRATE OVERRIDE 来控制数控程序运行的进给速度，调节范围为 0～150%。

若此时将控制面板上的 MODE 旋钮切换到 DRY RUN 挡，则表示此时是以 G00 速度进给。

单击 RESET 按键可使程序重置。

(3) 检查运行轨迹

NC 程序导入后,可检查运行轨迹。

将控制面板上的 MODE 旋钮切换到 AUTO 挡或 DRY RUN 挡,单击 MDI 键盘上的 AUX GRAPH 按键转入检查运行轨迹模式;再单击控制面板上 Start Hold Stop 中的 Start 按键,即可观察数控程序的运行轨迹,此时也可通过"视图"菜单中的动态旋转、动态放缩、动态平移等方式对三维运行轨迹进行全方位的动态观察。

注:检查运行轨迹时,暂停运行、停止运行、单段执行等同样有效。

4.5 数控车床的对刀操作

熟练掌握仿真状态下和实际操作状态下的 FANUC 数控车床(见图 4-5-1)的对刀操作。

图 4-5-1 FANUC 0i 系统数控机床

1. 仿真状态下的 FANUC 数控车床的对刀操作

对刀步骤是:

① 安装工件和刀具。

② 机床回参考点。在 REF 模式下将刀架返回机床参考点。

③ 在 MDI 方式下启动主轴、确认刀具。

在 MDI 模式下单击"PRGRM"按键,分别输入换刀指令"T0101"和转速指令"M04""S300",单击程序"循环启动"Start 按键,CRT 界面如图 4-5-2 所示。

④ Z 方向对刀,步骤是:

ⓐ 在 JOG 模式下,沿 X 方向切削工件端面至平整为止;在不移动 Z 轴的情况下沿原方向退出工件以外。

ⓑ 单击"MENU OFSET"按键,显示屏切换到"OFFSET"页面;点击软键[GEOM],显示屏切换到"OFFSET/GEOMETRY"页面,如图 4-5-3 所示。

ⓒ 光标移动至"G 01"位置,输入"MZ0",单击"INPUT"按键以更新数值。

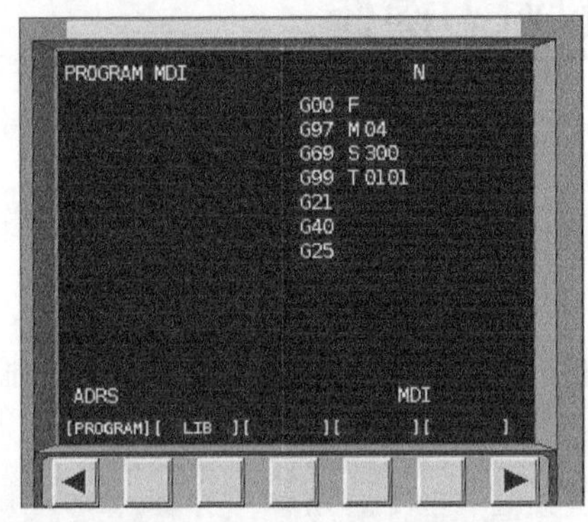

图 4-5-2 "MDI"页面

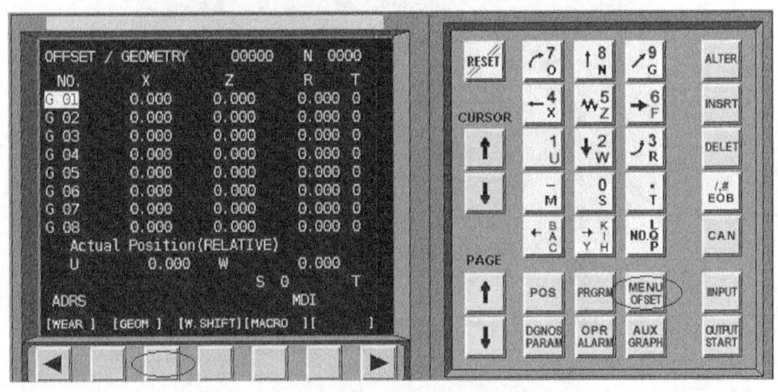

图 4-5-3 "OFFSET/GEOMETRY"页面

⑤ X 方向对刀,步骤是:

ⓐ 在 JOG 模式下,沿 Z 方向切削工件外圆;在不移动 X 轴的情况下沿原方向退出工件以外;单击程序"停止运行"Stop 按键。

ⓑ 单击"剖面图测量"项,在弹出的剖面图形中选中已加工表面的外圆特征线,在下方的尺寸位置找到直径 X 的对应值"27.582",如图 4-5-4 所示。

ⓒ 退出测量并切换到"OFFSET/GEOMETRY"页面,光标移动至"G 01"位置,输入已记录的 X 数值"MX27.582",单击"INPUT"按键以更新数值。

⑥ 输入刀具的其他参数，如刀尖圆角半径(R0.8)和刀尖方位(T3)。

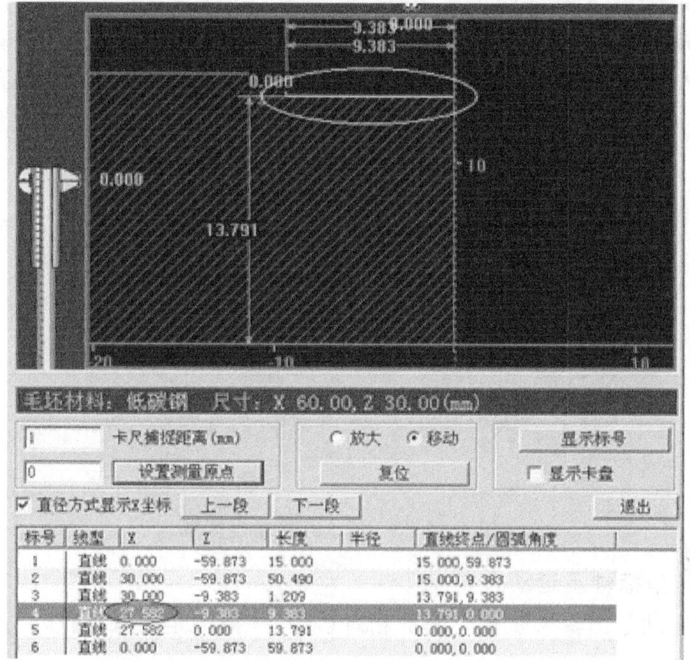

图 4-5-4　剖面图测量

⑦ 移动刀具远离工件至安全位置。

⑧ 对刀校验，步骤是：

ⓐ 在 MDI 模式下输入“M04；S300；T0101；G01；X0；Z0；F0.3；”指令并执行。

ⓑ 当刀具移动结束以后，观察刀具对刀点是否移动到工件原点，以此验证对刀的准确性。

2. 实际操作状态下的 FANUC 数控车床的对刀操作

直接用刀具试切对刀的步骤是：

① 用外圆车刀先试车一外圆，记住当前的 X 坐标，测量外圆直径后，用 X 坐标减去外圆直径，所得值输入到 OFFSET 页面的几何形状 X 值里。

② 用外圆车刀先试车一外圆端面，记住当前的 Z 坐标，并输入到 OFFSET 页面的几何形状 Z 值里。

1. 数控车床坐标系统

数控车床的坐标系统包括坐标系、坐标原点和运动方向。建立车床坐标系是为了确定刀具和工件在车床中的相对位置，确定车床运动部件的位置及其运动范围。

(1) 坐标系

数控车床的坐标系采用右手笛卡儿直角坐标系，如图 4-5-5 所示。基本坐标轴为 X、Y、Z，相对于每个轴的旋转运动坐标轴为 A、B、C。大拇指方向为 X 轴正方向，食指为 Y 轴正方向，中指为 Z 轴正方向。

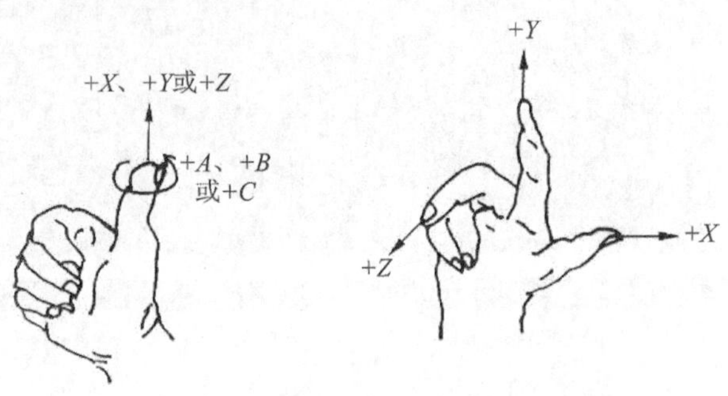

图 4-5-5 笛卡儿直角坐标系

(2) 车床坐标轴及运动方向

车床的运动是刀具和工件之间的相对运动，一律假定工件静止，刀具在坐标系内相对工件运动。

1) Z 轴的确定

Z 轴为平行于车床主轴的坐标轴，其正方向从工作台到尾座方向，即刀具远离工作台的运动方向。

2) X 轴的确定

X 轴为平行于刀具装夹方向的坐标轴，其正方向为刀具离开工件旋转中心的方向。

3) Y 轴的确定

Y 轴垂直于 X、Z 轴。当 X、Z 轴确定以后，按笛卡儿直角坐标系右手定则法来确定。

4) 旋转坐标轴 A、B、C

旋转坐标轴 A、B、C 的正方向相应地在 X、Y、Z 坐标轴的正方向上，按右手螺旋前进的方向来确定。

2. 坐标原点

(1) 机床原点

机床原点又称机械原点，它是机床坐标系的原点。该点是机床上的一个固定点，是机床制造商设置在机床上的一个物理位置，通常不允许用户改变。机床原点是工件坐标系、机床参考点的基准点。车床的机床原点为主轴旋转中心与卡盘后端面之交点（即图 4-5-6 中的 O 点）。

(2) 机床参考点

机床参考点也称为机床回零点，是机床制造商在机床上用行程开关设置的一个物理位置。机床参考点与机床原点的相对位置是固定的，机床出厂之前由机床制造商精密测量确定，如图 4－5－6 所示。

(3) 程序原点

程序原点是编程员在数控编程过程中定义在工件上的几何基准点，有时也称为工件原点，是由编程人员根据情况自行选择的。车床上的程序原点如图 4－5－7 所示。

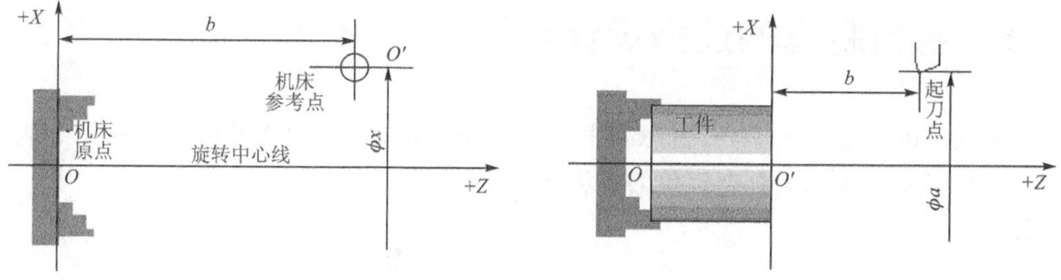

图 4－5－6　机床原点和机床参考点

图 4－5－7　程序原点

(4) 选择程序原点的原则

① 选在工件图样的基准上，以利于编程。

② 选在尺寸精度高、粗糙度值低的工件表面上。

③ 选在工件的对称中心上。

④ 便于测量和验收。

(5) 程序编辑中点的设置

1) 刀位点

所谓刀位点是指刀具的定位基准点。对刀时应使对刀点与刀位点重合。对于各种立铣刀，一般取为刀具轴线与刀具底端的交点；对于车刀，一般取为刀尖；钻头则取为钻尖。

2) 起刀点

起刀点是刀具相对于工件运动的起点。

3) 换刀点

换刀点是设在工件的外部，以能顺利换刀、不碰撞工件及其他部件为准的点，通常取换刀点为“X100 Z100”。

第5章

机械产品加工实例

5.1 密封瓶塞的造型设计与加工

运用G00快速定位、G01直线插补、G02/G03圆弧插补指令格式。G指令编辑零件外圆轮廓。应用设置磨耗值的方法加工零件。

应用插补G指令完成如图5-1-1所示的密封瓶塞零件的加工，毛坯为ϕ30 mm的棒料。

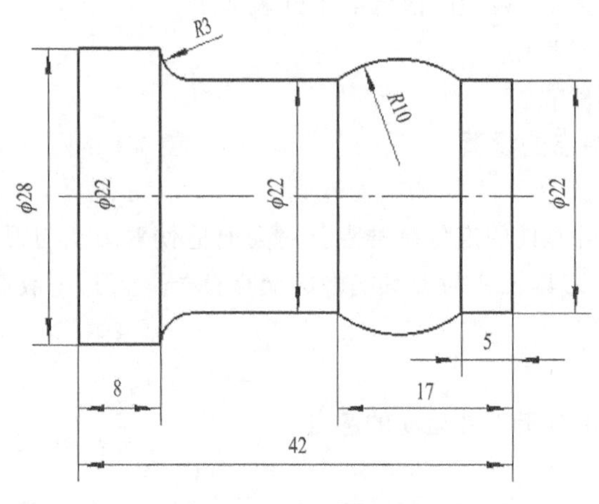

图5-1-1 密封瓶塞

1. 密封瓶塞的造型设计

密封瓶塞的造型设计步骤是：

① 新建文件。单击标准工具栏上的“新建”→“零件”工具按钮，然后单击“确定”按钮绘制草图 1。

② 绘制草图。在特征管理器中选择前视基准面→正视于→绘制草图。用“直线”工具和“圆弧”工具绘制草图 1，用“智能尺寸”工具标注出尺寸，参数如图 5－1－2 所示。

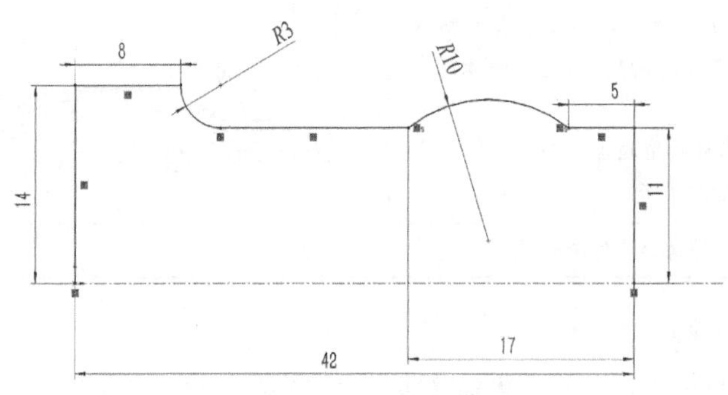

图 5－1－2　草图 1

③ 建立“旋转 1”特征。单击工具栏上的“插入”→“凸台→“旋转”工具按钮，把“草图 1”中的构造线作为旋转特征管理器中的旋转轴，在旋转角度中输入数值 360，如图 5－1－3 所示。密封瓶塞的造型如图 5－1－4 所示。

图 5－1－3　“旋转 1”特征管理器

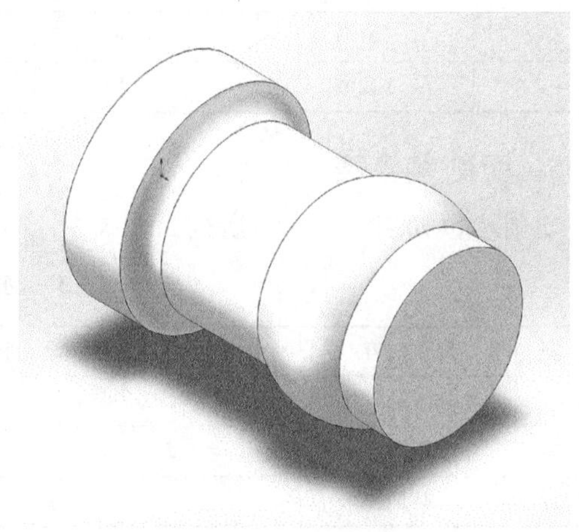

图 5－1－4　密封瓶塞的造型

2. 工艺路线

加工的操作步骤如表 5-1-1 所列。

表 5-1-1 加工的操作步骤

序号	操作步骤	加工简图
1	夹持工件,用钢尺测量伸出部分使其满足加工需要;对刀后先输入磨耗"U+8"加工外圆轮廓;之后每次输入磨耗"U-2",最后留精加工余量 2 mm;加工轨迹如右图所示	G01 G02 G01 G03 G01 G01 G00 G00
2	精加工外轮廓至零件图样尺寸	

3. 数值计算

设置循环起始点(32,2),精加工轮廓轨迹依次需要点(22,2)、(22,-5)、(22,-17)、(22,-31)、(28,-34)、(28,-42)和(32,-42)。

4. 选择刀具

刀具参数如表 5-1-2 所列。

表 5-1-2 刀具参数

序号	刀具号	刀具名称	刀尖半径/mm	加工内容
1	T0101	93°外圆车刀	0.8	外圆表面
2	T0202	切槽刀	横刃 5	切断零件

5. 切削参数表

切削参数如表 5-1-3 所列。

表 5-1-3 切削参数

刀具	加工内容	背吃刀量 a_p/mm	进给量 f/(mm·r^{-1})	主轴转速 S/(r·min^{-1})
T0101	粗加工外轮廓	2	0.3	350
T0101	精加工外轮廓	2	0.15	800
T0202	切断	—	0.05	150

6. 参考程序

程序列表如表 5-1-4 所列。

表 5-1-4 程序列表

程序段号	程序内容	说明
N1	M03 S350;	主轴正转
N2	T0101;	换1号刀(外圆刀)
N3	G00 X100 Z100;	定位至换刀校验点
N4	G00 X32 Z2;	定位至(32,2),设定为循环起始点
N5	G00 X22;	快速接近工件
N6	G01 Z-5 F0.3;	加工 ϕ22 外圆
N7	G03 Z-17 R10;	加工 R10 圆弧
N8	G01 Z-31;	加工 ϕ22 外圆
N9	G02 X28 Z-34 R3;	加工 R3 圆弧
N10	G01 Z-42;	加工 ϕ28 外圆
N11	X32;	X 方向退刀
N12	G00 Z2;	Z 方向退刀返回循环起始点
N13	G00 X100 Z100;	返回至换刀点
N14	M05;	主轴停转
N15	M30;	程序结束

7. 软件仿真

仿真效果图如图 5-1-5 所示。

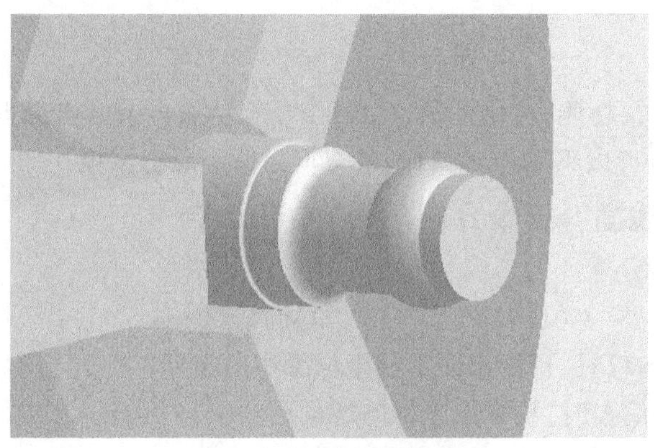

图 5-1-5 仿真效果图

相关理论

1. G00 快速定位指令介绍

(1) G00 格式

G00 X(U)____ Z(W)____ ;

其中:X、Z:绝对编程时,目标点在零件坐标系中的坐标;

U、W:增量编程时,刀具移动的相对距离。

(2) G00 应用

主要用于使刀具快速接近或快速离开零件。

(3) G00 说明

① G00 指令中的快移速度由机床参数"快移进给速度"对各轴分别设定,所以快移速度不能在地址 F 中规定,它可由面板上的快速修调按钮修正。

② 在执行 G00 指令时,由于各轴以各自的速度移动,不能保证各轴同时到达终点,因此联动直线轴的合成轨迹不一定是直线,操作者必须格外小心,以免刀具与零件发生碰撞。常见的 G00 指令运动轨迹如图 5-1-6 所示,从 A 点到 B 点常见有以下两种方式:直线 AB、折线 AEB。折线的起始角 θ 是固定的(如 $\theta=22.5°$ 或 $45°$),它取决于各坐标的脉冲当量。

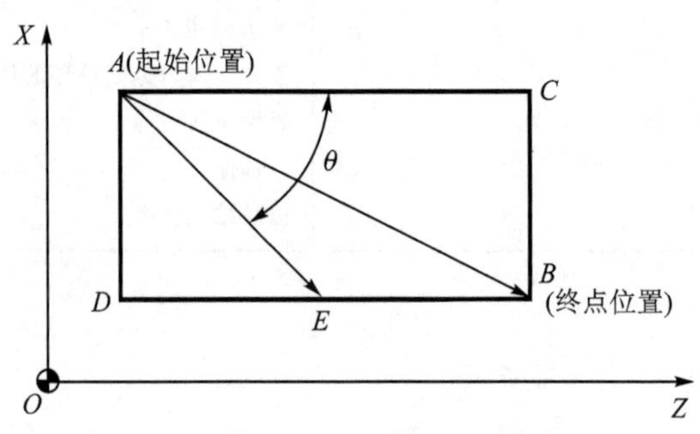

图 5-1-6 G00 定位轨迹

③ G00 为模态功能,可由 G01、G02、G03 等功能注销。目标点的位置坐标可以采用绝对编程,也可以采用相对编程,甚至可以采用混合编程。

2. G01 直线插补指令介绍

(1) G01 格式

G01 X(U)____ Z(W)____ F ____ ;

其中:X、Z:绝对编程时,目标点在零件坐标系中的坐标;

U、W:增量编程时,目标点坐标的增量;

F:进给速度。

(2) G01 应用

使刀具以一定的进给速度,从所在点出发,直线移动到目标点。

(3) G01 说明

G01 一般用来做直线切削动作。G01 与 G00 指令均属于同组的模态代码。

3. G02/G03 圆弧插补指令

(1) G02/G03 格式

G02 X(U)____ Z(W)____ R ____ F ____ ;

G03　X(U)____　Z(W)____　R ____　F ____ ;

其中:X、Z:绝对编程时,目标点在零件坐标系中的坐标;

U、W:增量编程时,目标点坐标的增量;

R:圆弧半径;

F:进给速度。

(2) 顺逆圆弧的判断方法

如图 5-1-7 所示的零件外表面是由两段圆弧组成的,在编程中要正确区分圆弧的加工方向。

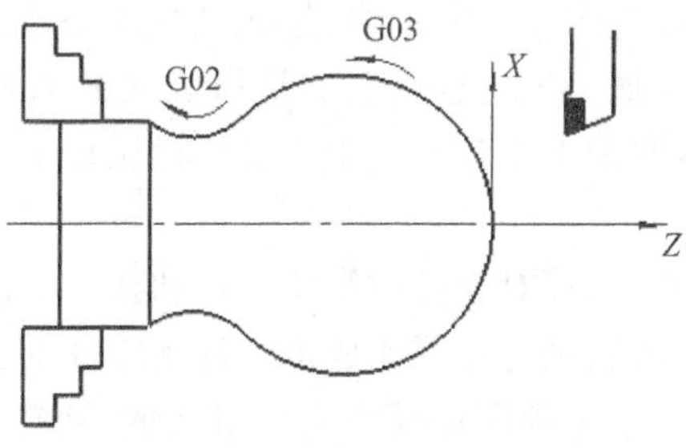

图 5-1-7　圆弧加工方向的判断

在数控车床上加工圆弧,使用圆弧插补指令 G02/G03,对圆弧顺逆方向的判断按右手笛卡儿坐标系确定:沿圆弧所在平面(*XOZ* 平面)的垂直坐标轴的负方向(—*Y*)看刀具的轨迹旋转方向,顺时针方向为 G02,逆时针方向为 G03。

4. 磨耗的使用

(1) 采用磨耗的原因

刀具在切削过程中,刀尖会随着切削的进行而逐渐磨损。当加工精度要求较高时,刀尖磨损会影响加工的精度,因而引入刀具磨耗的概念,以弥补刀尖磨损引起的加工误差。

(2) 磨耗值的计算方法

在粗加工之后、精加工之前测量出零件的实际尺寸,再依据下面公式计算磨耗值:

$$\text{磨耗值} = \text{理论值} + \text{精加工余量} - \text{实际尺寸}$$

(3) 磨耗值的输入方法

单击控制面板上的" MENU OFSET"按键,点击显示屏左下方的[磨损]软键,在对应的刀具顺序号中输入所计算的磨耗值,完成对刀具磨耗的设定。

(4) 注　意

① 磨耗输入的位置是"偏置"中的"磨损",而对刀输入的位置是"偏置"中的"外形",一定要注意区分,避免因输入错误而撞刀。

② 磨耗值带有正负号,不可忽略。

③ 由于磨耗值可以作为移动零件坐标系的方法之一，因此在精加工轨迹的基础上，应用磨耗值也可以完成对零件轮廓的加工。

5. 数控车削工艺的基本术语

(1) 生产过程

把原材料转变为产品的全过程，称为生产过程。一般包括原材料的运输、仓库保管、生产技术准备、毛坯制造、机加工（含热处理）、装配、检验和包装等。

(2) 工艺过程

改变生产对象的形状、尺寸、相对位置和性质，使其成为成品或半成品的过程，称为工艺过程。工艺过程是生产过程的主体，包括机械加工工艺过程、热处理工艺过程和装配工艺过程等。数控加工工艺过程主要是指机械加工工艺，其加工过程是在数控机床上完成的，因而数控加工工艺有别于一般的机械加工工艺，但其基本理论的主流仍然是机械加工工艺。

在机械加工工艺过程中，针对零件的结构特点和技术要求，采用不同的加工方法和装备，按照一定的顺序依次进行才能完成由毛坯到零件的转变过程。因此，机械加工工艺过程是由一个或若干个顺序排列的工序组成的，而工序又由安装、工位、工步和进给组成。

1) 工　序

一个或一组工人，在一个工作地点对一个或同时对几个工件所连续完成的那一部分工艺过程，称为工序。划分工序的依据是工作地点是否发生变化和工作是否连续。

2) 安　装

工件经一次装夹后所完成的那一部分工序，称为安装。

3) 工　位

对于回转工作台（或夹具）、移动工作台（或夹具），工件在一次安装中先后处于几个不同的位置进行加工，每个位置称为一个工位。采用多工位的加工方法可以减少安装次数，提高加工精度和效率。

4) 工　步

在加工表面（或装配时的连接面）和加工（或装配）工具不变的情况下，所连续完成的那一部分工序内容，称为工步。划分工步的依据是加工表面和工具是否变化。

5) 进　给

在一个工步内，若被加工表面需切除的余量较大，可分几次切削，每次切削称为一次进给。

(3) 基　准

基准是用来确定零件上几何要素之间关系所依据的那些点、线、面。根据基准的作用不同，可分为设计基准和工艺基准两大类。

1) 设计基准

设计图样上采用的基准为设计基准。

2）工艺基准

在工艺过程中采用的基准，它包括定位基准、工序基准、测量基准、装配基准。

◇ 定位基准：在加工中用于定位的基准。

◇ 工序基准：在工序中确定本工序加工表面的尺寸、形状、位置的基准。

◇ 测量基准：测量时所采用的基准。

◇ 装配基准：在装配过程中用来确定零件或部件在产品中的相对位置所采用的基准。

5.2 笔筒的造型设计与加工

应用 G73 等指令完成如图 5－2－1 所示的笔筒零件加工，毛坯是尺寸为 ϕ50×85 mm 的棒料。

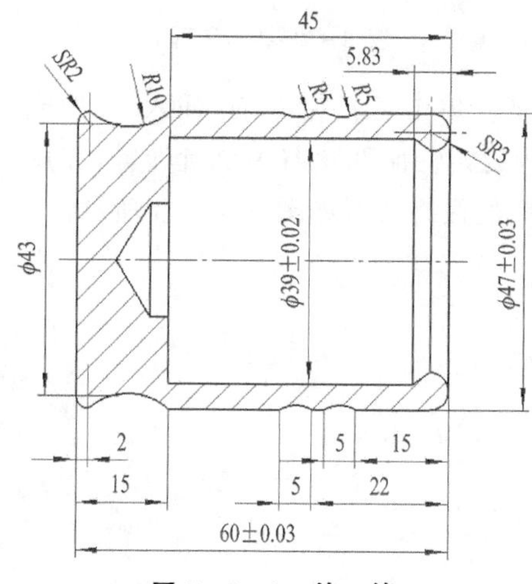

图 5－2－1　笔　筒

1．笔筒的造型设计

笔筒机械设计造型的步骤是：

① 新建文件。单击标准工具栏上的“新建”→“零件”工具按钮，然后单击“确定”按钮绘制草图 1。

② 绘制草图。在特征管理器中选择前视基准面→正视于→绘制草图。用“直线”工具和“圆弧”工具绘制草图 1，用“智能尺寸”工具标注出尺寸，参数如图 5-2-2 所示。

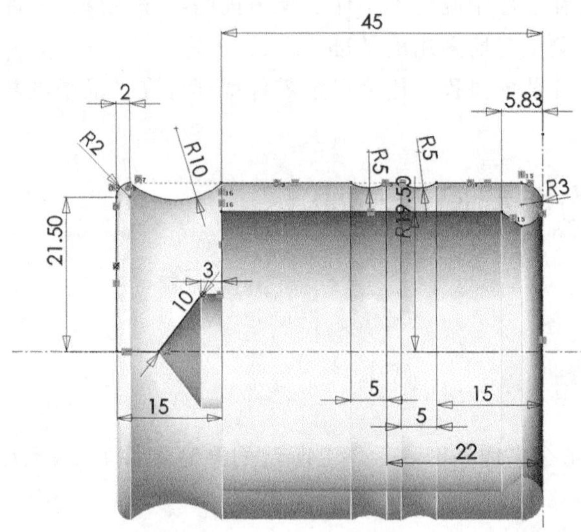

图 5-2-2　草图 1

③ 建立“旋转 1”特征。单击工具栏上的“插入”→“凸台→“旋转”工具按钮，把“草图 1”中的构造线作为旋转特征管理器中的旋转轴，在旋转角度中输入数值 360，如图 5-2-3 所示。笔筒的最终造型如图 5-2-4 所示。

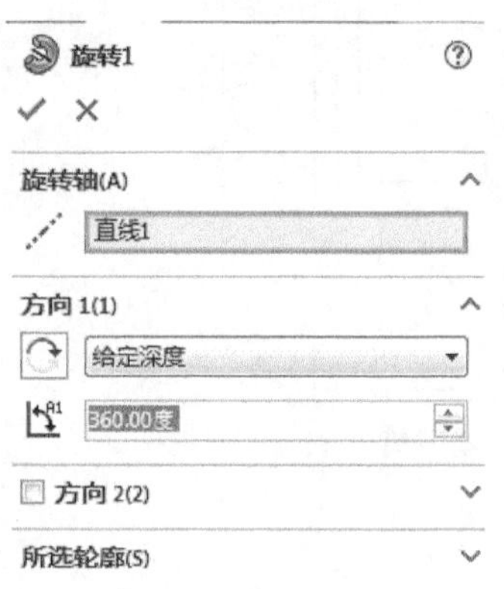

图 5-2-3　“旋转 1”特征管理器

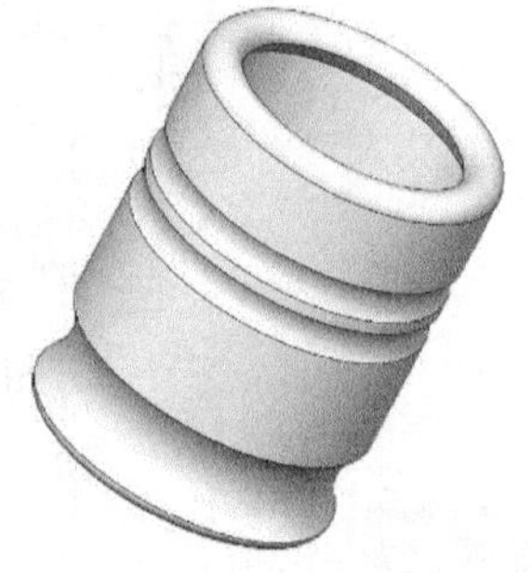

图 5-2-4　笔筒造型图

2. 工艺安排

(1) 工艺路线

工艺路线如表 5-2-1 所列。

表 5-2-1　工艺路线

序　号	操作步骤	加工简图
1	夹持零件，伸出 70 mm。用 ϕ18 的钻头加工出 47 mm 左右的深孔	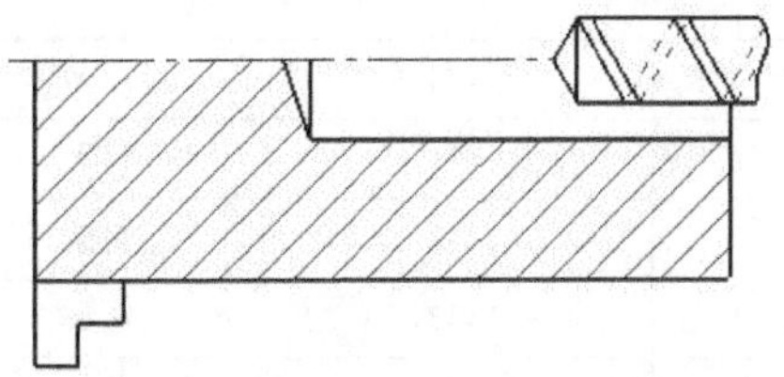
2	粗、精加工外轮廓至零件图样尺寸	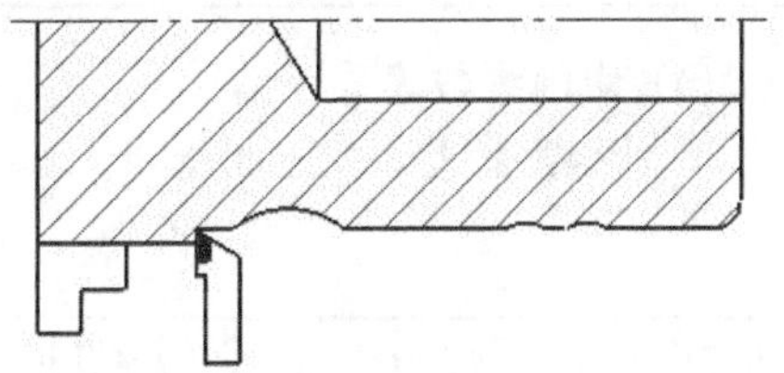
3	将内孔扩至 ϕ33，深度为 45 mm	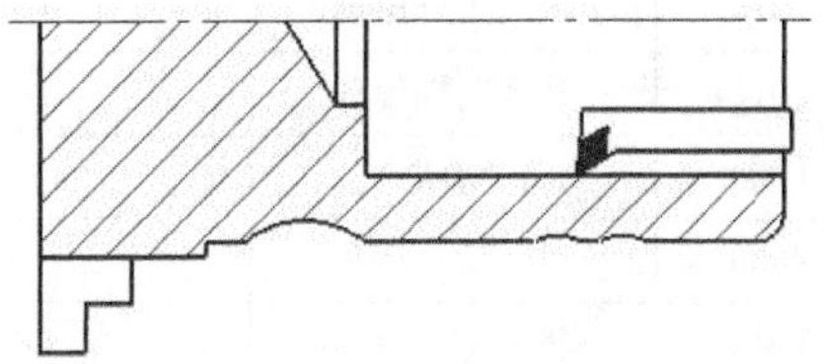
4	粗加工零件内轮廓，留精加工余量 1 mm	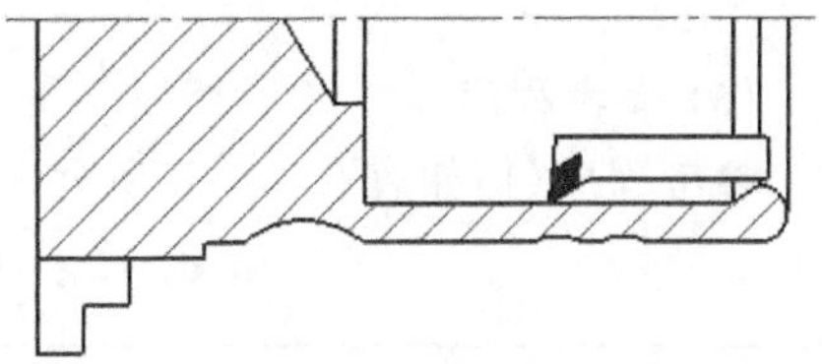
5	精加工内轮廓至零件图样尺寸	
6	加工倒角，保证总长，切下零件	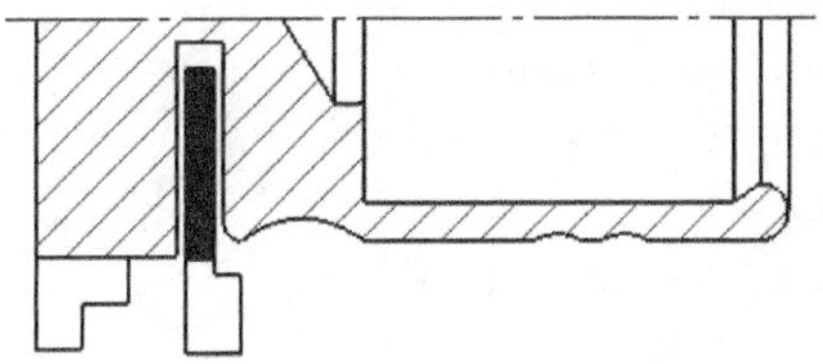

(2) 数值计算

在操作步骤 4 的内轮廓加工中，内孔已扩至 ϕ33，故循环起点设定为(32,2)，加工零件内轮廓依次需要点(43,2)(43,0)(41,0)(35,－3)(39,－5.38)(39,－45)和(32,－45)。

(3) 刀具卡

刀具卡的内容如表 5-2-2 所列。

表 5-2-2　刀具卡

序　号	刀具号	刀具名称	刀具尺寸/mm	加工内容
1	T0101	93°外圆车刀	刀尖半径 0.8	外圆表面
2	T0202	外切槽刀	刀宽 5	加工倒角、切断
3	T0303	钻头	ϕ18	钻孔
4	T0404	内孔车刀	刀尖半径 0.4	内孔表面

(4) 切削参数表

切削参数如表 5-2-3 所列。

表 5-2-3　切削参数

刀　具	加工内容	背吃刀量 α_p/mm	进给量 f/(mm·r^{-1})	主轴转速 S/(r·min^{-1})
T0101	粗加工外轮廓	1	0.3	500
T0101	精加工外轮廓	1	0.15	800
T0202	切断	—	0.1	200
T0303	钻孔	—	0.1	350
T0404	粗加工内轮廓	1	0.2	300
T0404	精加工内轮廓	0.5	0.1	500

(5) 参考程序

参考程序(1)如表 5-2-4 所列。

表 5-2-4　操作步骤 2 的程序内容

程　序	注　释
M03　S800;	主轴正转
T0101;	换 1 号外圆刀
G00　X100　Z100;	定位至换刀校验点
G00　X52　Z2;	定位至加工起始点
X38;	外轮廓精加工
G42　G01　Z0　F0.15;	加入刀具半径右补偿
G01　X41;	
G03　X47　Z−3　R3;	
G01　Z−15;	
G02　Z−20　R5;	
G01　Z−22;	
G02　Z−27　R5;	
G01　Z−45;	

续表 5-2-4

程　序	注　释
G02　Z—58　R10；	
G01　Z—62；	精加工结束
X50；	径向退刀
G40；	刀具半径补偿取消
G00　X100　Z100；	返回换刀校验点
M05；	主轴停止
M30；	程序结束

参考程序(2)如表 5-2-5 所列。

表 5-2-5　操作步骤 3～6 的程序内容

程　序	注　释
M03　S300；	主轴正转
T0404；	换 4 号内孔刀
G00　X100　Z100；	定位至换刀校验点
X17　Z2；	定位至循环起始点
G71　U1　R1；	内孔粗车复合循环
G71 P1　Q2　U0　W0　F0.2；	
N1　G41　G00　X33；	扩孔加工起始段,加入刀具半径左补偿
Z—45；	
N2　X18；	扩孔加工结束段
G00　X32　Z2；	定位至新的循环起始点
G73　U—2　R2；	封闭切削复合循环
G73　P3　Q4　U—1　W0　F0.2；	
N3　G41　G00　X43；	内轮廓粗加工起始段,加入刀具半径左补偿
G01　Z0　F0.1；	
X41；	
G02　X35　Z—3　R3；	
G01　X39　Z—5.83；	
Z—45；	
N4　G01　X33；	内轮廓粗加工结束段
M03　S500；	主轴提速
G70　P3　Q4；	内轮廓精加工
G40；	刀具半径补偿取消
G00　X100　Z100；	返回换刀校验点
T0202；	换 2 号切槽刀
M03　S200；	主轴降速
G00　X100　Z100；	定位至换刀校验点
G00　X52　Z—65；	定位至加工起始点

续表 5-2-5

程　序	注　释
G01　X43　F0.1；	
X47；	
Z—63；	
G03　X43　Z—65　R2；	
G01　X0；	切断零件
G00　X100；	径向退刀
Z100；	轴向退刀
M05；	主轴停转
M30；	程序结束

(6) 软件仿真

笔筒的仿真效果图如图 5-2-5 所示。

图 5-2-5　仿真效果图

1. G73 型车复合循环指令

G73 型车复合循环指令也可以加工内轮廓零件，但由于运行时的退刀量较大，因此要求被加工毛坯孔具有足够大的空间或在扩孔以后进行加工，以满足刀具运行的要求。

(1) G73 指令格式

G73 U(Δi) W(Δk) R(d);

G73 P(ns) Q(nf) U(Δu) W(Δw) F(f) S(s) T(t);

其中:各参数代表的意义不变。

(2) G73 指令应用

G73 属于全能型复合加工循环,不受零件内轮廓尺寸单调性的限制,但内轮廓加工时的退刀量会受到内孔直径的限制。

(3) G73 指令说明

① 在内轮廓加工中,要保证刀具具有足够的退刀及运行空间。

② 在内轮廓加工中,X 方向的退刀量 Δi 应为负值。

③ 在内轮廓加工中,精加工余量 Δu 取负值。

2. 内轮廓加工中磨耗的使用

(1) 磨耗值的计算方法

在内轮廓加工中,在粗加工之后、精加工之前测量出零件的实际尺寸,再依据下面公式计算磨耗值:

$$磨耗值 = 理论值 - 精加工余量 - 实际尺寸$$

(2) 磨耗值的输入方法

单击控制面板上的“MENU OFSET”按键,点击显示屏左下方的[磨损]软键,在对应的刀具顺序号中输入所计算的磨耗值,单击“INPUT”按键确定,完成对刀具磨耗的设定。

(3) 注　意

① 当磨耗值用于刀具磨损补偿时,应在粗加工之后、精加工之前对零件进行测量并输入合适的数值。

② 磨耗输入参数的位置是“偏置”中的“磨损”,而对刀输入参数的位置是“偏置”中的“外形”,一定要注意区分,避免因输入错误而撞刀。

③ 磨耗值带有正负号,不可忽略。

④ 由于磨耗值可以作为移动零件坐标系的方法之一,因此在精加工轨迹的基础上应用磨耗值,也可以完成对零件轮廓的加工(内轮廓加工时输入负值)。

3. 可转位车刀

可转位车刀就是把压制有合理的几何参数,能保证(在一定的切削用量范围内)卷屑、断屑,并有几个刀刃的刀片,用机械夹固的方法装夹在标准的刀杆(或刀体)上。使用时不需刃磨(或只需稍加修磨),一个刀刃用钝后,只需把夹紧机构松开,把刀片转过一个角度,即可用另一个新的刀刃进行切削。可转位车刀与焊接车刀相比有如下优点。

(1) 可提高劳动生产率,保证加工精度,减轻工人劳动强度

由于刀片未经焊接,可避免热应力,提高了刀具的耐磨性和抗破损能力;刀片有合理的几何参数,可用的较高的切削用量,且能使排屑顺利;刀片转位迅速,更换方便,因此不但能提高切削效率,还能有效缩短辅助时间。

(2) 可大量节省制造刀杆的钢材,提高刀片的利用率,降低刀具成本

由于省去了刃磨工作及砂轮消耗,刀杆又可较长期使用,所以降低了刀具费用。

(3) 有利于刀具的标准化和集中生产,可充分保证刀具的制造质量

随着可转位刀具标准化工作的完善,可大大减少刀具的储备量,从而实现在一把刀杆上配备多种牌号的硬质合金刀片,简化了刀具管理。

(4) 有利于大面积推广先进刀具,普遍提高生产效率

以前由于技术上的差异,刃磨水平高低不等,往往使许多先进刀具得不到普及运用。硬质合金不重磨刀具的出现,有可能把先进刀具的各种优点移植到刀片上,由硬质合金生产厂家直接压制出来,这样便可以更加普遍地推广和使用先进刀具,广泛提高金属切削的效率。同时,硬质合金不重磨刀具的出现,为研制切削难加工材料用的新牌号硬质合金刀片,以及碳化钛和氮化钛涂层新工艺的进一步发展,提供了一条理想途径。

4. 可转位车刀刀片简介

根据 GB2076—87 规定,可转位车刀刀片的型号由代表一定意义的字母和数字代号按一定顺序位置排列所组成,共有 10 个号位,如图 5-2-6 所示。

图 5-2-6 中的号位 1 表示刀片形状。最常用的几种刀片及其使用特点如下:正三边形(T)可用于 60°、90°、93°外圆,以及端面和内孔车刀,由于刀尖角小,强度差,耐用度低,因此只适用于较小的切削用量。边数增多则刀尖角大,强度提高,且刀片利用率高,但切削径向力也随之增大,刀片工作时可到达的位置受到一定限制。虽然五边形(P)的刀尖角为 108°,强度及耐用度好,但只宜在加工系统刚性较好的情况下使用,且不能同时兼作外圆车刀和端面车刀。四边形(S)的刀尖角为 90°,介于三边形和五边形之间,通用性较广,可进行外圆、端面加工及车孔和倒角。带副偏角的三角边(F)的刀尖角为 80°,凸三边形(W)的刀尖角为 80°,刀尖强度、耐用度均比三边形好,又不影响刀片的可达性,多用于 90°外圆、端面和内孔车刀,除加工工艺系统刚性差者均宜采用。菱形刀片(VD)适用于仿形车床和数控车床刀具。圆形刀片(R)可用于车曲面、成型面或精车刀具。矩形刀片(L)的刀尖角为 90°,常用于螺纹车刀,刀片可重磨,但不能切牙顶,价格便宜。

号位 2 表示刀片法后角。其中 N 型刀片的后角为 0°,使用最广,其刀具后角由刀片安装在刀杆上倾斜而形成。若使用平装刀片结构,则需按后角要求选择相应刀片。

号位 3 表示刀片尺寸偏差等级,共有 12 个精度等级。通常用于具有修光刃的可转位刀片,允许偏差取决于刀片尺寸的大小,每种刀片的尺寸允许偏差应按其相应的尺寸标准进行表示。

号位 4 用一位字母表示刀片有无断屑槽和中心固定孔。A 表示有圆形固定孔,无断屑槽;N 表示无固定孔,无断屑槽;R 表示无固定孔,单面有断屑槽;M 表示有圆

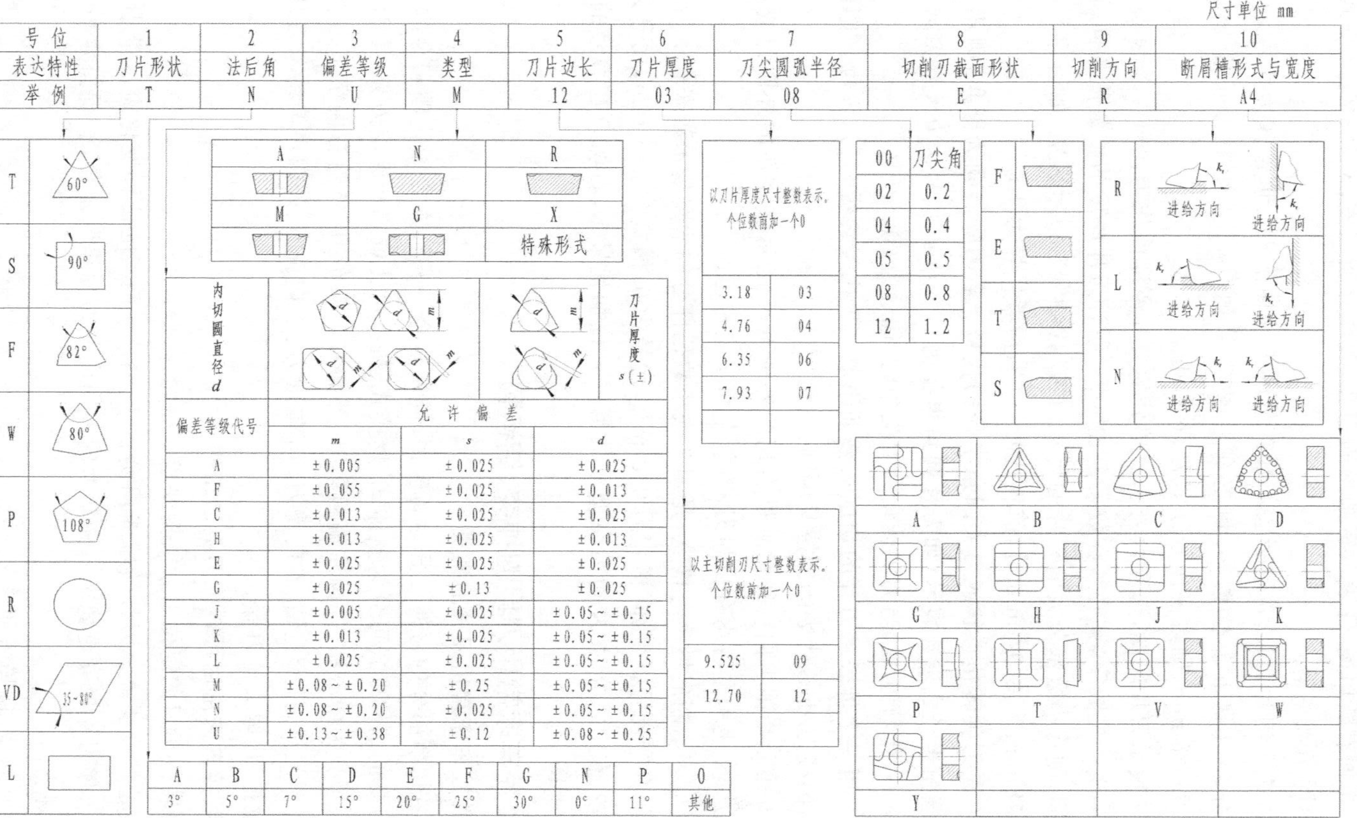

尺寸单位 mm

号位	1	2	3	4	5	6	7	8	9	10
表达特性	刀片形状	法后角	偏差等级	类型	刀片边长	刀片厚度	刀尖圆弧半径	切削刃截面形状	切削方向	断屑槽形式与宽度
举例	T	N	U	M	12	03	08	E	R	A4

A	B	C	D	E	F	G	N	P	0
3°	5°	7°	15°	20°	25°	30°	0°	11°	其他

偏差等级代号	允许偏差 m	允许偏差 s	允许偏差 d
A	±0.005	±0.025	±0.025
F	±0.055	±0.025	±0.013
C	±0.013	±0.025	±0.025
H	±0.013	±0.025	±0.013
E	±0.025	±0.025	±0.025
G	±0.025	±0.13	±0.025
J	±0.005	±0.025	±0.05~±0.15
K	±0.013	±0.025	±0.05~±0.15
L	±0.025	±0.025	±0.05~±0.15
M	±0.08~±0.20	±0.25	±0.05~±0.15
N	±0.08~±0.20	±0.025	±0.05~±0.15
U	±0.13~±0.38	±0.12	±0.08~±0.25

以主切削刃尺寸整数表示，个位数前加一个0

9.525	09
12.70	12

以刀片厚度尺寸整数表示，个位数前加一个0

3.18	03
4.76	04
6.35	06
7.93	07

00	刀尖角
02	0.2
04	0.4
05	0.5
08	0.8
12	1.2

图5-2-6 可转位车刀刀片型号的标记方法

形固定孔,单面有断屑槽;G 表示有圆形固定孔,双面有断屑槽;X 表示特殊形式,需要附加说明和图形。

号位 5 表示刀片边长,选取舍去小数部分的刀片切削刃长度值作为代号。若舍去小数部分后只剩下一位数字,则必须在数字前加“0”,如切削刃长度分别为 16.5 mm、9.525 mm,则数字代号分别为 16 和 09。

号位 6 表示刀片厚度,选取舍去小数部分的刀片厚度值作为代号。若舍去小数部分后只剩下一位数字,则必须在数字前加“0”。而若刀片厚度的整数值相同,而小数部分不同,则将小数部分大的刀片的代号用“T”代替“0”,以示区别,如当刀片厚度分别为 3.18 mm 和 3.97 mm 时,前者代号为 03,后者代号为 T3。

号位 7 是刀尖转角形状或刀尖圆角半径的代号。若刀尖转角为圆角,则用省去小数点的圆角半径毫米数表示,如刀片圆角半径为 0.8 mm,代号为 08,刀尖圆角半径为 1.2 mm,代号为 12,当刀尖转角为刀尖角时,代号为 00。

号位 8 用一字母表示刀片的切削刃截面形状。F 代表尖锐刀刃,E 代表倒圆刀刃,T 代表倒棱刀刃,S 代表既倒棱又倒圆刀刃。

号位 9 表示切削方向。R 表示供右切的外圆刀;L 表示供左切的外圆刀或供右切的车孔刀;N 表示左右均有切削刃,既能左切又能右切。

号位 10 表示断屑槽型与槽宽,是用舍去小数位部分的槽宽毫米数来表示刀片断屑槽宽度的数字代号。例如,槽宽为 0.8 mm,代号为 0;槽宽为 3.5 mm,代号为 3。当刀片有左、右切之分时,左切刀在型号的第 9 号位加代号 L,右切刀在型号的第 9 号位加代号 R。

5. 数控车床常用刀具的种类、结构和特点

(1) 数控车床常用刀具的种类

按刀具切削部分的材料可分为高速钢、硬质合金、陶瓷、立方氮化硼和金刚石等刀具;按刀具的结构形式可分为整体式、焊接式、机夹可转位式和涂层刀具;按刀具的车削用途,可分为中心钻、外圆左偏粗车刀、外圆右偏粗车刀、外圆右偏精车刀、外圆车槽刀、外圆螺纹刀、麻花钻、Z 向铣刀、45°端面刀、X 向铣刀、外圆左偏精车刀、精镗孔刀、粗镗孔刀、球头铣刀等。

(2) 数控车床常用可转位刀具的结构

1) 可转位车刀的定位夹紧结构要求

① 定位精度要高。刀片转位或调换后,刀尖及切削刃的位置变化应尽量小。定位精度高可使刀片夹紧更稳定。夹紧力的方向应使刀片靠紧定位面,保持定位精度不易被破坏。

② 刀片转位、调换方便。

③ 夹紧牢固、可靠。保证刀片、刀垫、刀杆接触紧密,在受到冲击、振动、热变形时各元件不致松动。

④ 刀片前刀面上最好无障碍，以保证排屑顺利、观察方便。

⑤ 夹紧机构不会被切屑擦坏。

⑥ 结构紧凑，制造方便。

2）可转位车刀刀片的定位、夹紧结构种类

国内外各专业厂家使用的基本结构有杠杆式、楔块式、螺纹偏心式、杠销式和上压式等。图 5-2-7 至图 5-2-11 为常用的夹紧结构。

① 杠杆式夹紧（见图 5-2-7）。这种结构是利用压紧螺钉 1 压杠杆 5，杠杆压着刀片 2 的固定孔，使之靠近刀片槽。弹簧套 4 可防止刀片松开后刀垫 3 移动。这种结构的定位精度高，调节余量大，夹紧可靠，拆卸方便。

② 楔块式夹紧（见图 5-2-8）。用螺钉 1 压楔块 2，使刀片 3 的固定孔压紧在圆柱销 4 上，弹簧垫圈 5 可防止螺钉松动，并当螺钉松开时抬起楔块。这种结构在刀片尺寸变化较大时也可夹紧，但定位精度不高。

③ 螺纹偏心式夹紧（见图 5-2-9）。利用螺纹偏心销 2 的偏心距 e 将刀片 1 夹紧，也可使用偏心轴代替偏心销。这种夹紧结构元件少，结构紧凑，但调节余量小，所要求的制造精度高。另外，在断续切削时，容易使偏心销因受冲击与振动而失去自锁能力，导致刀片松动。

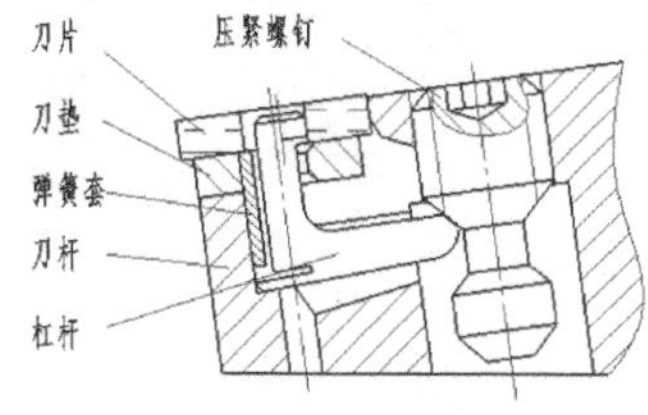

图 5-2-7 杠杆式夹紧

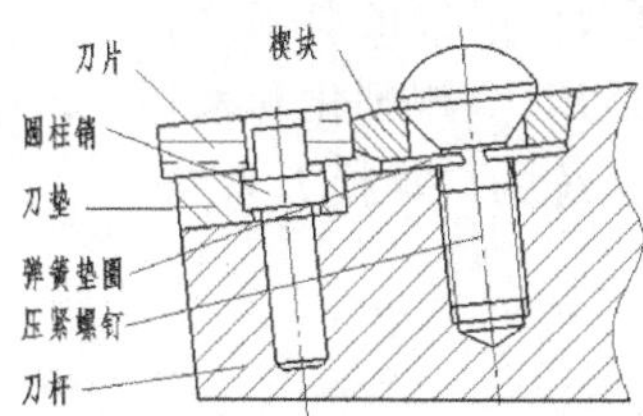

图 5-2-8 楔块式夹紧

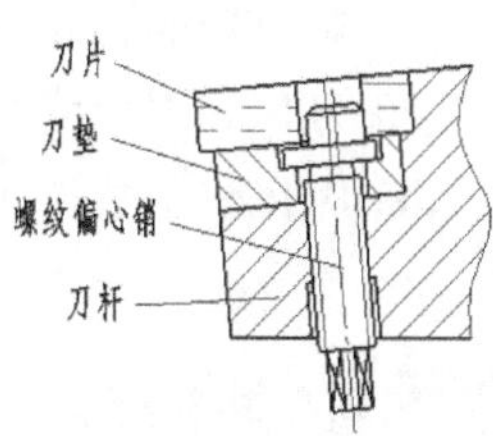

图 5-2-9 螺纹偏心式夹紧

④ 杠销式夹紧（见图 5-2-10）。利用加力螺钉 1 压在杠销 3 的下端，以杠销 3 和刀杆孔壁的接触点为支点，将刀片夹紧。对杠销的加力方式有两种：直接加力（见图 5-2-10(a)）和切向加力（见图 5-2-10(b)）。这种结构的杠销比杠杆制造简单，但杠销刚度较差，夹紧力不大，且调节余量小，装卸刀片不如杠杆方便。

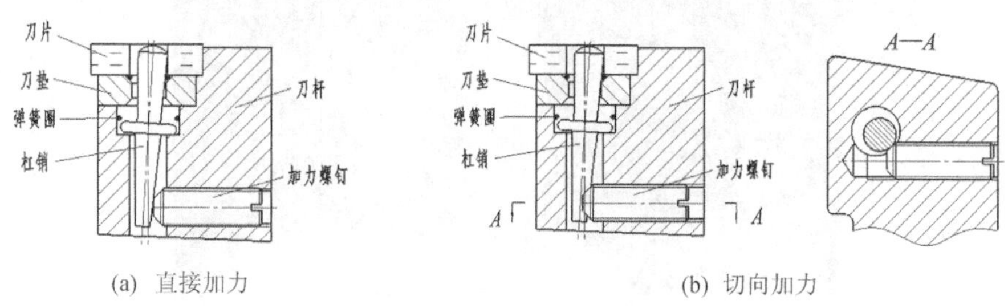

(a) 直接加力　　(b) 切向加力

图 5-2-10 杠销式夹紧

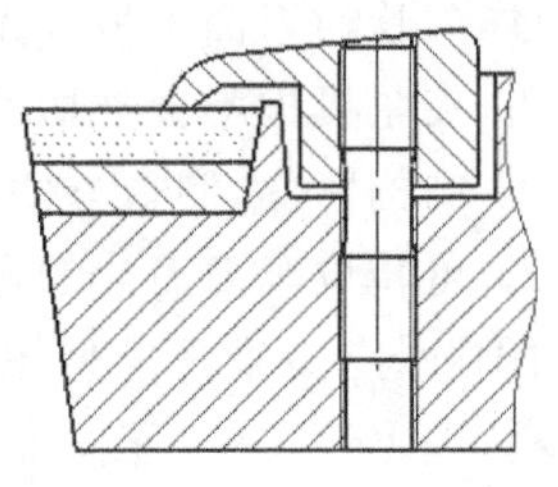

图 5-2-11　上压式夹紧

⑤ 上压式夹紧(见图 5-2-11)。用来夹紧无固定孔的刀片。这种夹紧形式的夹紧力大,通过两定位侧面能获得稳定可靠的定位,而且元件少,装卸容易。但刀片上的压板使排屑受到一定影响。

(3) 数控车床中的零件材料、加工精度和工作效率对刀具的要求

为了能够实现数控机床上的刀具高效、多能、快换和经济的目的,数控机床所用的刀具应针对零件材料、加工精度和工作效率的不同要求,具备下列特点:

① 刀具的耐用度要高,刀片或刀具材料及切削参数与被加工工件的材料之间应匹配。

② 刀片种类齐全,适合多种加工场合,刀片和刀具的几何参数和切削参数应规范化、典型化。

③ 刀片的尺寸、形状精度高,应优化刀片及刀柄的定位基准,更换后的刀尖位置变化小。

④ 车削塑性材料时的断屑效果好。

⑤ 对刀柄的强度、刚度及耐磨性的要求高。

⑥ 刀片和刀柄应高度适用化、规则化和系列化。

⑦ 优化整个数控工具系统的自动换刀系统。

任务拓展

如图 5-2-12 所示零件为花瓶模型,毛坯是尺寸为 $\phi45\times80$ mm 的棒料,试完成零件加工,其尺寸如图 5-2-13 所示。

图 5-2-12　花瓶模型

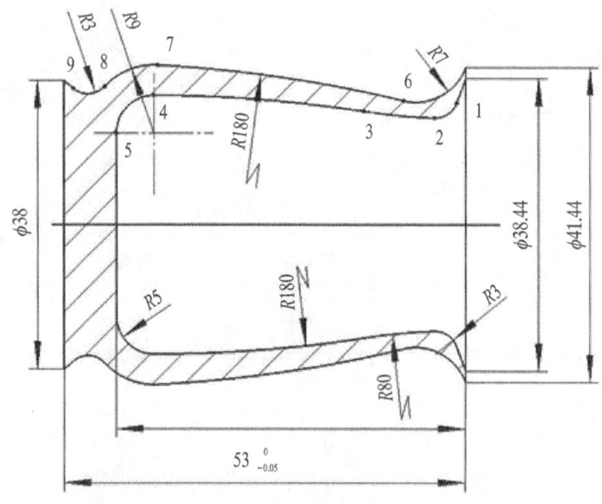

图 5-2-13　花瓶尺寸图

5.3　轧面机的设计与加工

5.3.1　轧面机的造型设计

SolidWorks 是机械设计的基础建模软件，通过压面机的实例，可以掌握最基本的机械零件设计。此外，压面机这个实例贯穿至本书后面的零件加工环节，理解这一整套的设计流程，会对以后的设计产生新的启发，将加工和设计融为一体。

用 SolidWorks 制作扎面机底板、侧板、轧辊、手柄等零件模型并组装成轧面机，如图 5-3-1 所示。

1. 底板的造型设计

底板零件设计图如图 5-3-2 所示。

设计步骤如下。

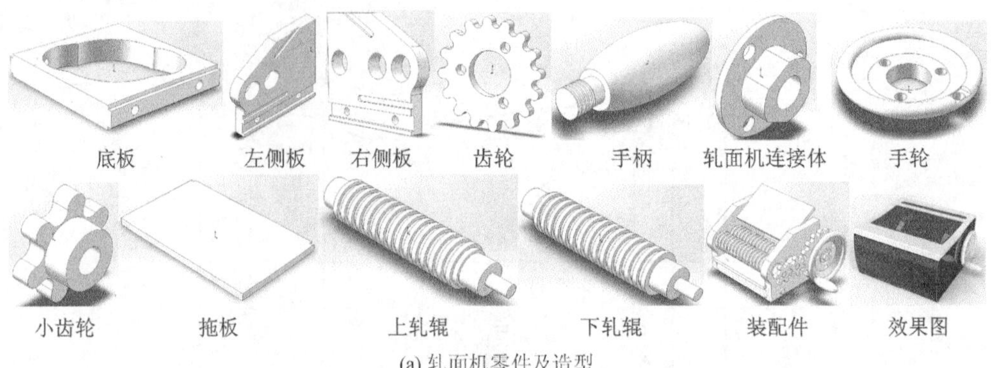

(a) 轧面机零件及造型

(b) 轧面机图纸

图 5-3-1　轧面机

(1) 新建文件

单击标准工具栏上的“新建”→“零件”工具按钮，然后单击“确定”按钮。

(2) 绘制“草图 1”

在特征管理器中选择前视基准面→正视于→绘制草图，以原点为中心，用“直线”工具绘制两条构造线，再以原点为中心，用“圆”工具画出一个圆，右击圆作为构造线。用“边角矩形”中的“中心矩形”画出以原点为中心的正方形。用“圆”工具画一个圆，再以构造圆和矩形对角线的交点为中心，用“圆”工具画两个圆，一个在左下，另一个在右上。用“智能尺寸”工具标注出构造圆的直径、矩形的长宽和后画的三个圆的直径，如图 5-3-3 所示。

(3) 建立“凸台-拉伸 1”

在特征管理器中选择“草图 1”，在菜单栏中选择“插入”→“凸台/基体 B”→“拉

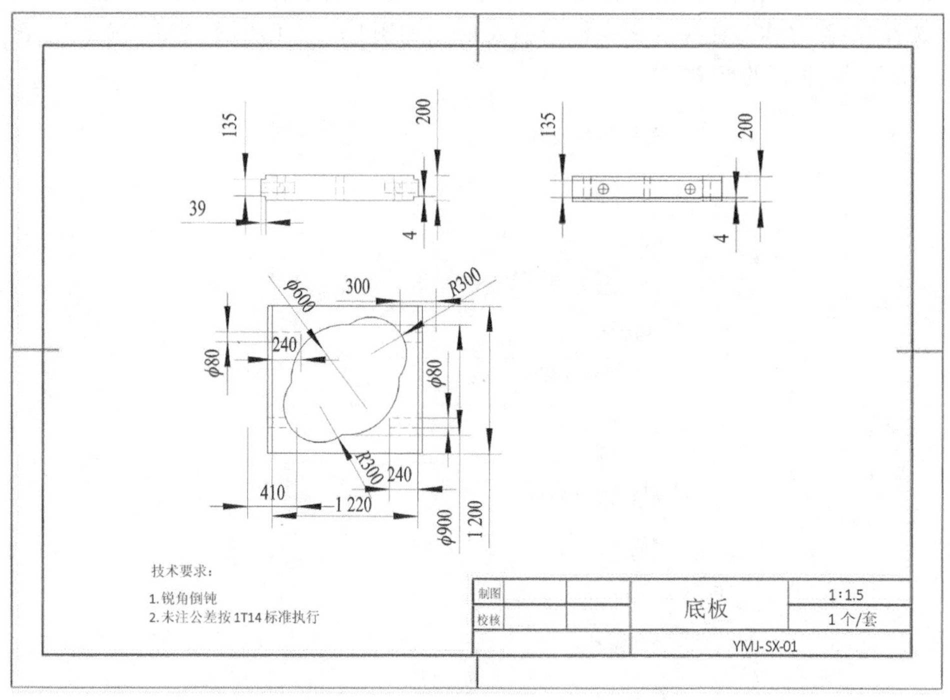

图 5-3-2 底 板

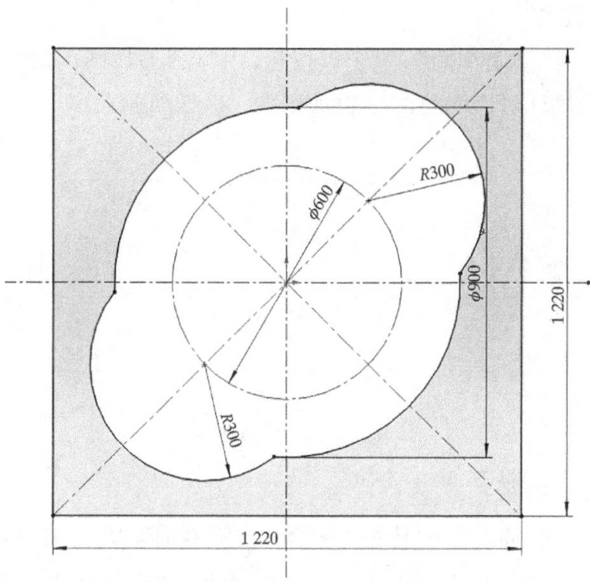

图 5-3-3 草图 1

伸凸台"拉伸(E)...菜单项，系统弹出"凸台-拉伸 1"属性管理器，在"方向 1"下拉列表框中选择"两侧对称"，在深度文本框中输入 200，如图 5-3-4 所示，单击"确定"按钮完成"凸台-拉伸 1"的建立。

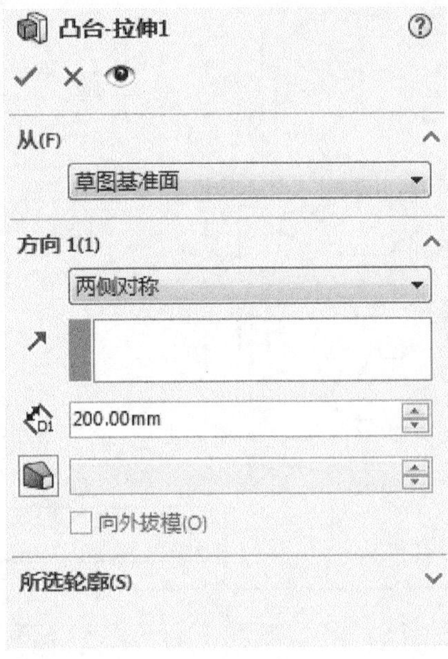

图 5-3-4 "凸台-拉伸 1"属性管理器

(4) 绘制"草图 2"

右击侧面，单击"绘制草图"工具按钮，用"点"工具画出两个对称点，添加"对称几何关系"，再用智能尺寸标注，参数如图 5-3-5 所示。

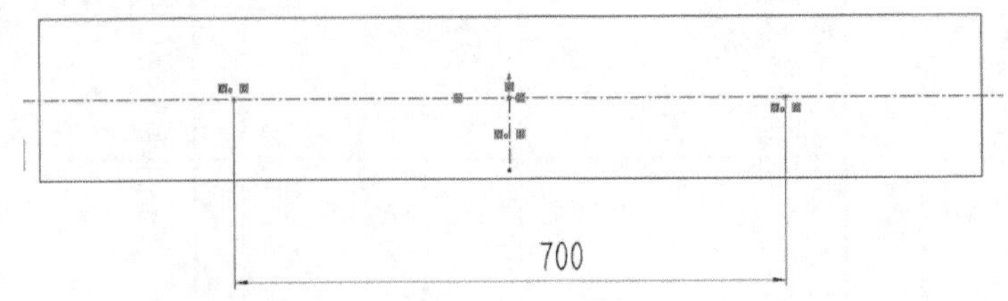

图 5-3-5 草图 2

(5) 插入"孔 1"特征

选择菜单栏中的"插入"→"特征"→"孔"孔向导(W)...菜单项，弹出"孔向导"属性管理器，选择"孔类型"为简单直孔，单击"草图 2"中的两个点作为选择的位置，为完全贯穿，单击"确定"按钮，如图 5-3-6 所示。

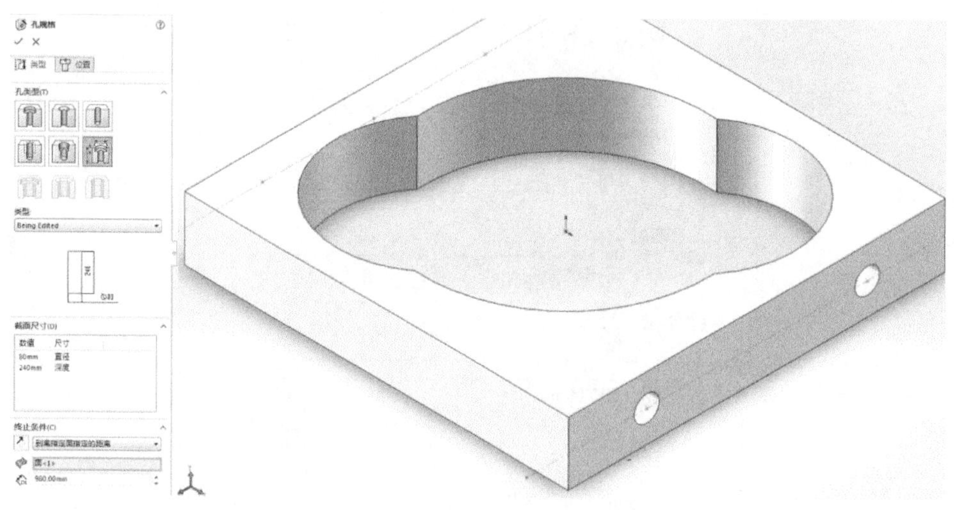

图 5-3-6 “孔向导”属性管理器

(6) 插入“孔 2”特征

右击另一侧面,单击“绘制草图” 工具按钮,重复以上两步操作,绘制“草图 3”。

(7) 绘制“草图 4”

选择前视基准面→正视于→绘制草图,用“边角矩形”中的“中心矩形”画出一个矩形,设置矩形的中心与原点在同一水平线上的约束,把右侧的矩形和左侧的矩形设置为“相等的几何关系”,用“智能尺寸”进行标注,参数如图 5-3-7 所示。

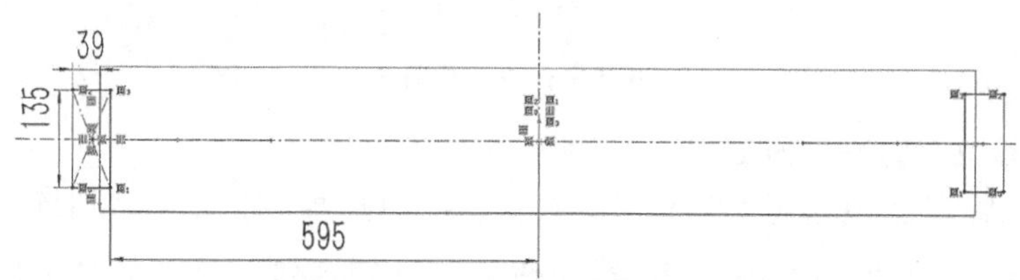

图 5-3-7 草图 4

(8) 建立“凸台-拉伸 2”

在特征管理器中选择“草图 4”,在菜单栏中选择“插入”→“凸台/基体 B”→“拉伸凸台” 拉伸(E)... 菜单项,系统弹出“凸台-拉伸 2”属性管理器,在“方向 1”下拉列表框中选择“两侧对称”,在深度文本框 D1 中输入 200,如图 5-3-8 所示,单击“确定”按钮完成“凸台-拉伸 2”的建立。

(9) 绘制“草图 5”

绘制草图 5,用“圆”工具以原来“孔向导”的位置为圆心画圆,然后用“智能尺寸”工具标注尺寸,参数如图 5-3-9 所示。

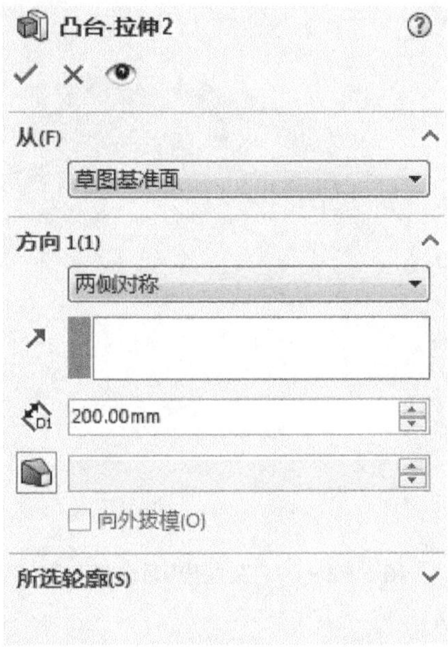

图 5-3-8 “凸台-拉伸 2”属性管理器

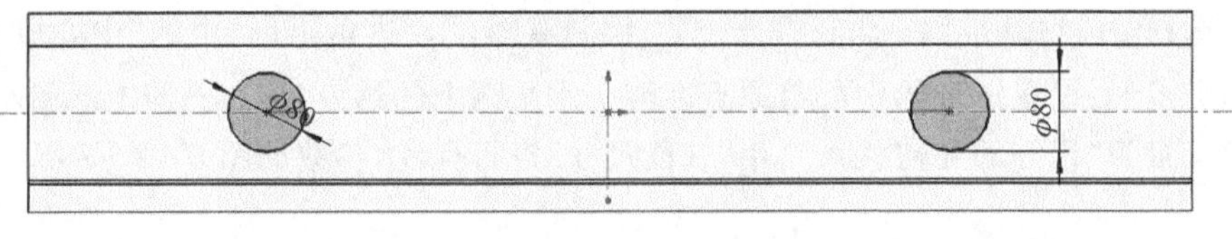

图 5-3-9 草图 5

(10) 建立“切除-拉伸 1”

在特征管理器中选择“草图 5”，在菜单栏中选择“插入”→“切除”→“拉伸” 拉伸(E)... 菜单项，系统弹出“切除-拉伸 1”属性管理器，在“方向 1”下拉列表框中选择“两侧对称”，在深度文本框 中输入 410，如图 5-3-10 所示，单击“确定”按钮完成“切除-拉伸 1”的建立。

2. 左侧板的造型设计

左侧板的设计图如图 5-3-11 所示。

设计步骤如下。

(1) 新建文件

单击标准工具栏上的“新建”→“零件”工具按钮，然后单击“确定”按钮，另存为“零件 2”文件。

切除-拉伸1

从(F)

草图基准面

方向 1(1)

两侧对称

410.00mm

反侧切除(F)

向外拔模(O)

图 5-3-10 “切除-拉伸 1”属性管理器

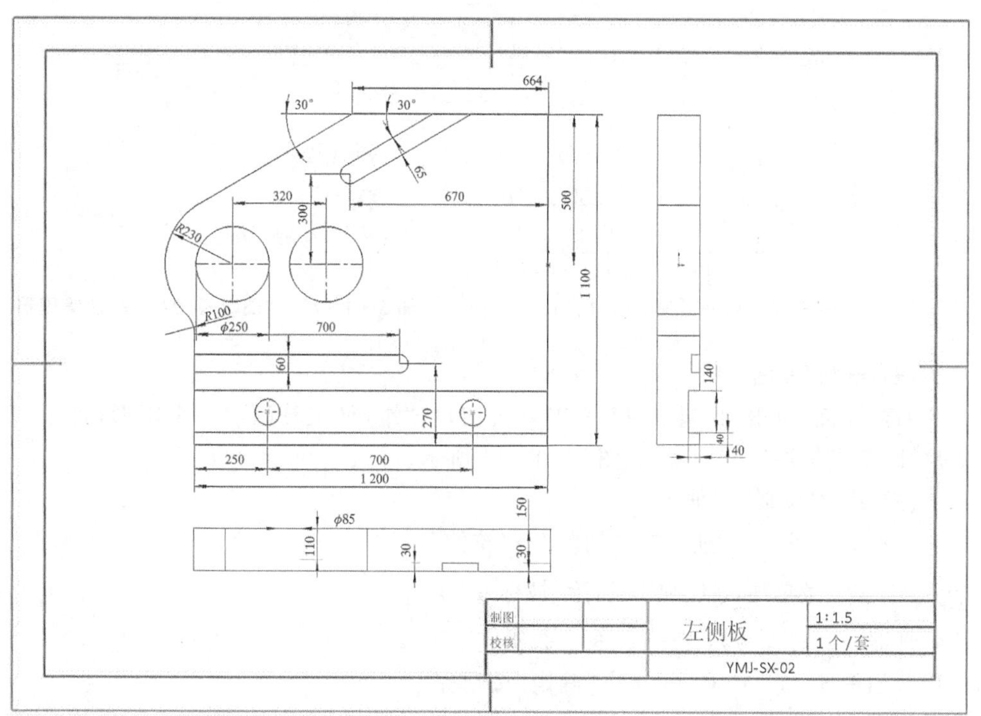

图 5-3-11 左侧板

(2) 绘制“草图 1”

在特征管理器中选择右视基准面→正视于→绘制草图，以原点为中心，用“直线”绘制一条构造线，绘制两条直线，“添加几何关系”为水平，然后用“圆心画弧”画出一段圆弧，再用“直线工具”绘制一段竖直线，起点与圆弧终点重合。用“智能尺寸”工具标注尺寸，参数如图 5－3－12 所示。

(3) 建立“凸台-拉伸 1”

在特征管理器中选择“草图 1”，在菜单栏中选择“插入”→“凸台/基体 B”→“拉伸凸台”拉伸(E)... 菜单项，系统弹出“凸台-拉伸 1”属性管理器，在“方向 1”下拉列表框中选择“两侧对称”，在深度文本框中输入 150，如图 5－3－13 所示，单击“确定”按钮完成“凸台-拉伸 1”的建立。

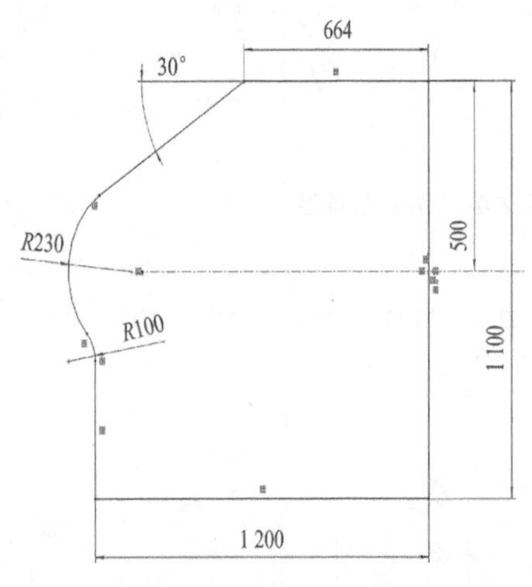

图 5－3－12　绘制草图 1

图 5－3－13　“凸台-拉伸 1”属性管理器

(4) 绘制“草图 2”

右击侧面，单击“绘制草图”工具按钮，用“矩形”工具画出一个矩形，再用“智能尺寸”工具标注尺寸，参数如图 5－3－14 所示。

(5) 建立“切除-拉伸 1”

选择菜单栏中的“插入”→“切除”→“拉伸”拉伸(E)... 菜单项，系统弹出“切除-拉伸 1”属性管理器，在“方向 1”下拉列表框中选择“完全贯穿”，如图 5－3－15 所示，单击“确定”按钮完成“切除-拉伸 1”的建立。

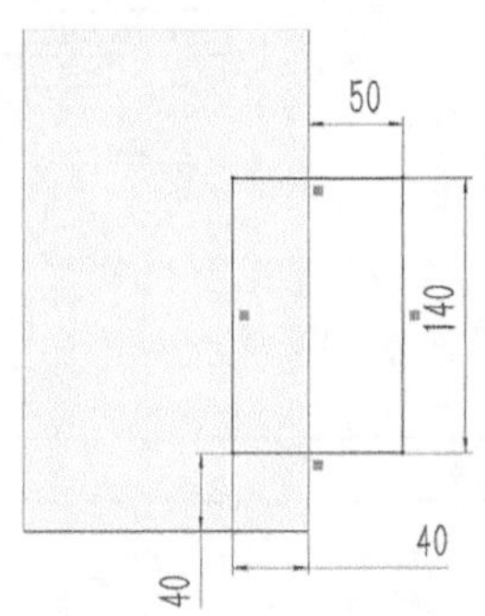

图 5－3－14　草图 2

(6) 绘制“草图 3”

选择如图 5－3－15 中所示的面，单击“绘

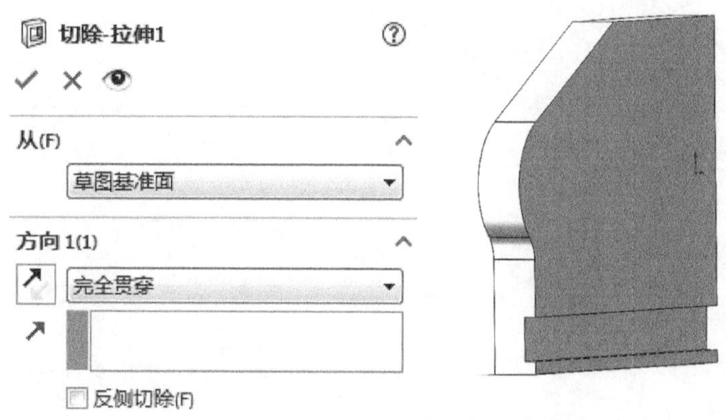

图 5-3-15 "切除-拉伸 1"属性管理器

制草图"工具按钮，用"直槽口"画出图中所示的图形，用"智能尺寸"工具标注尺寸，参数如图 5-3-16 所示。

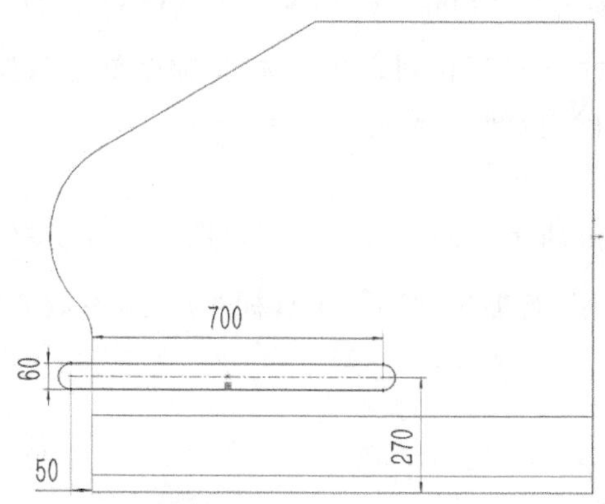

图 5-3-16 草图 3

(7) 建立"切除-拉伸 2"

选择菜单栏中的"插入"→"切除"→"拉伸" 拉伸(E)... 菜单项，系统弹出"切除-拉伸 2"属性管理器，在"方向 1"下拉列表框中选择"给定深度"，在深度文本框中输入 30，如图 5-3-17 所示，单击"确定"按钮完成"切除-拉伸 2"的建立。

(8) 绘制"草图 4"

选择如图 5-3-18 所示的面，单击"绘制草图"工具按钮，用"直线"绘制出一条过原点的水平构造线，选择"圆"工具画出两个圆。用"智能尺寸"工具标注尺寸，参数如图 5-3-18 所示。

图 5-3-17 “切除-拉伸 2”属性管理器

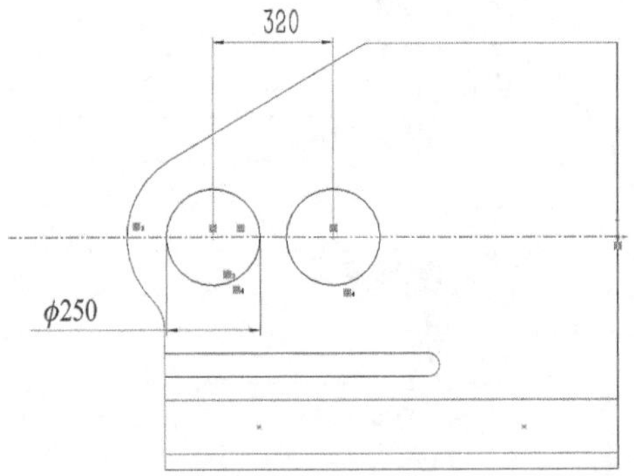

图 5-3-18 草图 4

(9) 建立“切除-拉伸 3”

选择菜单栏中的“插入”→“切除”→“拉伸” 拉伸(E)... 菜单项，系统弹出“切除-拉伸 3”属性管理器，在“方向 1”下拉列表框中选择“完全贯穿”，如图 5-3-19 所示，单击“确定”按钮完成“切除-拉伸 3”的建立。

(10) 绘制“草图 5”

选择如图 5-3-20 所示的面，单击“绘制草图”工具按钮，用“直槽口”画出如图中所示的图形，用“智能尺寸”工具标注尺寸，参数如图 5-3-20 中所示。

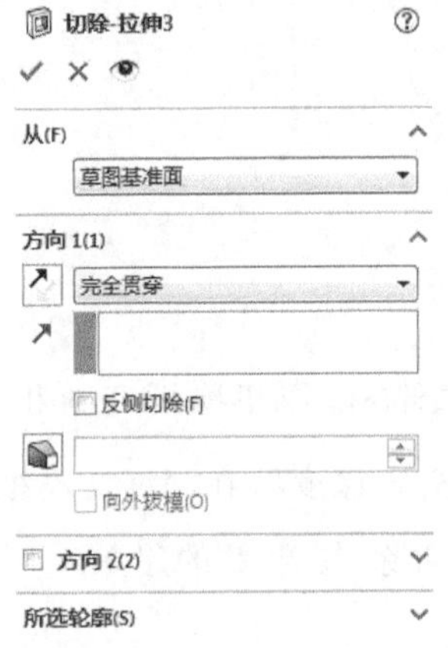

图 5-3-19 “切除-拉伸 3”属性管理器

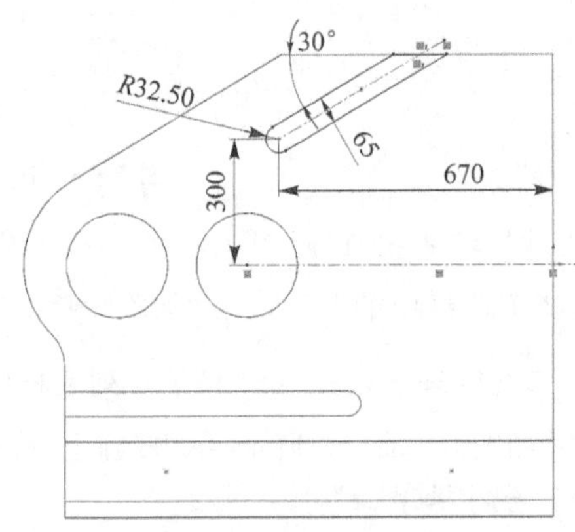

图 5-3-20 草图 5

(11) 建立“切除-拉伸 4”

选择菜单栏中的“插入”→“切除”→“拉伸” 拉伸(E)... 菜单项，系统弹出“切除-拉伸 4”属性管理器，在“方向 1”下拉列表框中选择“给定深度”，在深度文本框 中输入 30，如图 5-3-21 所示，单击“确定”按钮完成“切除-拉伸 4”的建立。

图 5-3-21 “切除-拉伸 4”属性管理器

3. 手柄的造型设计

手柄零件设计图如图 5-3-22 所示。

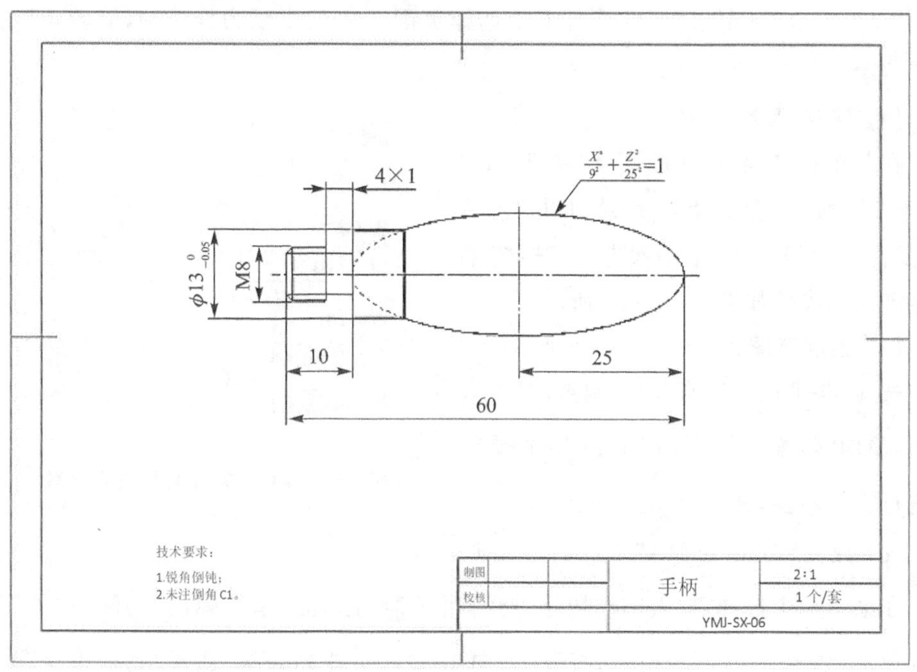

图 5-3-22 手 柄

(1) 新建文件

依次单击标准工具栏上的"新建"→"零件"→"确定"按钮,另存为"零件 3"。

(2) 绘制草图 1

从特征管理器中选择前视基准面→正视于→绘制草图,以原点为中心,用"椭圆"工具绘制一个完整椭圆,再用"直线"工具画出一条水平直线,然后用"剪裁实体"工具裁剪掉上半部分的椭圆,留下直线和下半部椭圆。用"智能尺寸"工具标注出尺寸,参数如图 5-3-23 所示。

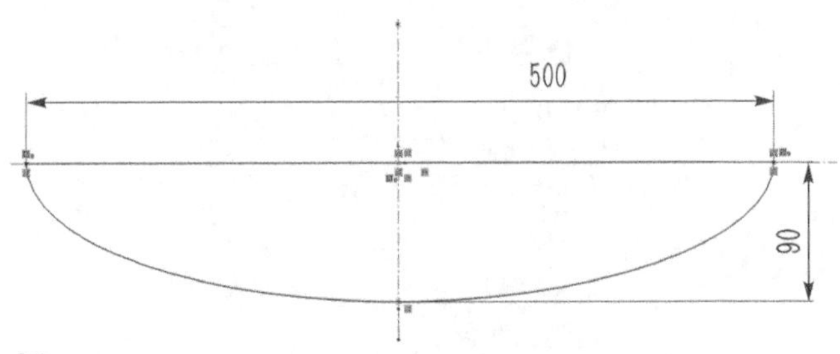

图 5-3-23 草图 1

(3) 建立"旋转 1"

在特征管理器中选择"草图 1",在菜单栏中选择"插入"→"凸台/基体 B"→"旋转"旋转(R),在"旋转 1"属性管理器中选择草图 1 中的直线为旋转轴,旋转角度为 360°,如图 5-3-24 所示。

(4) 建立"基准面 1"

在菜单栏中选择"插入"→"参考几何体"→"基准面"基准面,系统弹出"基准面"属性管理器。在"第一参考"中选择"右视基准面",参数如图 5-3-25 所示。

(5) 绘制草图 2

选择"基准面 1",单击"绘制草图"工具按钮,使用"转换实体引用"工具转换实体引用把旋转体进行实体转换,如图 5-3-26 所示。

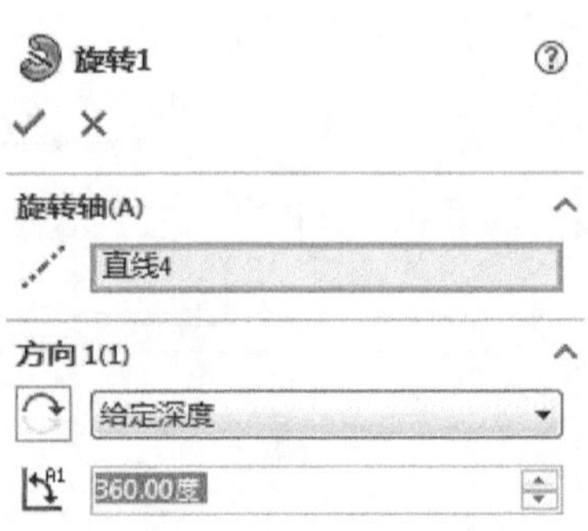

图 5-3-24 "旋转 1"属性管理器

(6) 建立"切除-拉伸 1"

在菜单栏中选择"插入"→"切除"→"拉伸"拉伸(E),系统弹出"切除-拉伸"属性管理器,如图 5-3-27 所示,打开"方向 1"中的下拉列表框,选择"完全贯穿",在深度文本框中输入 50.00 mm,单击"确定"按钮完成切除-拉伸 1。

图 5-3-25 “基准面 1”属性管理器

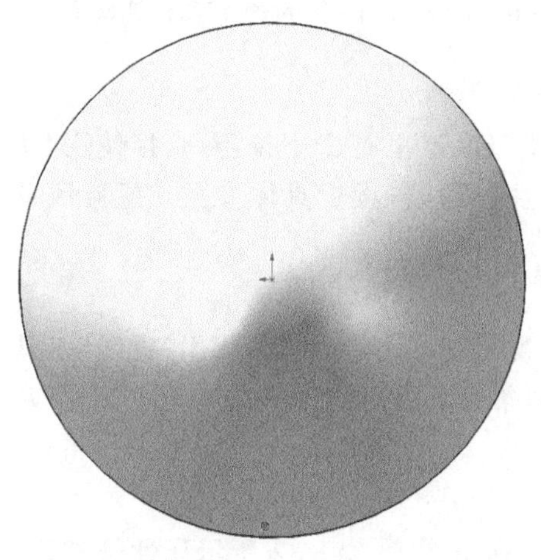

图 5-3-26 草图 2

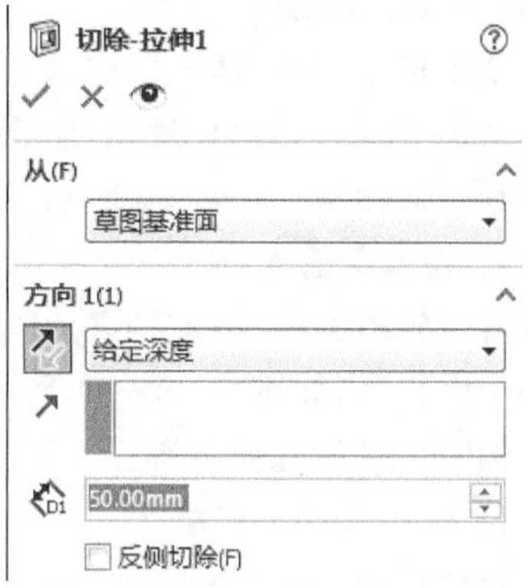

图 5-3-27 “切除-拉伸 1”属性管理器

(7) 绘制草图 3

选择被切除的面为基准面,单击“绘制草图”工具按钮,用“圆”工具绘制出一个圆,如图 5-3-28 所示。

(8) 建立“凸台-拉伸 1”

在菜单栏中选择“插入”→“凸台”→“拉伸”,系统弹出“凸台-拉伸 1”属性管理器,如图 5-3-29 所示,打开“方向 1”中的下拉列表框,选择“给定深度”,在深度文本框中输入 100.00 mm,单击“确定”按钮完成凸台-拉伸 1。

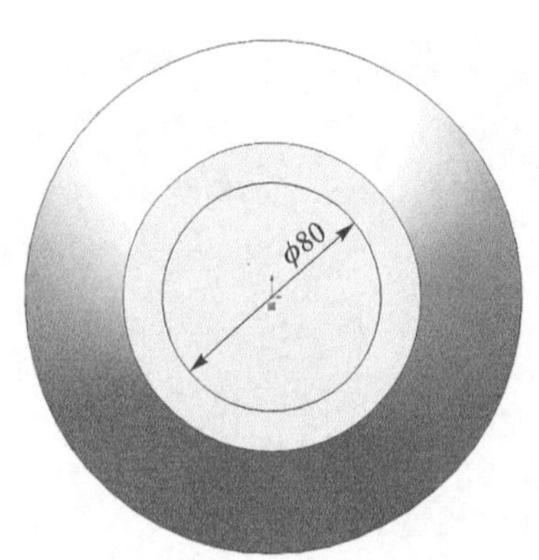

图 5-3-28　草图 3

图 5-3-29　“凸台-拉伸 1”属性管理器

(9) 绘制螺旋线

在菜单栏中选择“插入”→“曲线”→“螺旋线”(在这里有个小技巧,直接使用“转换实体引用”工具),弹出“螺旋线/涡状线 1”属性管理器,设置具体参数。螺旋线及其属性管理器如图 5-3-30 所示。

(10) 绘制草图 4

从特征管理器中选择上视基准面→正视于→绘制草图,使用“直线”工具画出一个倒梯形,如图 5-3-31 所示,在左右两条线上添加“相等”几何关系,上下两条线添加“水平”的几何关系。

(11) 建立“切除-扫描 2”

在菜单栏中选择“插入”→“切除”→“扫描”,弹出图 5-3-32 所示属性管理器,其中“草图 4”为轮廓线,“螺旋线/涡状线”为路径,进行切除-扫描 2。

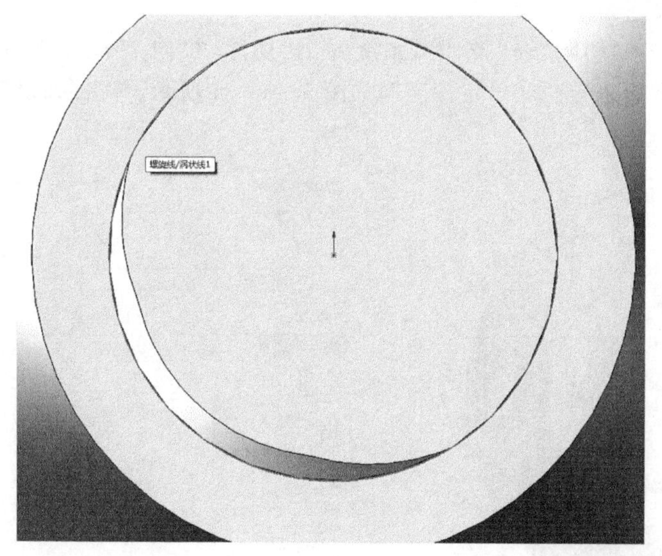

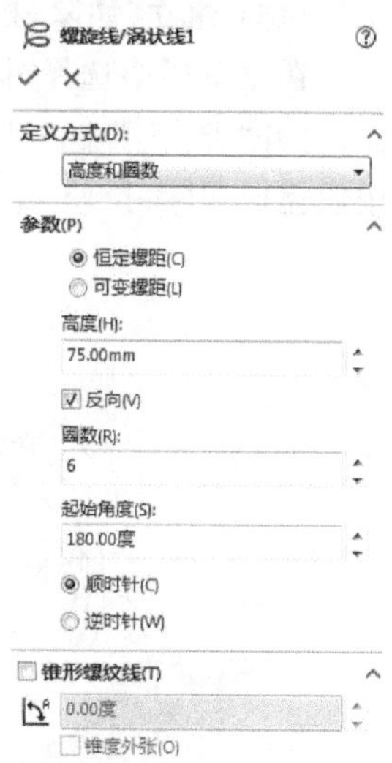

图 5-3-30　螺旋线及其属性管理器

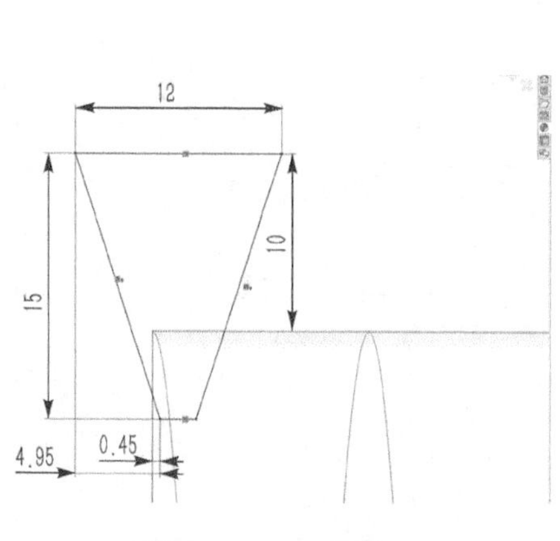

图 5-3-31　草图 4

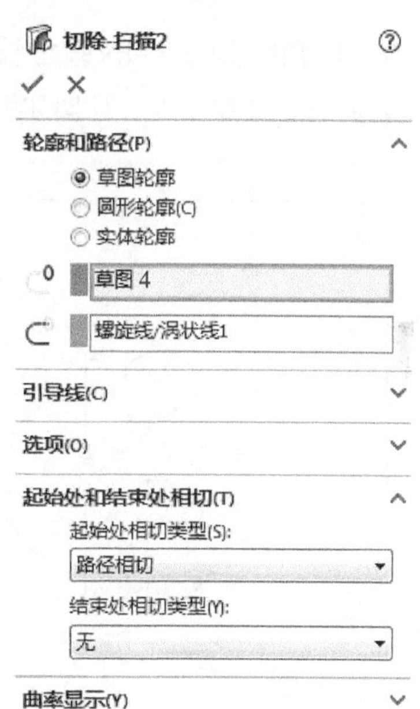

图 5-3-32　“切除-扫描 2”属性管理器

(12) 绘制草图 5

选择“草图 3”所用的基准面作为绘制草图 5 的基准面,用“圆”工具绘制两个圆,用“智能尺寸”工具标注出尺寸,如图 5-3-33 所示。

(13) 建立“切除-拉伸 2”

在菜单栏中选择“插入”→“切除”→“拉伸”，系统弹出“切除-拉伸 2”属性管理器，打开“方向 1”中的下拉列表框，选择“给定深度”，如图 5-3-34 所示，单击“确定”按钮完成切除-拉伸 2。

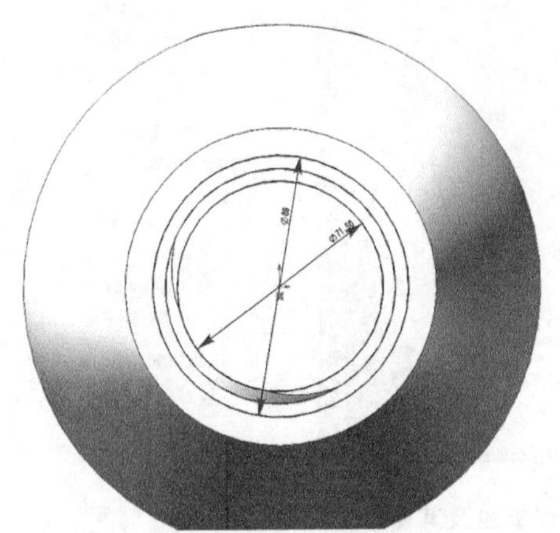

图 5-3-33　草图 5

图 5-3-34　“切除-拉伸 2”属性管理器

4. 轧面机连接件的造型设计

轧面机连接件零件设计图如图 5-3-35 所示。

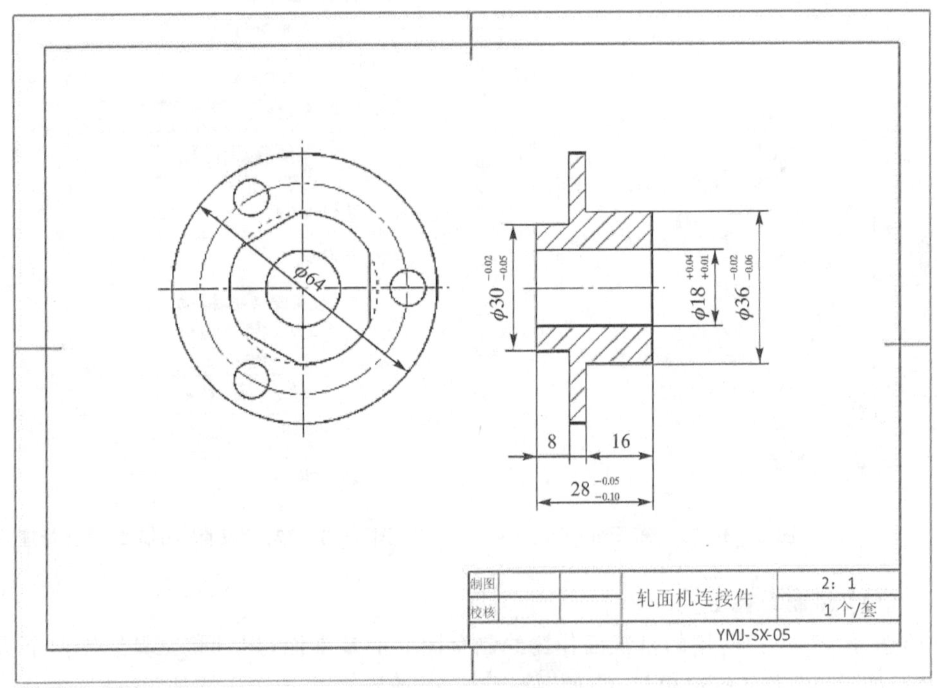

图 5-3-35　轧面机连接件

(1) 新建文件

依次单击标准工具栏上的“新建”→“零件”→“确定”按钮，另存为“零件 4”。

(2) 绘制草图 1

从特征管理器中选择右视基准面→正视于→绘制草图，以原点为中心，先绘制构造线，用“圆”工具画出 3 个小圆，再绘制出一个大圆；用“智能尺寸”工具标注出尺寸，如图 5－3－36 所示。

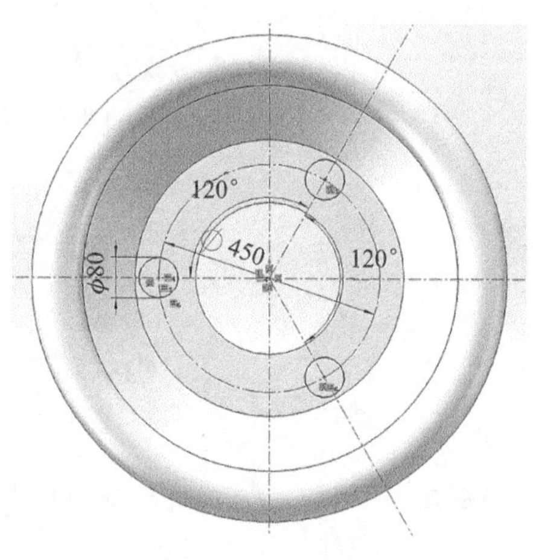

图 5－3－36 草图 1

(3) 建立“凸台－拉伸 1”

在特征管理器中选择“草图 1”，在菜单栏中选择“插入”→“凸台/基体 B”→“拉伸凸台”，系统弹出“凸台－拉伸 1”属性管理器，打开“方向 1”中的下拉列表框，选择“给定深度”，在深度文本框中输入 40.00 mm，如图 5－3－37 所示，单击“确定”按钮完成凸台－拉伸 1。

图 5－3－37 “凸台－拉伸 1”属性管理器

(4) 绘制草图 2

选择凸台的一个面为基准面，单击“绘制草图”工具按钮。用“圆”工具绘制一个圆，再用“智能尺寸”工具标注出尺寸，如图 5－3－38 所示。其“凸台-拉伸 2”属性管理器设置如图 5－3－39 所示。

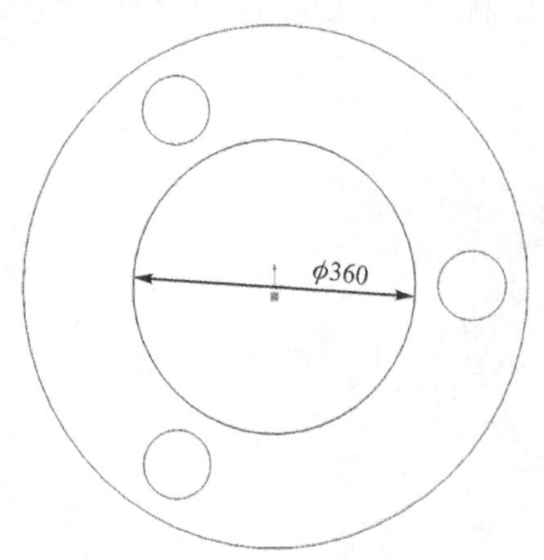

图 5－3－38　草图 2

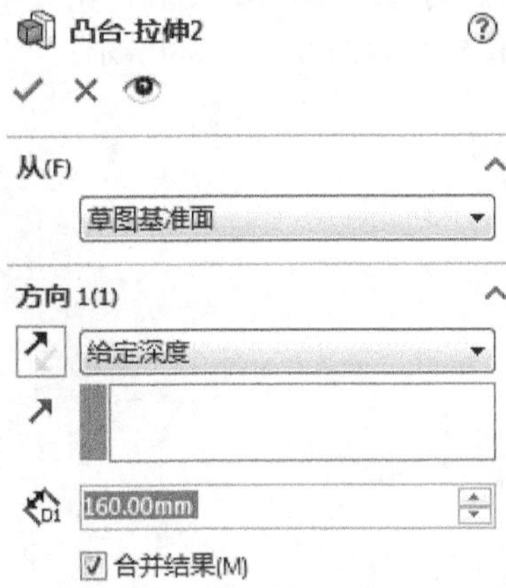

图 5－3－39　“凸台-拉伸 2”属性管理器

5. 手轮的造型设计

手轮零件设计图如图 5－3－40 所示。

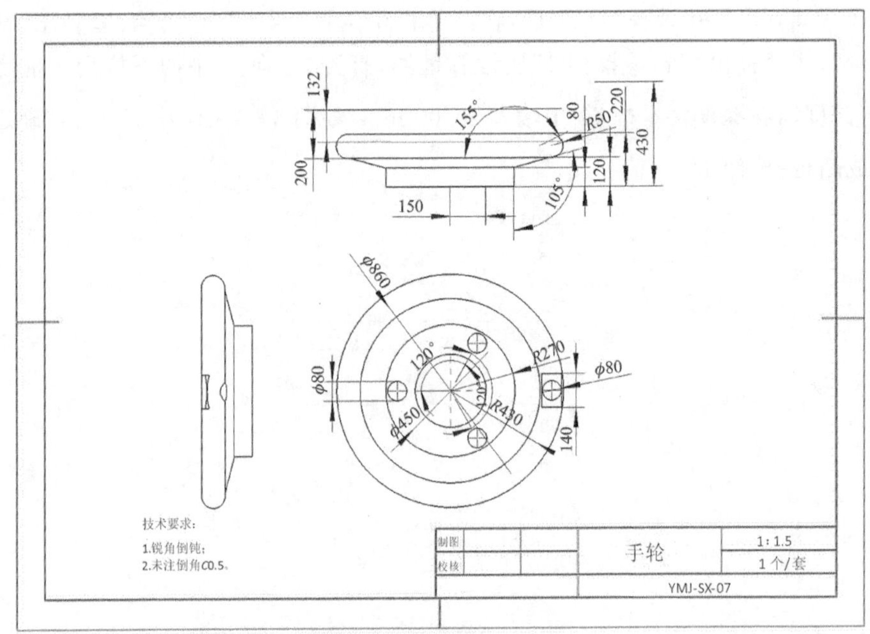

图 5－3－40　手　轮

(1) 新建文件

依次单击标准工具栏上的“新建”→“零件”→“确定”按钮,另存为“零件 5”。

(2) 绘制草图 1

从特征管理器中选择前视基准面→正视于→绘制草图,用“直线”和“圆”工具绘制草图 1,用“智能尺寸”工具标注出草图 1 的尺寸,如图 5-3-41 所示。

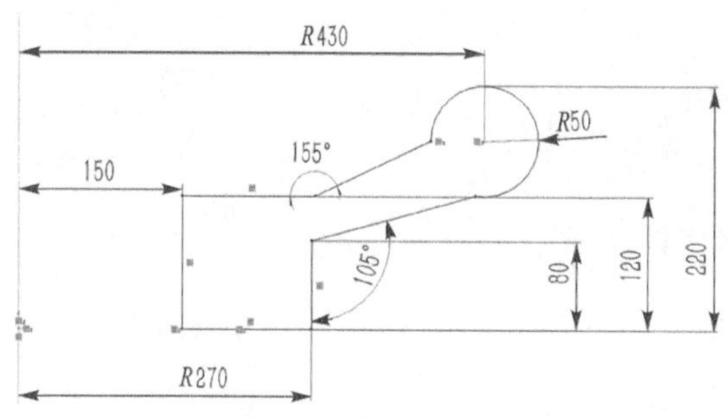

图 5-3-41 草图 1

(3) 建立“旋转”特征

依次单击“插入”→“凸台”→“旋转”,弹出“旋转”属性管理器,其中旋转角度选择 360°,选择轮廓为草图 1,如图 5-3-42 所示。

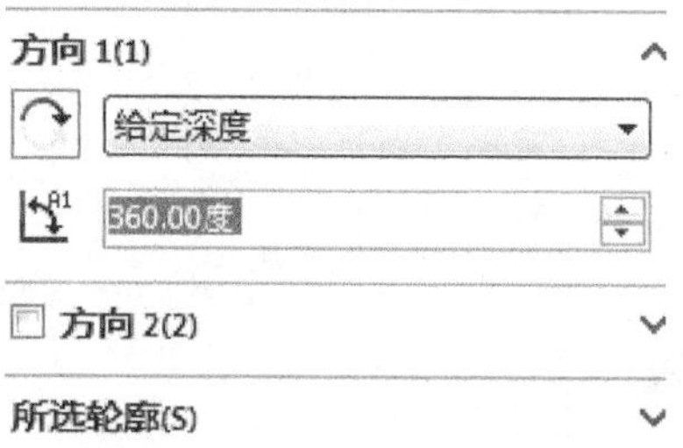

图 5-3-42 “旋转”属性管理器

(4) 绘制草图 2

从特征管理器中选择前视基准面→正视于→绘制草图,以原点为圆心,用“直线”和“圆”工具画出构造线,然后使用“圆”工具画出 3 个圆;用“智能尺寸”工具标注出尺寸,如图 5-3-43 所示。

(5) 建立“切除-拉伸 1”

在特征管理器中选择“草图 1”,在菜单栏中选择“插入”→“切除”→“拉伸-凸台”,系统弹出“切除-拉伸 1”属性管理器,打开“方向 1”中的下拉列表框,选择“完全贯穿”,如图 5-3-44 所示,单击“确定”按钮完成切除-拉伸 1。

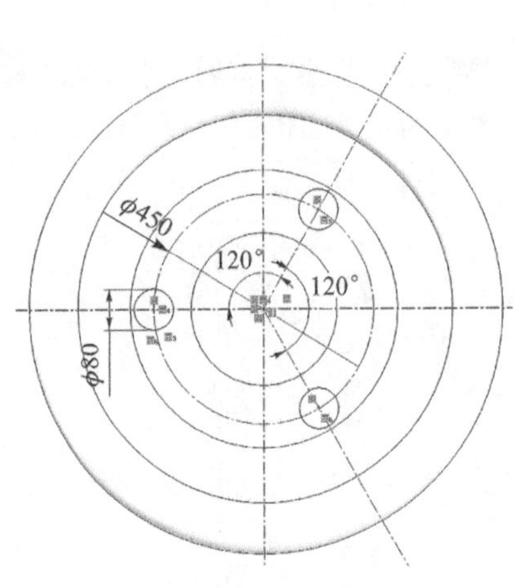

图 5-3-43　草图 2

图 5-3-44　“切除-拉伸 1”属性管理器

(6) 建立“基准面 1”

在菜单栏中选择“插入”→“参考几何体”→“基准面”，弹出“基准面 1”属性管理器。在“第一参考”中选择“面〈1〉”，其他参数设置如图 5-3-45 所示。

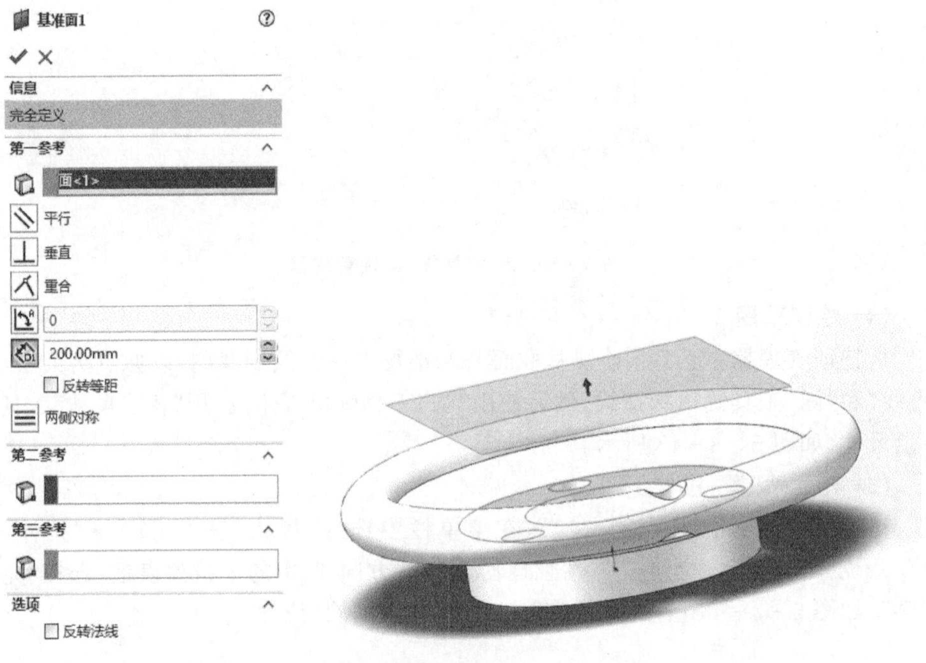

图 5-3-45　“基准面 1”及其属性管理器

(7) 绘制草图 3

用“矩形”工具绘制出一个矩形,用“添加几何”工具把矩形的中心和圆的中心设置成重合。然后用“智能尺寸”工具标注出矩形大小,如图 5-3-46 所示。

(8) 建立“切除-拉伸 4”

在特征管理器中选择“草图 3”,在菜单栏中选择“插入”→“切除”→“拉伸-凸台”,系统弹出“切除-拉伸 4”属性管理器,在“方向 1”的下拉列表框中选择“给定深度”,其他参数设置如图 5-3-47 所示,单击“确定”按钮完成切除-拉伸 4。

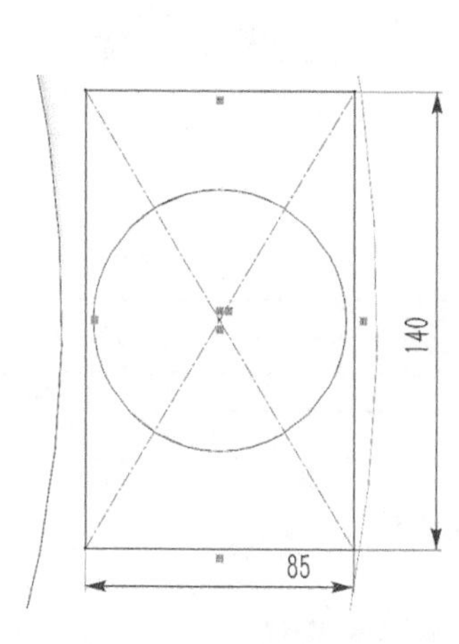

图 5-3-46 草图 3

图 5-3-47 “切除-拉伸 4”属性管理器

6. 大齿轮的造型设计

大齿轮的零件设计图如图 5-3-48 所示。

(1) 新建文件

单击标准工具栏上的“新建”→“零件”→“确定”图标按钮,另存为“零件 6”。

(2) 绘制草图 1

从特征管理器中选择右视基准面→正视于→绘制草图,用“直线”和“圆”工具绘制构造线,用“圆弧”工具绘制齿轮的齿;用“智能尺寸”工具标注出草图 1 的尺寸,如图 5-3-49 所示。

(3) 建立“凸台-拉伸 1”

在特征管理器中选择“草图 1”,在菜单栏中选择“插入”→“凸台/基体 B”→“凸台-拉伸”,系统弹出“凸台-拉伸 1”属性管理器,打开“方向 1”中的下拉列表框,选择“给定拉伸”,在深度文本框中输入 70.00 mm,如图 5-3-50 所示,单击“确定”按钮完成凸台-拉伸 1。

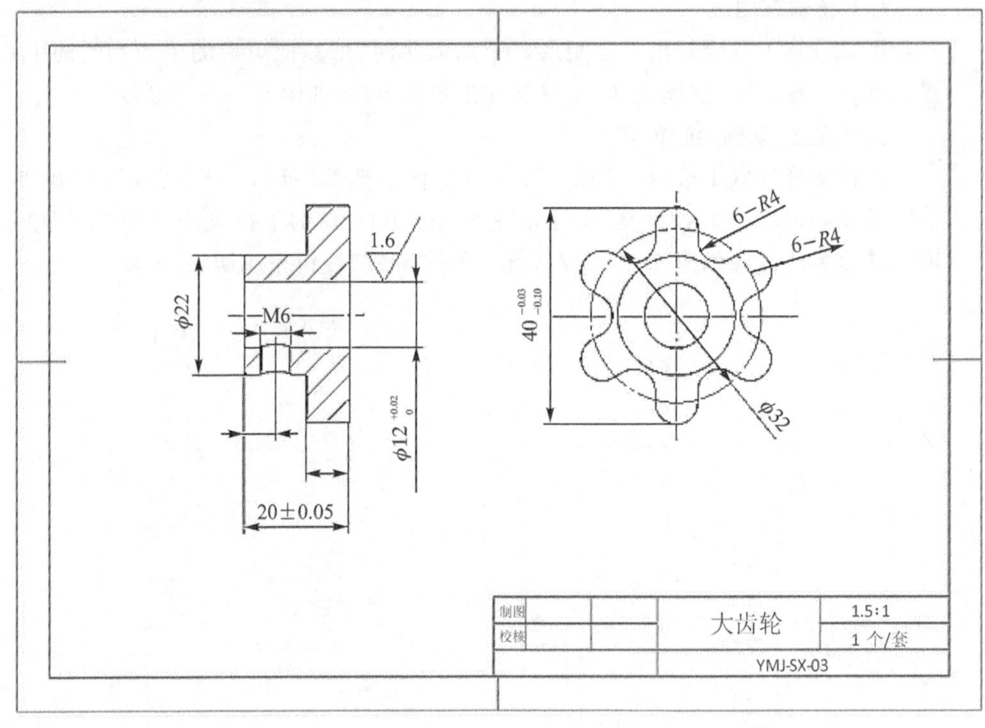

图 5－3－48　大齿轮

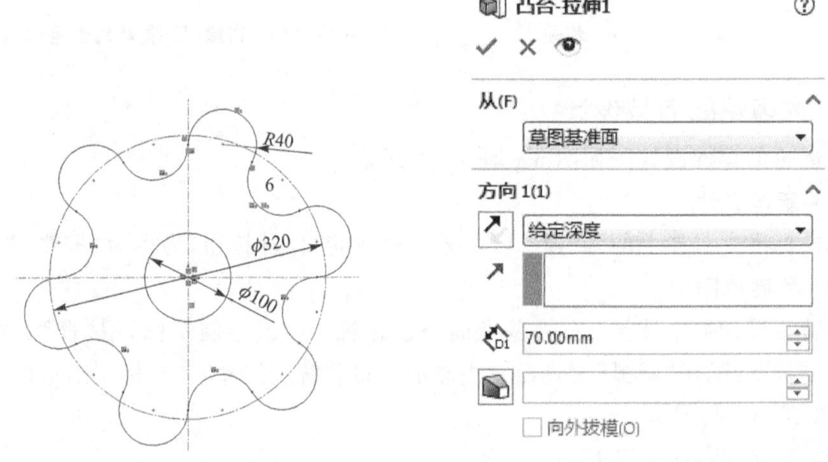

图 5－3－49　草图 1　　　　图 5－3－50　“凸台-拉伸 1”属性管理器

(4) 绘制草图 2

把凸台 1 的侧面用作草图 2 的绘制基准面，用“圆”工具画一个圆，用“智能尺寸”工具标注出尺寸。参数如图 5－3－51 所示。

(5) 建立"凸台-拉伸 2"

在特征管理器中选择"草图 2",在菜单栏中选择"插入"→"凸台/基体 B"→"拉伸凸台",系统弹出"凸台-拉伸 2"属性管理器,打开"方向 1"中的下拉列表框,选择"给定拉伸",在深度文本框 D1 中输入 100.00 mm,如图 5-3-52 所示,单击"确定"按钮完成凸台-拉伸 2。

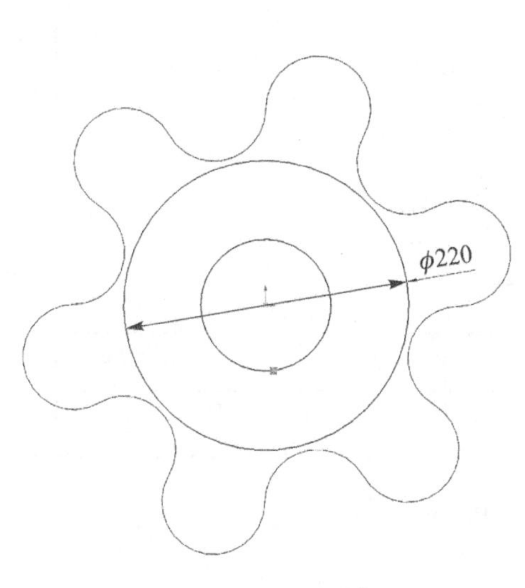

图 5-3-51 草图 2

图 5-3-52 "凸台-拉伸 2"属性管理器

7. 拖板的造型设计

拖板零件设计图如图 5-3-53 所示。

(1) 新建文件

依次单击标准工具栏上的"新建"→"零件"→"确定"按钮,另存为"零件 7"。

(2) 绘制草图 1

从特征管理器中选择上视基准面→正视于→绘制草图,用"矩形"工具绘制"草图 1",用"智能尺寸"工具标注出草图 1 的尺寸,如图 5-3-54 所示。

(3) 建立"凸台-拉伸 1"

在特征管理器中选择"草图 1",在菜单栏中选择"插入"→"凸台/基体 B"→"拉伸凸台",系统弹出"凸台-拉伸 1",属性管理器。打开"方向 1"中的下拉列表框,选择"给定深度",在深度文本框 D1 中输入 60.00 mm,如图 5-3-55 所示,单击"确定"按钮完成凸台-拉伸 1。

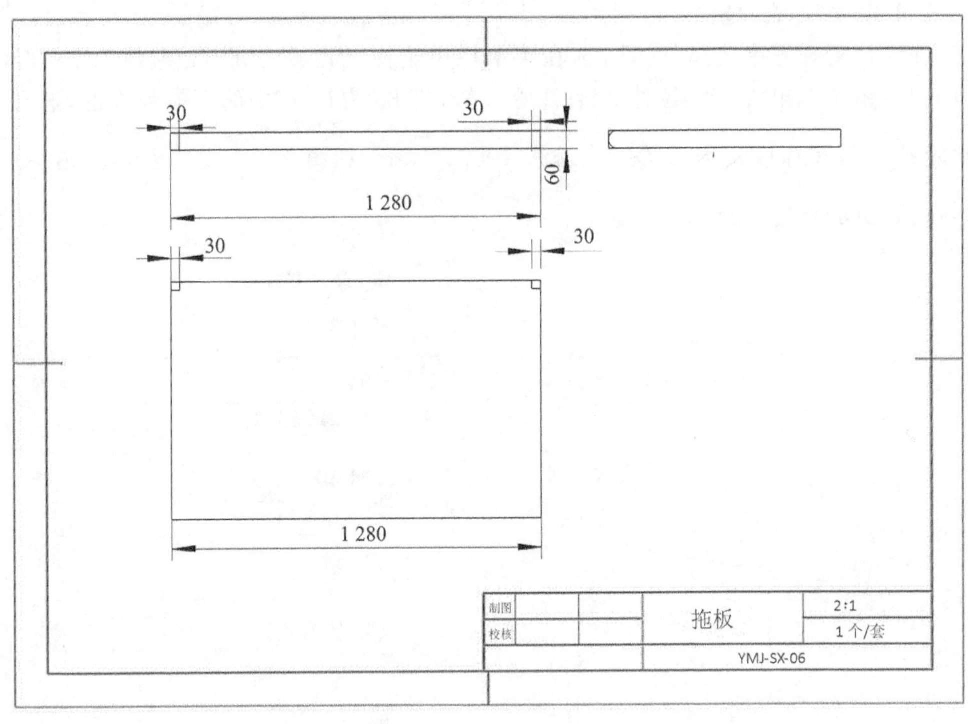

图 5-3-53 拖 板

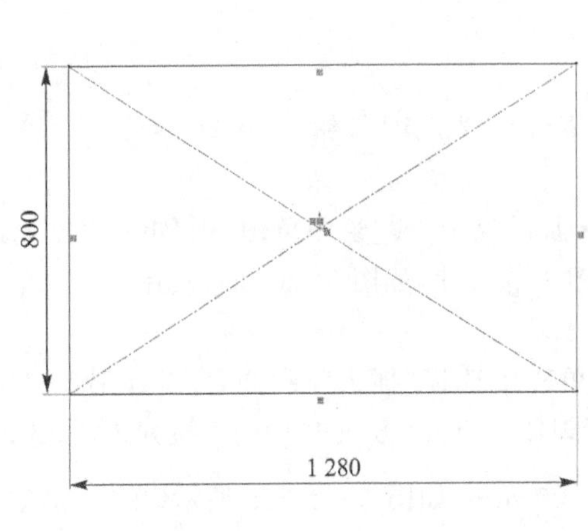

图 5-3-54 草图 1

凸台-拉伸1

从(F)

草图基准面

方向 1(1)

给定深度

60.00mm

向外拔模(O)

方向 2(2)

所选轮廓(S)

图 5-3-55 “凸台-拉伸 1”属性管理器

(4) 绘制草图 2

以凸台的侧面为基准面，用“圆”和“直线”工具绘制草图 2，用“智能尺寸”工具标注出尺寸，如图 5－3－56 所示。

图 5－3－56　草图 2

(5) 建立“切除-拉伸 2”

在特征管理器中选择“草图 2”，在菜单栏中选择“插入”→“切除”→“拉伸凸台”，系统弹出“切除-拉伸 2”属性管理器，打开“方向 1”中的下拉列表框，选择“给定深度”，在深度文本框 D1 中输入 30.00 mm，如图 5－3－57 所示，单击“确定”按钮完成切除-拉伸 2。

图 5－3－57　“切除-拉伸 2”属性管理器

(6) 绘制草图 3

以凸台的另一侧为基准面，用“转换实体应用”把草图 2 转换为草图 3，如图 5-3-58 所示。

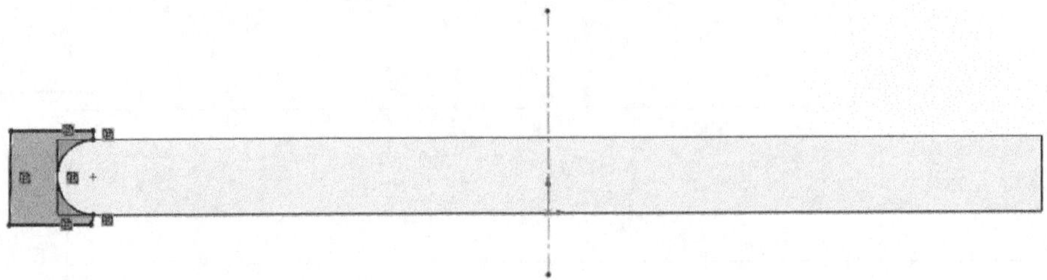

图 5-3-58　草图 3

(7) 建立“切除-拉伸 3”

在特征管理器中选择“草图 3”，在菜单栏中选择“插入”→“切除”→“拉伸凸台”，系统弹出“切除-拉伸 2”属性管理器，打开“方向 1”中的下拉列表框，选择“给定深度”，在深度文本框 中输入 30.00 mm，如图 5-3-59 所示，单击“确定”按钮完成切除-拉伸 3。

图 5-3-59　“切除-拉伸 3”属性管理器

8. 轧辊的造型设计

轧辊零件设计图如图 5－3－60 所示。

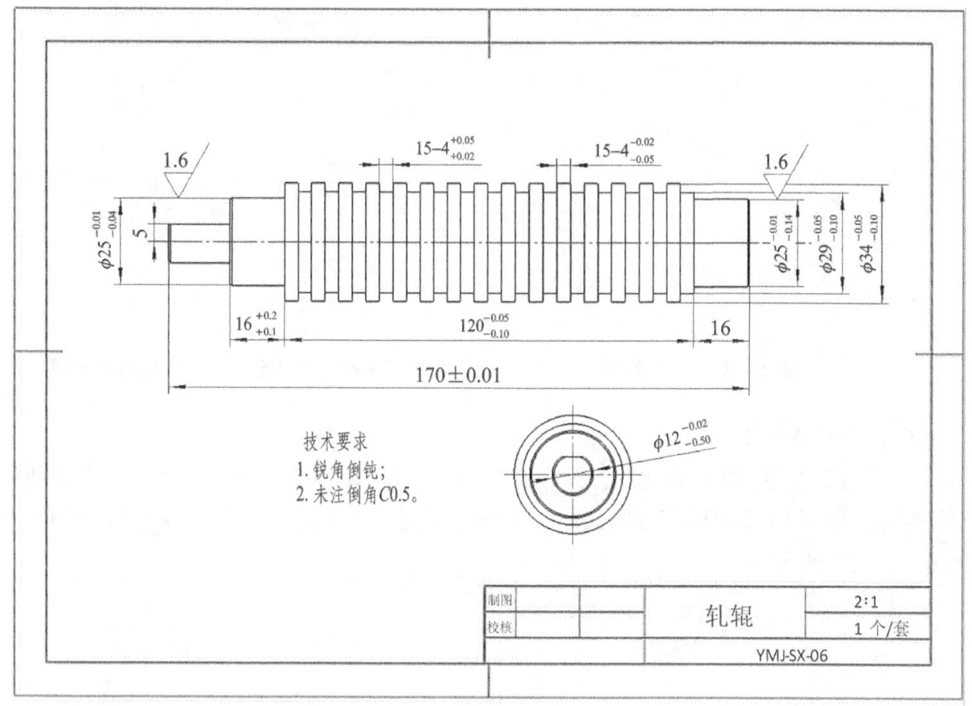

图 5－3－60　轧　辊

(1) 新建文件

依次单击标准工具栏上的“新建”→“零件”→“确定”按钮,另存为“零件 8”。

(2) 绘制草图 1

从特征管理器中选择右视基准面→正视于→绘制草图,以原点为中心,先绘制构造线,用“圆”工具画出一个圆,用“智能尺寸”工具标注出尺寸,如图 5－3－61 所示。

(3) 建立“凸台-拉伸 1”

在特征管理器中选择“草图 1”,在菜单栏中选择“插入”→“凸台/基体 B”→“拉伸凸台”,系统弹出“凸台-拉伸 1”属性管理器,打开“方向 1”中的下拉列表框,选择“给定深度”,在深度文本框 D1 中输入 1 200.00 mm,如图 5－3－62 所示,单击“确定”按钮完成凸台-拉伸 1。

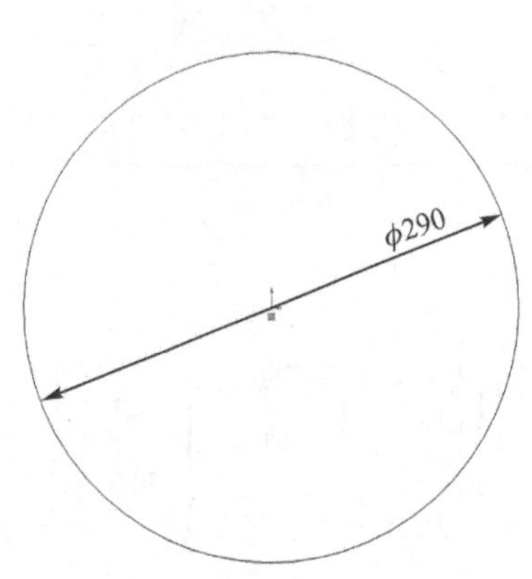

图 5-3-61　草图 1

图 5-3-62　“凸台-拉伸 1”属性管理器

(4) 绘制草图 2

以另一侧为基准面,单击“绘制草图”工具按钮,用“圆”工具画一个圆,然后使用“转换实体应用”工具把上个圆转换为一个圆,然后用“智能尺寸”工具标注出尺寸,如图 5-3-63 所示。

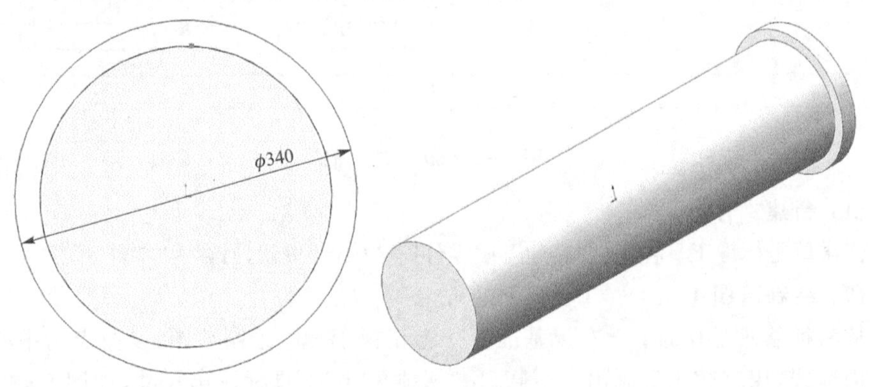

图 5-3-63　草图 2

(5)　建立“阵列”特征

用“线性阵列”工具阵列出上一步的凸台,系统弹出“阵列(线性)1”属性管理器,打开“方向 1”中的下拉列表框,选择“D1@凸台-拉伸 2”,再选择“间距与实例数”,在深度文本框 中输入80.00 mm,在实例数文本框中输入 15,单击“确定”按钮完成线性阵列,如图 5-3-64 所示。

(6) 绘制草图 3

以圆柱凸台的一个面为基准面,用“圆”工具绘制一个圆,用“智能尺寸”工具标注出尺寸,如图 5-3-65 所示。

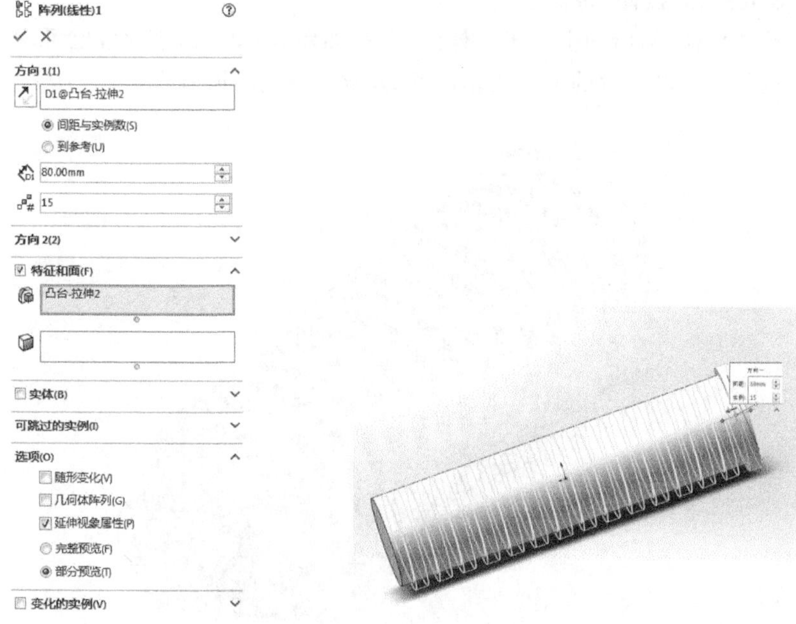

图 5-3-64 “阵列(线性)1”属性管理器

(7) 建立“凸台-拉伸 3”

在特征管理器中选择“草图 3”,在菜单栏中选择“插入”→“凸台/基体 B”→“拉伸凸台”,系统弹出“凸台-拉伸 3”属性管理器,打开“方向 1”中的下拉列表框,选择“给定深度”,在深度文本框 中输入 160.00 mm,如图 5-3-66 所示,单击“确定”按钮完成凸台-拉伸 3。

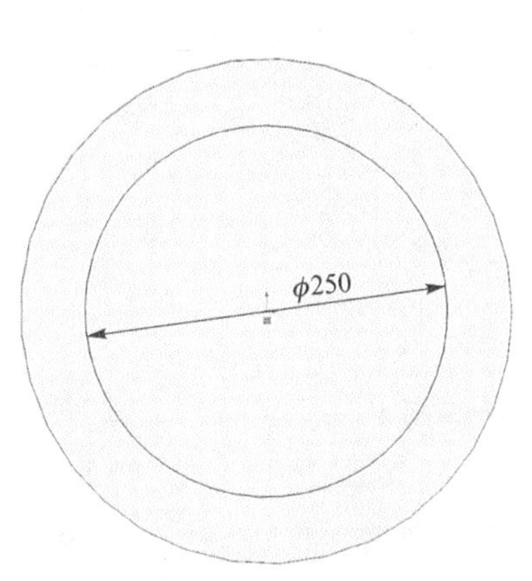

图 5-3-65 草图 3

图 5-3-66 “凸台-拉伸 3”属性管理器

(8) 建立对称“拉伸”特征

重复拉伸特征，画出和上一步一样的草图，如图 5-3-67 所示，也可以应用“转换实体应用”工具，以凸台的反侧为基准面，建立对称“拉伸”特征。

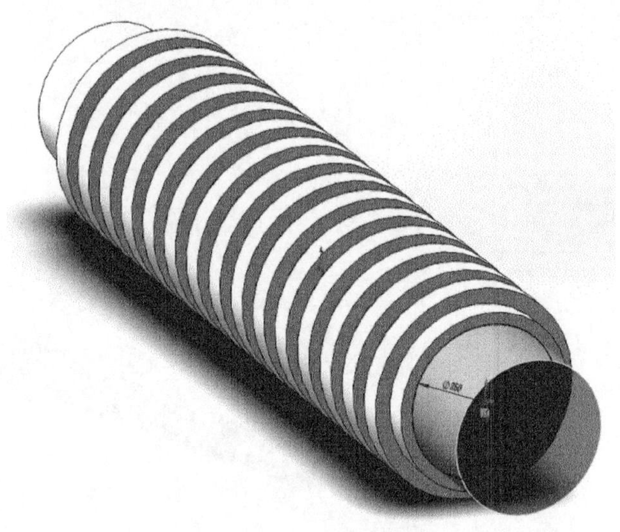

图 5-3-67　拉伸特征

(9) 绘制草图 4

以新拉伸的凸台的圆柱顶面为基准面，用“圆”工具绘制草图，用“智能尺寸”工具标注出尺寸，如图 5-3-68 所示。

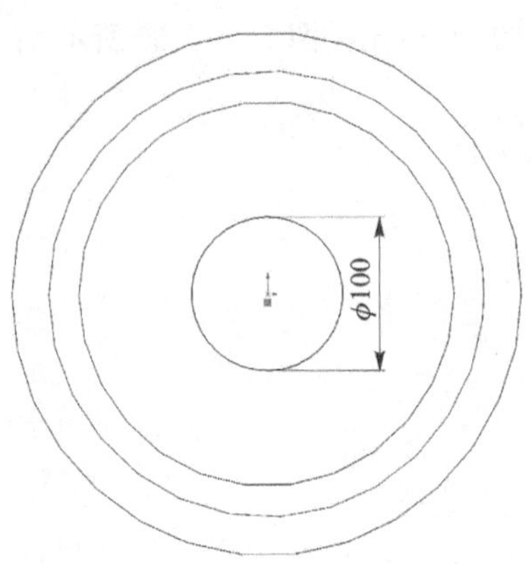

图 5-3-68　草图 4

(10) 建立“凸台-拉伸 4”

在特征管理器中选择“草图 4”，在菜单栏中选择“插入”→“凸台/基体 B”“拉伸凸台”，系统弹出“凸台-拉伸 4”属性管理器，打开“方向 1”中的下拉列表框，选择“给定深度”，在深度文本框 中输入 180.00 mm，如图 5-3-69 所示，单击“确定”按钮完成凸台-拉伸 4。

(11) 绘制草图 5

以圆柱面的另一个面为基准面，用“圆”工具绘制草图，用“智能尺寸”工具标注出尺寸。其“切除-拉伸 5”属性管理器如图 5-3-70 所示。

图 5-3-69 “凸台-拉伸 4”属性管理器

图 5-3-70 “切除-拉伸 5”属性管理器

9. 机械模型制作与渲染

机械模型制作与渲染见图 5-3-71。

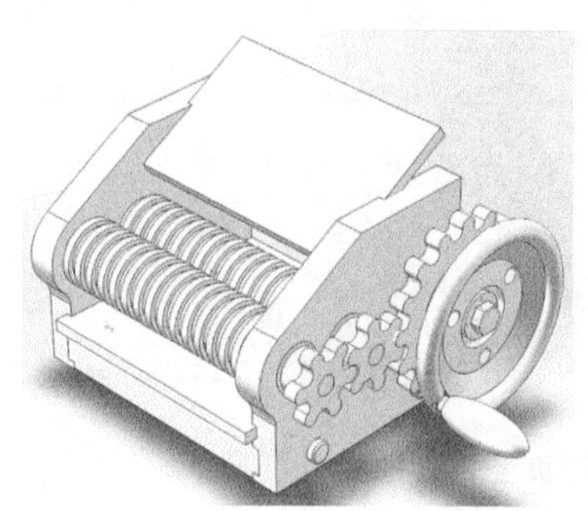

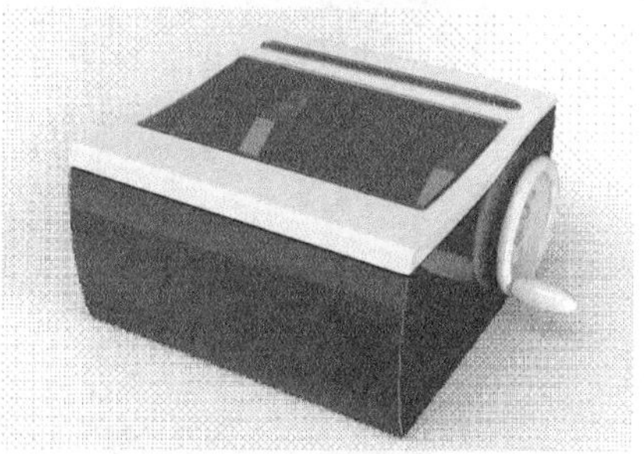

图 5-3-71 机械模型制作与渲染

5.3.2 轧面机轧辊的加工

轧面机连接轴可以通过数控车床的 G00 快速定位、G01 直线插补、G02/G03 圆弧插补指令格式，运用 G 指令编辑零件外圆轮廓及制作螺纹，应用设置磨耗值的方法加工零件。

应用子程序调用指令完成如图 5－3－72 所示的轧面机上轧辊的零件加工，毛坯为 ϕ40 mm×172 mm 的棒料。

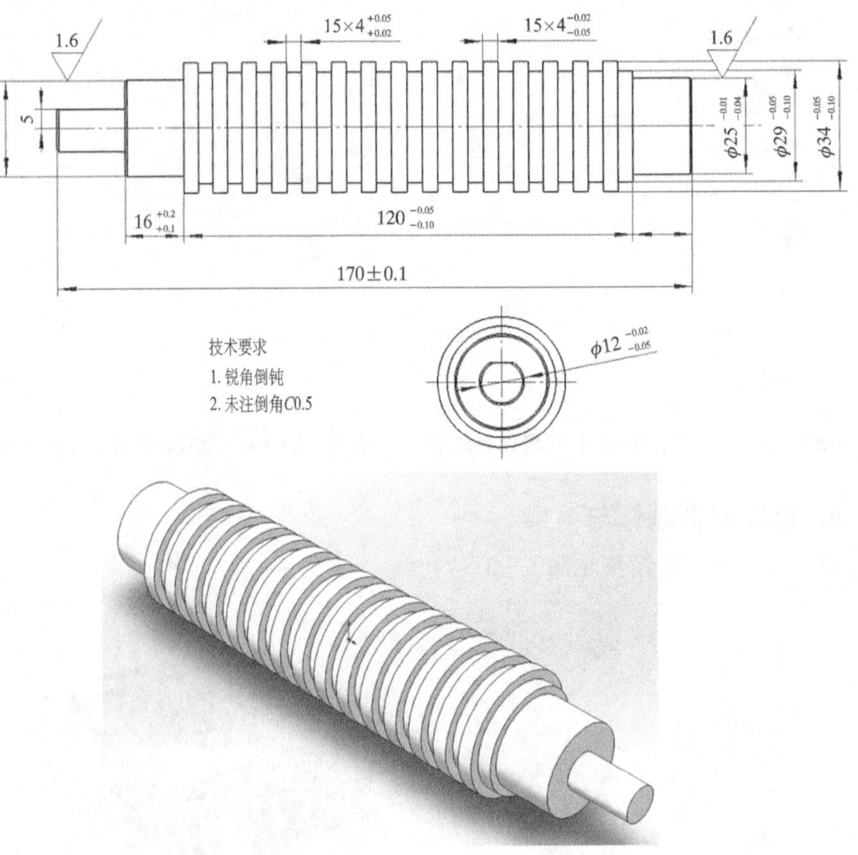

图 5－3－72 轧面机上轧辊

1. 工艺路线

轧面机上轧辊的加工工艺路线见表 5－3－1。

表 5-3-1 工艺路线

操作步骤	加工简图
① 夹持工件，伸出 80 mm，粗加工左端外圆至 ϕ25 mm 处，留精加工余量 2 mm	
② 精加工左端外轮廓至零件图样尺寸	
③ 掉头，夹持工件 ϕ25 mm 处，平端面保证总长 170 mm，钻中心孔后，安装回转顶尖	
④ 粗加工右端外轮廓，留精加工余量 2 mm	
⑤ 精加工右端外轮廓至零件图样尺寸	
⑥ 依次加工 15 个轧辊槽	

2. 数值计算

切槽刀刀宽为 4 mm，当采用左刀尖编程时，循环起始点设定为(35，—12)，之后调用 15 次子程序完成零件加工。子程序采用混合编程，编程轨迹依次需要点 B(X35，W—8)、C(X29，W0)和 D(X34，W0)，如图 5-3-73 所示。

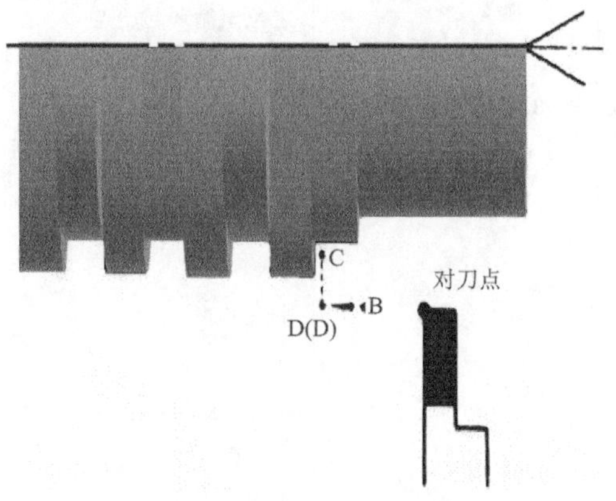

图 5-3-73 基点选定

3. 刀具卡

加工轧辊选用的刀具见表 5-3-2。

表 5-3-2 刀具卡

序　号	刀具号	刀具名称	刀具尺寸	加工内容
1	T0101	93°外圆车刀	刀尖半径 0.8 mm	外圆表面
2	T0202	切槽刀	刀宽 4 mm	加工轧辊槽
3	T0303	中心钻	A3	钻中心孔

4. 切削参数

加工轧辊选取的切削参数见表 5-3-3。

表 5-3-3 切削参数

刀具号	加工内容	背吃刀量 a_p/mm	进给量 $f/(mm \cdot r^{-1})$	主轴转速 $S/(r \cdot min^{-1})$
T0101	粗加工外轮廓	2	0.3	350
T0101	精加工外轮廓	1	0.15	800
T0202	加工轧辊槽		0.1	200
T0303	钻中心孔			700

5. 参考程序

(1) 操作步骤①、②程序内容

程序	说明
O0001;	程序 0001
M03　S350;	主轴正转
T0101;	换 1 号外圆刀
G00　X100　Z100;	定位至换刀校验点
X42　Z2;	定位至循环起始点
G71　U2　R1;	外圆粗车复合循环
G71　P1　Q2　U2　W0　F0.3;	
N1　G42　G00　X7;	精加工起始段,加入刀具半径右补偿
G01　X12　Z-0.5　F0.15;	
Z-18;	
X28;	
X29　Z-18.5;	
Z-34;	
N2　X40;	精加工结束段
M03　S800;	主轴提速
G70　P1　Q2;	精加工指令
G40;	刀具半径补偿取消
G00　X100　Z100;	返回换刀校验点
M05;	主轴停止
M30;	程序结束

(2) 操作步骤④、⑤程序内容

O0002；	程序 0002
M03　S350；	主轴正转
T0101；	换 1 号外圆刀
G00　X100　Z100；	定位至换刀校验点
X42　Z2；	定位至循环起始点
G71　U2　R1；	外圆粗车复合循环
G71　P1　Q2　U2　W0　F0.3；	
N1　G42　G00　X20；	精加工起始段，加入刀具半径右补偿
G01　X25　Z−0.5　F0.15；	
Z−16；	
X34；	
Z−138；	
N2　X40；	精加工结束段
M03　S800；	主轴提速
G70　P1　Q2；	精加工指令
G40；	刀具半径补偿取消
G00　X100　Z100；	返回换刀校验点
M05；	主轴停止
M30；	程序结束

(3) 操作步骤⑥程序内容

O0003；	主程序 0003
M03　S200；	主轴正转
T0202；	换 2 号切槽刀
G00　X100　Z100；	定位至换刀校验点
X35　Z−12；	定位至循环起始点
M98P150004；	调用子程序 0004，重复调用 15 次
G00　X100　Z100；	返回换刀校验点
M05；	主轴停止
M30；	程序结束

(4) 操作步骤⑦程序内容

O0004；	子程序 0004
G00　W−8；	轴向平移
G01　X29　F0.1；	径向切槽
X35；	轴向退刀
M99；	子程序结束，返回主程序

6. 软件仿真

轧辊加工软件仿真效果图如图 5 - 3 - 74 所示。

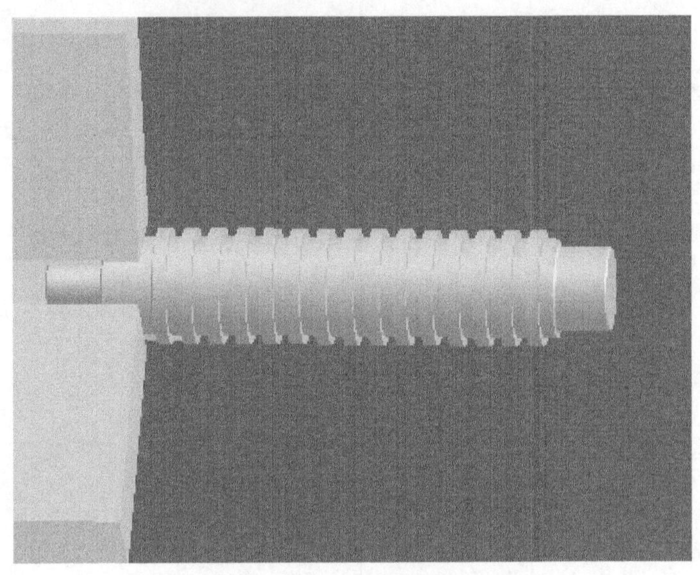

图 5 - 3 - 74 仿真效果图

1. 子程序

某些被加工的零件中会出现几何形状完全相同的加工轨迹。在编制加工程序时有一些固定顺序和重复模式的程序段，通常在几个程序中都会使用它。这个典型的加工程序段可以做成固定程序并单独加以命名，这组程序段就称为子程序。

子程序一般都不可以作为独立的加工程序使用，它只能通过主程序进行调用，实现加工中的局部动作。子程序执行结束后，能自动返回到调用它的主程序中。

2. 子程序的编程

(1) 子程序格式

O××××；

……

M99；

(2) 子程序说明

子程序的格式与主程序相同。子程序的开头也是在地址 O 后写上子程序号，但是在子程序的结尾要用 M99 指令表示子程序结束、返回主程序。

(3) 子程序的应用

使用子程序可以减少相同或近似的重复编程,从而达到简化编程的目的。子程序可以在存储器方式下调出使用,即主程序可以调用子程序,一个子程序也可以调用下一级子程序。子程序不许在主程序结束指令后调用,其作用相当于一个固定循环指令。

3. 子程序的调用

(1) 子程序调用格式

在主程序中,调用子程序的指令是一个程序段,FANUC数控系统常用的子程序调用格式如下:

M98　P○○○○××××;

其中:M98——子程序调用指令。

P后面理论上有八位数字,前四位为重复调用次数(位数不足可省略),后四位为子程序号(位数不可省略)。如果子程序只调用一次,则重复调用次数可全部省略,P后面直接输入四位子程序号。

例如:

M98　P40001,表示程序号为O 0001的子程序连续调用4次;

M98　P0002,表示程序号为O 0002的子程序调用1次。

(2) 子程序调用说明

① 被调用的子程序在编程格式上与普通程序相同,但在调用时子程序的程序名称要和被调用的程序名称相同。

② 为了方便多次调用,子程序在编程时多采用增量和绝对值混合编程的方式进行编辑。

4. 子程序的嵌套

为了进一步简化加工程序,可以允许其子程序再调用另一个子程序,这一功能称为子程序的嵌套。

当主程序调用子程序时,该子程序被认为是一级子程序,FANUC 0系统中的子程序允许4级嵌套。如图5-3-75所示,(a)~(e)分别为主程序、一级嵌套、二级嵌套、三级嵌套和四级嵌套。

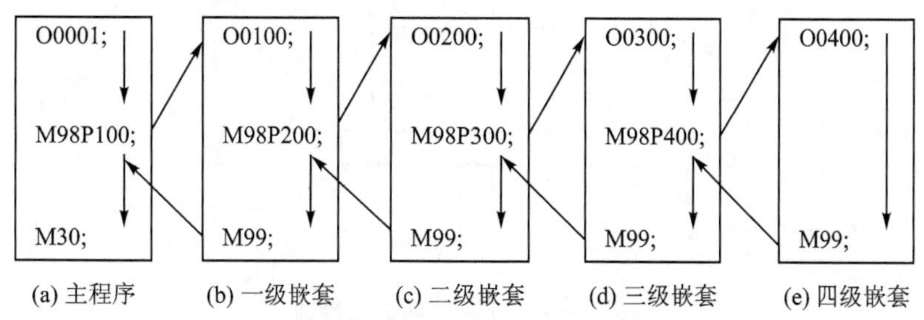

图5-3-75　嵌套层次示意图

5. 子程序的编程技巧

① 在子程序的编辑过程中,找到零件结构的共同点是编程的突破口,选择正确的子程序起始点和结束点坐标是编程的关键。

② 当零件的多个被加工位置存在规律性时,可以选择一个循环起始点连续调用子程序,但编程时要考虑本次调用结束时的坐标点与再次调用时的起始坐标点位置重合。

③ 当零件的多个被加工位置没有规律性时,可以通过多次设置循环起点来定位程序的起始坐标点位置,逐次调用子程序。

5.3.3 轧面机连接轴的加工

应用 G76 螺纹切削固定循环指令和复合循环指令加工螺纹的方法。

应用 G76 指令完成如图 5-3-76 所示的轧面机连接轴零件加工,毛坯直径为 ϕ40 mm×50 mm。

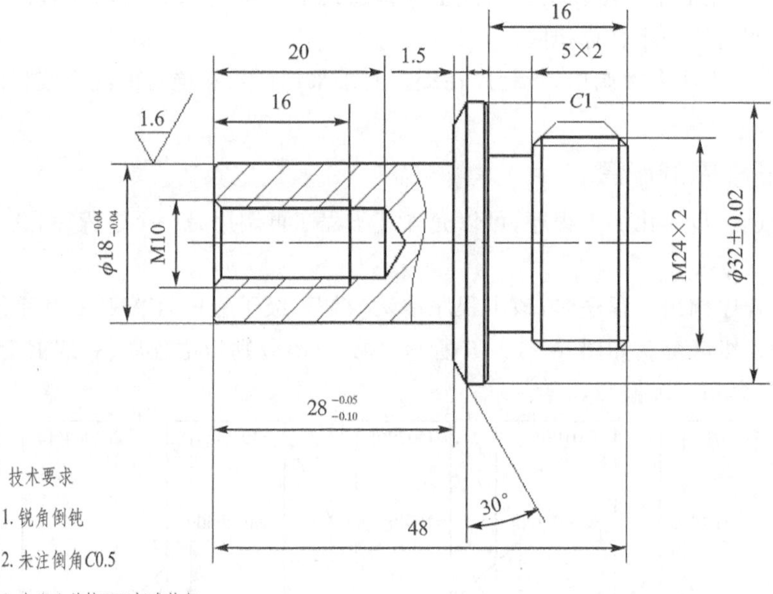

图 5-3-76　轧面机连接轴

1. 工艺路线

轧面机连接轴的加工工艺路线见表 5-3-4。

表 5-3-4 工艺路线

操作步骤	加工简图
① 夹持工件，伸出 34 mm，钻 M10 螺纹盲孔	
② 粗加工左端外圆至 ϕ32 mm 处，留精加工余量 2 mm	
③ 精加工左端外轮廓至零件图样尺寸	
④ 掉头，夹持工件 ϕ18 mm 处，粗加工右端外轮廓，留精加工余量 2 mm	
⑤ 精加工右端外轮廓至零件图样尺寸	
⑥ 切削反倒角和螺纹退刀槽	
⑦ 车削外螺纹	
⑧ 用 M10 的丝锥攻内螺纹，螺纹有效长度大于 15 mm	

2. 数值计算

(1) M24×2 螺纹尺寸计算

$$d_{轴}=d-0.1P=(24-0.1\times2)\ \text{mm}=23.8\ \text{mm}$$

$$d_{小径}=d-1.3P=(24-1.3\times2)\ \text{mm}=21.4\ \text{mm}$$

$$h=0.65P=(0.65\times2)\ \text{mm}=1.3\ \text{mm}$$

根据附表，查得螺纹每次的切削深度分别为0.9、0.6、0.6、0.4、0.1，因此确定G76各参数数值如下：

- 精加工重复次数，$m=01$；
- 倒角斜向退刀量单位数，$r=10$；
- 刀尖角度，$\alpha=60°$；
- 最小切削深度，$\Delta d_{min}=0.1\ \text{mm}=100\ \mu\text{m}$；
- 精加工留量，$d=0.1\ \text{mm}$；
- 螺纹部分的半径差，$i=0$；
- 螺纹牙高，$k=1.3\ \text{mm}=1\ 300\ \mu\text{m}$；
- 第一次切削的切削深度，$\Delta d=0.45\ \text{mm}=450\ \mu\text{m}$；
- 导程，$L=2\ \text{mm}$。

(2) M10 螺纹盲孔尺寸计算

查表得M10粗牙螺纹螺距为1.5 mm，$d_{孔}=d-P=(10-1.5)\text{mm}=8.5\ \text{mm}$，因此可选择$\phi$8.5 mm的钻头钻螺纹盲孔。

3. 刀具卡

加工连接轴选用的刀具见表5-3-5。

表5-3-5 刀具卡

序 号	刀具号	刀具名称	刀具尺寸	加工内容
1	T0101	93°外圆车刀	刀尖半径0.8 mm	外圆表面
2	T0202	切槽刀	刀宽5 mm	加工退刀槽
3	T0303	螺纹刀		螺纹
4	T0404	钻头	ϕ8.5 mm	钻孔

4. 切削参数

加工连接轴选取的切削参数见表5-3-6。

表5-3-6 切削参数

刀具号	加工内容	背吃刀量 a_p/mm	进给量 $f/(\text{mm}\cdot\text{r}^{-1})$	主轴转速 $S/(\text{r}\cdot\text{min}^{-1})$
T0101	粗加工外轮廓	2	0.3	350
T0101	精加工外轮廓	1	0.15	800

续表 5-3-6

刀具号	加工内容	背吃刀量 a_p/mm	进给量 $f/(mm \cdot r^{-1})$	主轴转速 $S/(r \cdot min^{-1})$
T0202	车退刀槽		0.1	200
T0303	车螺纹	G76 自动分配		300
T0404	钻盲孔		0.1	350

5. 参考程序

(1) 操作步骤②、③程序内容

程序	说明
M03 S350；	主轴正转
T0101；	换 1 号外圆刀
G00 X100 Z100；	定位至换刀校验点
X42 Z2；	定位至循环起始点
G71 U1 R1；	外圆粗车复合循环
G71 P1 Q2 U2 W0 F0.2；	
N1 G42 G01 X18；	精加工起始段，加入刀具半径右补偿
G01 Z—28 F0.15；	
X26.8；	
X32 Z—29.5；	
Z—34；	
N2 X40；	精加工结束段
M03 S800；	主轴提速
G70 P1 Q2；	精加工指令
G40；	刀具半径补偿取消
G00 X100 Z100；	刀具返回换刀点
M05；	主轴停止
M30；	程序停止并返回

(2) 操作步骤④～⑦程序内容

程序	说明
M03 S350；	主轴正转
T0101；	换 1 号外圆刀
G00 X100 Z100；	定位至换刀校验点
X42 Z2；	定位至循环起始点
G71 U1 R1；	外圆粗车复合循环
G71 P1 Q2 U2 W0 F0.2；	
N1 G42 G01 X18；	精加工起始段，加入刀具半径右补偿
G01 X23.8 Z—1 F0.15；	

续表

Z—16；	
X31；	
X33　Z—17；	
N2　X40；	精加工结束段
M03　S800；	主轴提速
G70　P1　Q2；	精加工指令
G40；	刀具半径补偿取消
G00　X100　Z100；	刀具返回换刀点
M03　S200；	主轴降速
T0202；	换 2 号切槽刀
G00　X100　Z100；	定位至换刀校验点
X34　Z—16；	定位至切削起始点
G01　X20　F0.1；	切槽
X24；	
W1；	
X22　W—1；	切削倒角
X32；	
G00　X100　Z100；	刀具返回换刀点
M03　S300；	主轴提速
T0303；	换 3 号外螺纹刀
G00　X100　Z100；	定位至换刀校验点
X30　Z5；	定位至循环起始点
G76　P011060　Q100　R0.1；	螺纹切削复合循环
G76　X21.4　Z—13　R0　P1300　Q450　F2；	
G00　X100　Z100；	刀具返回换刀点
M05；	主轴停止
M30；	程序停止并返回

6. 软件仿真

连接轴加工软件仿真效果图如图 5－3－77 所示。

图 5－3－77　仿真效果图

1. G76 螺纹车削复合循环指令

(1) G76 格式

G76 P(m)(r)(α) Q(Δd_{min}) R(d);

G76 X(U) Z(W) R(i) P(k) Q(Δd) F(L);

其中:

m——精加工重复次数,从 01 到 99,用两位数表示。

r——倒角斜向退刀量单位数(0.1~9.9 L,以 0.1 L 为一个单位,用 00~99 两位数字指定)。

α——刀尖角度,可以从 80°、60°、55°、30°、29°、0°六个角度来选择,用两位整数表示。

Δd_{min}——最小切削深度,当每次切削深度(切削深度递减公式:$\Delta d\sqrt{n}-\Delta d\sqrt{n-1}<\Delta d_{min}\sqrt{n}$)时,切削深度限制在这个值上,单位为 μm。

d——精加工留量,单位为 mm。

i——螺纹部分的半径差,单位为 mm;若 $i=0$,为直螺纹切削方式。

k——螺纹牙高,单位为 μm。

Δd——第一次切削的切削深度(半径值),单位为 μm。

L——导程,单位为 mm。

(2) G76 应用

用于导程较大或无退刀倒角的内、外螺纹加工。

(3) G76 说明

G76 编程将总的螺纹切削深度(牙高)以递减的方式进行逐层分配,其切削为单刃切削,其切削深度由控制系统计算给出,如图 5-3-78 所示。

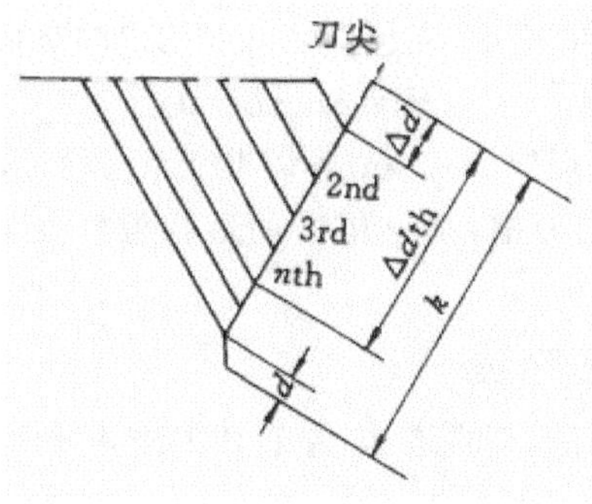

图 5-3-78 G76 的进刀方式图

该螺纹切削循环的工艺性比较合理，编程效率较高，螺纹切削循环路线如图 5-3-79 所示。

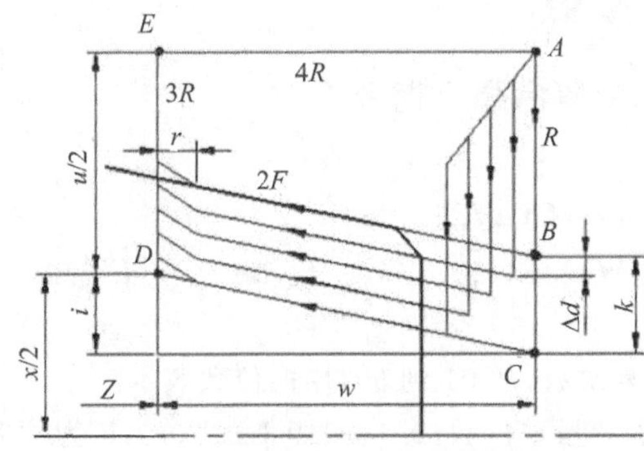

图 5-3-79　G76 螺纹切削循环轨迹

2. 螺纹车削前直径尺寸的确定

① 车削外螺纹时，由于受到车刀挤压后会使外螺纹大径尺寸胀大，因此车螺纹前的外圆直径应比螺纹大径略小，当螺距为 1.5～3 mm 时，外径一般可以小 0.2～0.4 mm。

车削外螺纹前直径的尺寸也可由下列公式近似计算：

$$d_{轴} \approx d-0.1P$$

② 车削内螺纹时，同样受到车刀的挤压，内螺纹小径会缩小，所以孔径应比螺纹小径略大些，可由下列公式近似计算：

车削塑性金属内螺纹时，$D_{孔} \approx D-P$；

车削脆性金属内螺纹时，$D_{孔} \approx D-1.05P$。

③ 螺纹行程的确定。在数控车床上加工螺纹时，沿螺距方向的 Z 向进给，应和机床主轴的旋转保持严格的速比关系。由于机床伺服系统本身具有滞后特性，会在螺纹起始段和停止段发生螺距不规则现象；因此，为避免在进给机构加速或减速过程中切削，要引入距离（升速进刀段）δ_1 和超越距离（降速退刀段）δ_2，所以实际加工螺纹的长度 W 如图 5-3-80 所示，应包括切入和切出的空行程量，即

$$W=\delta_1+L+\delta_2$$

式中：切入空刀行程量，一般取 2～5 mm；切出空刀行程量，一般取（1/4～1/2）δ_1。

若螺纹收尾处没有退刀槽，则收尾处的形状与数控系统有关，一般按 45°退刀收尾。

3. 螺纹车削的加工方法

车三角螺纹有三种方法，即直进法、左右切削法和斜向切削法。

(1) 直进法

两刀刃和刀尖同时切削。此法操作方便，车出的牙型清晰，牙形误差小，但车刀受力大，散热差，排屑难，刀尖易磨损。

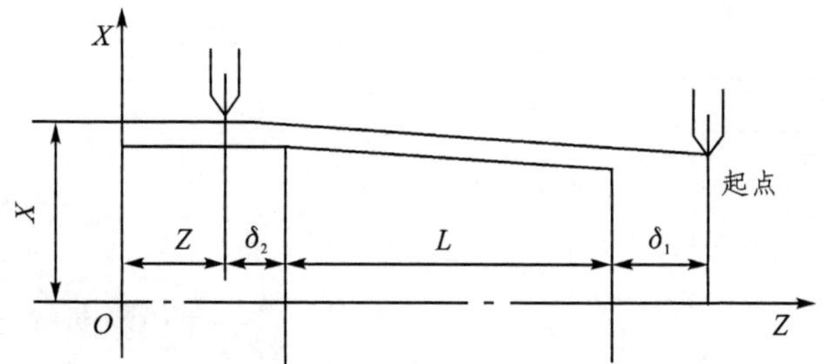

图 5-3-80　螺纹的行程

加工中车刀刀尖参加切削，容易产生“扎刀”现象，把牙型表面镂去一块，甚至造成因切削力大而使刀尖断裂，而且还容易造成振动。因此每次进给的切削深度不能过大，只适用于螺距小于 2 mm 的螺纹车削或高精度螺纹的精车。

(2) 左右切削法

左右切削法的特点是车刀只有一个刀刃参加切削，在每次切深进刀的同时，向左、向右各移动一小段距离。这样重复切削数次，车至最后 1～2 刀时，仍采用直进法，以保证牙形正确，牙根清晰。此法适用于螺距较大的螺纹车削。

(3) 斜进切削法

斜进切削法车削三角螺纹时，车刀顺着螺纹牙型一侧斜向进刀，车刀两侧刃中只有一侧切削刃进行切削，经多次走刀完成加工。用此法加工三角螺纹时，刀具切削条件好，切削受力小，散热和排屑条件较好，因此可增大切削用量，提高生产效率。精车螺纹时，为使螺纹两侧表面光洁，最后一两次进给，应采用直进法进刀，以确保螺纹牙型准确。斜进切削法既可以用左边刃切削也可以用右边刃切削，缺点是不易车出清晰的牙形，牙形误差较大，一般适用于较大螺距螺纹的加工。

5.3.4　轧面机椭圆手柄的加工

应用宏程序指令的结构及编程方法加工零件。

应用宏程序指令完成如图 5-3-81 所示的轧面机椭圆手柄零件的加工，毛坯为 ϕ20 mm×90 mm 的棒料。

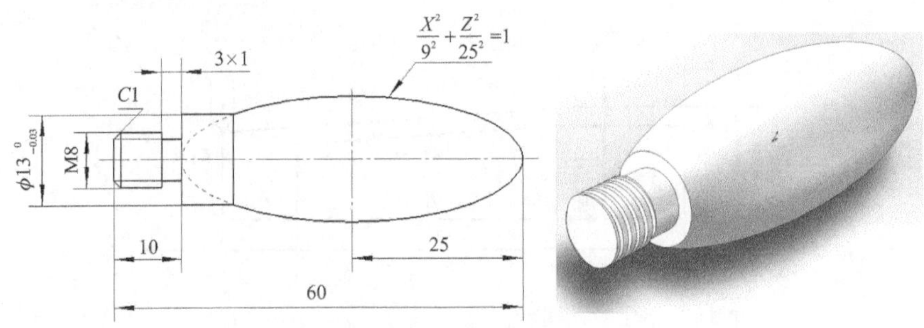

图 5-3-81　轧面机椭圆手柄

1. 工艺路线

轧面机椭圆手柄的加工工艺路线见表 5-3-7。

表 5-3-7　工艺路线

操作步骤	加工简图
① 夹持工件，伸出 70 mm，用磨耗值的方法粗加工椭圆及 ϕ13 mm 直径外轮廓，留精加工余量 2 mm	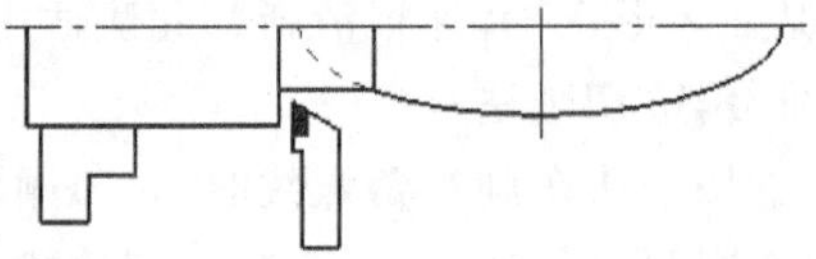
② 精加工右端外轮廓至零件图样尺寸	
③ 加工螺纹退刀槽	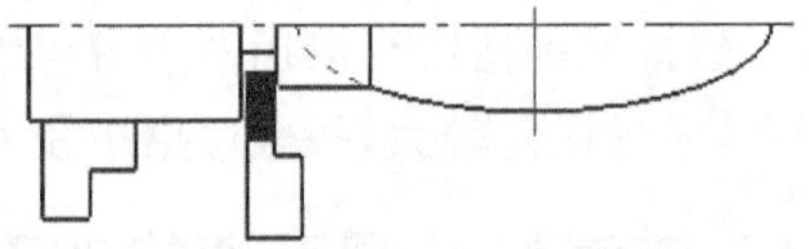
④ 粗加工左端外轮廓，留精加工余量 0.2 mm	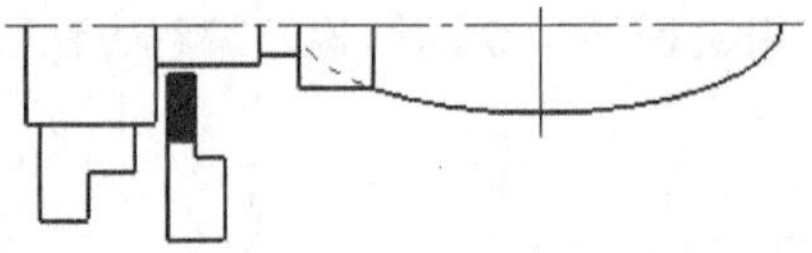
⑤ 精加工左端外轮廓至零件图样尺寸	
⑥ 加工倒角，切断零件	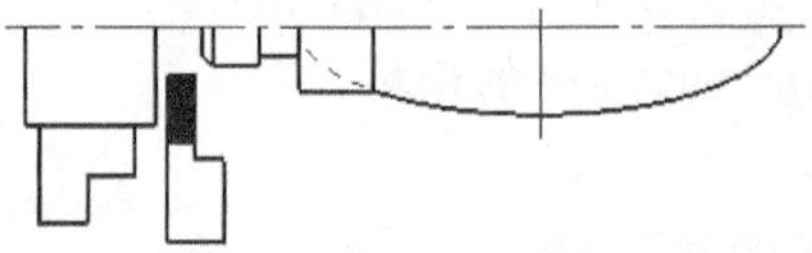
⑦ 用 M8 的板牙套外螺纹，螺纹有效长度大于 6 mm	

2. 数值计算

(1) 椭圆终点坐标

操作步骤①、②中，椭圆部分精加工由一次走刀切削完成，其中直径尺寸先增加后减小，长度尺寸逐渐减小，因此选择长度尺寸作为宏程序的变量。

由椭圆公式 $X^2/81+Z^2/625=1$ 可得，当直径为 13 时，$X=13/2=6.5$，求得 $Z=17.29$；所求坐标点在椭圆坐标系左侧，转化为工件坐标系后 Z 值应加上长半轴长度 25；由此可得到椭圆轮廓的终点坐标为(13，−42.29)。

(2) 倒角及切断

操作步骤⑥中，用切槽刀右刀尖切削螺纹部分倒角时，需要先切削一个槽底，退刀后再斜向进刀切削倒角，保证刀具的切削受力始终沿着径向向轴线切削。同时，编程时要考虑刀宽(4 mm)对编程轨迹的影响。

当采用切槽刀左刀尖对刀编程时，循环起始点设定为(22，−64)，精加工轮廓轨迹编程依次需要点 A(10，−64)、B(6，−64)、C(10，−64)、D(10，−62)、E(6，−64)和 F(0，−64)，如图 5-3-82 所示。

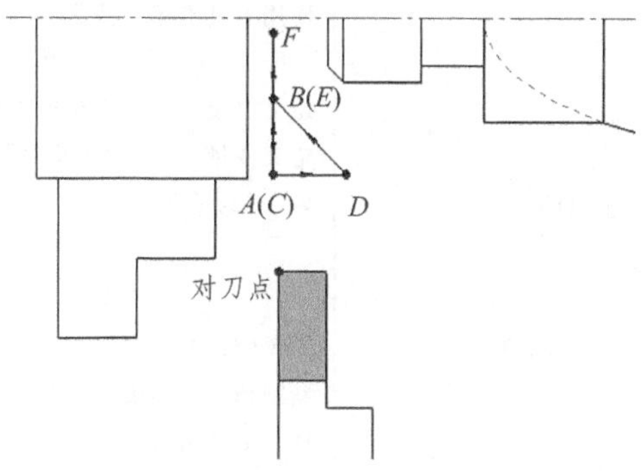

图 5-3-82　基点选定

3. 刀具卡

加工椭圆手柄选用的刀具卡见表 5-3-8。

表 5-3-8　刀具卡

序　号	刀具号	刀具名称	刀具尺寸	加工内容
1	T0101	93°外圆车刀	刀尖半径 0.8 mm	外圆表面
2	T0202	切槽刀	刀宽 4 mm	加工宽槽

4. 切削参数

加工椭圆手柄选取的切削参数见表 5-3-9。

表 5-3-9 切削参数

刀 具	加工内容	背吃刀量 a_p/mm	进给量 f/(mm·r^{-1})	主轴转速 S/(r·min^{-1})
T0101	粗加工外轮廓	1	0.2	500
T0101	精加工外轮廓	1	0.1	800
T0202	加工宽槽		0.1	200

5. 参考程序

(1) 操作步骤①、②程序内容

M03 S500;	主轴正转
T0101;	换 1 号外圆刀
G00 X100 Z100;	定位至换刀校验点
X21 Z2;	定位至椭圆右端循环起始点
G73 U10 R10;	封闭切削复合循环
G73 P1 Q2 U2 W0 F0.2;	
N1 G00 X−2;	
G42 G01 Z0 F0.1;	使用刀具半径右补偿
X0;	
#5=0;	定义变量#5 为 X 方向变量值,#5 是半径值
#6=25.09;	定义变量#6 为 Z 方向变量值
WHILE [#6 GT −17.29] DO 1;	WHILE 循环语句
#6=#6-0.1;	
#5=9/25*SQRT[25*25-#6*#6];	
G01 X[2*#5] Z[#6−25] F0.1;	G01 插补指令
END 1;	椭圆精运算结束
G01 Z−52;	加工 ϕ13 外圆
N2 G00 X22;	径向退刀
M03 S800;	主轴调速
G70 P1 Q2;	精加工指令
G40;	刀具半径补偿取消
G00 X100 Z100;	刀具返回换刀点
M05;	主轴停止
M30;	程序停止并返回

(2) 操作步骤③～⑥程序内容

M03 S200;	主轴正转
T0202;	换 2 号外切槽刀
G00 X100 Z100;	定位至换刀校验点
X21 Z−54;	
G01 X6 F0.1;	加工螺纹退刀槽

续表

X21；	
Z—57；	定位至循环起始点
G75　R0.5；	外圆切槽复合循环
G75　X8.1　Z—65　P6000　Q5000　F0.1；	
G00　X9；	
G01　X7.9　F0.1；	精加工槽底
Z—64；	
X6；	
X8；	
W1；	
X6　W—1；	加工螺纹倒角
X0；	切断零件
G00　X21；	径向退刀
X100　Z100；	返回换刀校验点
M05；	主轴停止
M30；	程序结束

6. 软件仿真

轧面机椭圆手柄加工软件仿真效果图如图 5 - 3 - 83 所示。

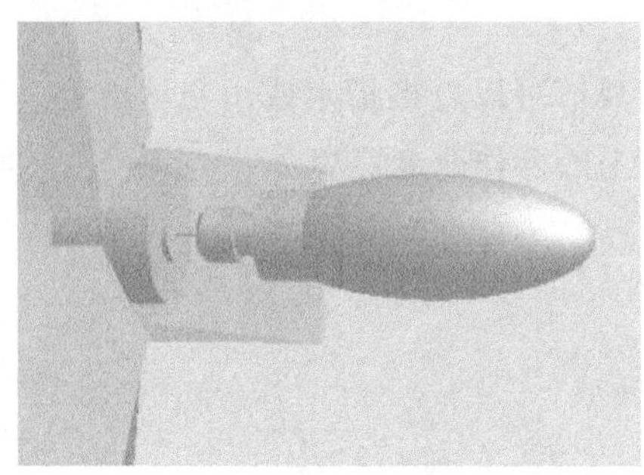

图 5 - 3 - 83　仿真效果图

FANUC 系统数控宏程序编程应用

当加工公式曲线时，要逐点算出曲线上的点，然后用直线逼近。当然，如果想得到比较好的表面质量，则需要将所取的点更加密化，而完成这项工作的就是使用宏程序，在程序中它主要起到运算的作用。

用户宏程序由于允许使用变量、算术和逻辑运算及条件转移，使得编制加工操作的程序更方便、更容易。可将相同加工操作编为通用程序，如型腔加工宏程序和固定加工循环宏程序。使用时，加工程序可用一条简单指令调出用户宏程序，和调用子程序完全一样，如图 5-3-84 所示。

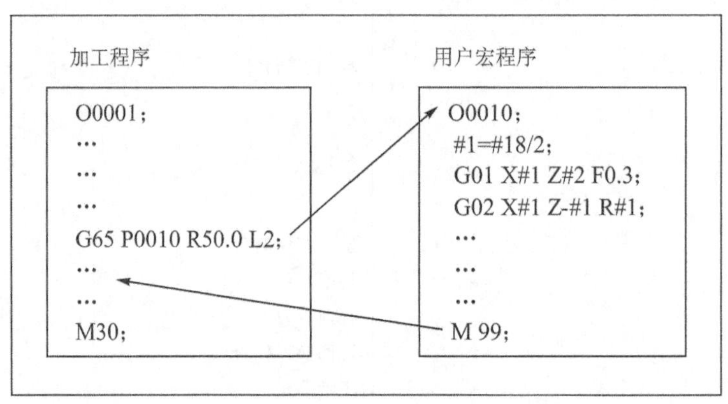

图 5-3-84　加工程序

1. 变　量

普通加工程序直接用数值指定 G 代码和移动距离。

例如，G00 和 X100.0。

使用用户宏程序时，数值可以直接指定或用变量指定。当用变量指定时，变量值可用程序或用 MDI 面板上的操作改变。例如：

＃2＝30；

＃1＝＃2＋100；

G01 X＃1 F0.3

(1) 变量的表示

变量用变量符号(＃)和后面的变量号指定。

例如：

＃1

表达式可以用于指定变量号。此时，表达式必须封闭在括号中。

例如：

＃[＃1＋＃2－12]

(2) 变量的类型

根据变量号变量可以分成四种类型，见表 5-3-10。

表 5-3-10 变量的类型

变量号	变量类型	功 能
＃0	空变量	该变量总是为空，没有值能赋给该变量
＃1～＃33	局部变量	局部变量只能用在宏程序中存储数据，例如，运算结果。当断电时，局部变量别初始化为空。调用宏程序时，自变量对局部变量赋值
＃100～＃199 ＃500～＃999	公共变量	公共变量在不同的宏程序中的意义相同。当断电时，变量＃100～＃199 初始化为空，变量＃500～＃999 的数据保存，即使断电也不丢失
＃1000～	系统变量	系统变量用于读和写 CNC 运行时的各种数据，例如，刀具的当前位置和补偿值

(3) 变量值的范围

局部变量和公共变量可以有 0 值或下面范围中的值：

$$-10^{47} \sim -10^{-29}, \qquad 10^{-29} \sim 10^{47}$$

如果计算结果超出有效范围，则发出报警。

(4) 小数点的省略

当在程序中定义变量值时，小数点可以省略。

例如：当定义“＃1＝123；”时，变量＃1 的实际值是 123.000。

(5) 变量的引用

为在程序中使用变量值，指定后跟变量号的地址。当用表达式指定变量时，要把表达式放在括号中。例如：

G01X[＃1＋＃2]F＃3；

被引用变量的值根据地址的最小设定单位自动地舍入。

例如：当“G00X＃1；”以 1/1000 mm 的单位执行时，CNC 把 12.3456 赋值给变量＃1，实际指令值为 G00X12.346。

改变引用的变量值的符号，要把负号(－)放在“＃”的前面。例如：

G00X－＃1

当引用未定义的变量时，变量及地址字都被忽略。

例如：当变量＃1 的值是 0、变量＃2 的值是空时，G00X＃1 Z＃2 的执行结果为 G00X0。

(6) 未定义的变量(见表 5-3-11)

① 当变量值未定义时，这样的变量成为“空”变量。变量＃0 总是空变量。它不能写，只能读。

② 当引用一个未定义的变量时，地址本身也被忽略。

表 5-3-11　未定义的变量

#1=＜空＞	#1=0
G90X100Z#1	G90X100Z#1
↓	↓
G90X100	G90X100Y0

2. 算术和逻辑运算

表 5-3-12 中列出的运算可以在变量中执行。运算符右边的表达式可包含常量和/或由函数或运算符组成的变量。表达式中的变量#j 和#k 可以用常数赋值。左边的变量也可以用表达式赋值。

表 5-3-12　算术和逻辑运算

功　能	格　式	备　注
定义	#i=#j;	
加法 减法 乘法 除法	#i=#j+#k; #i=#j−#k; #i=#j*#k; #i=#j/#k;	
正弦 反正弦 余弦 反余弦 正切 反正切	#i=SIN[#j]; #i=ASIN[#j]; #i=COS[#j]; #i=ACOS[#j]; #i=TAN[#j]; #i=A TAN[#j];	角度以度为单位 30°15′表示为 30.25°
平方根 绝对值 舍入 上取整 下取整 自然对数 指数函数	#i=SQRT[#j]; #i=ABS[#j]; #i=ROUND[#j]; #i=FIX[#j]; #i=FUP[#j]; #i=LN[#j]; #i=EXP[#j];	
或 异或 与	#i=#jOR#k; #i=#jXOR#k; #i=#jAND#k;	逻辑运算一位一位地按二进制数执行

3. 转移和循环

在程序中，使用 GOTO 语句和 IF 语句可以改变控制的流向。有三种转移和循环操作可供使用，见表 5－3－13。

表 5－3－13　转移和循环操作

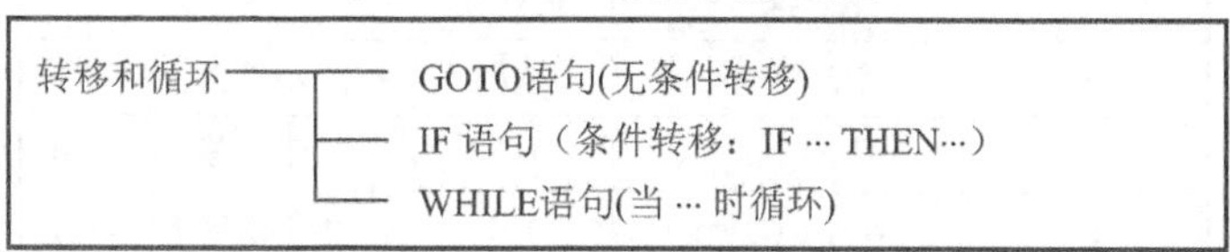

(1) 无条件转移(GOTO 语句)

格式：

GOTOn；

n 为顺序号(1～99999)。

转移到标有顺序号 n 的程序段。当指定 1～99999 以外的顺序号时，出现报警。可用表达式指定顺序号，例如：

GOTO1；

GOTO＃10；

(2) 条件转移(IF 语句)

格式：

IF[＜条件表达式＞]　　GOTO n

IF 之后指定条件表达式。

如果指定的条件表达式满足，则转移到标有顺序号 n 的程序段。如果指定的条件表达式不满足，则执行下个程序段，见表 5－3－14。

表 5－3－14　条件转移

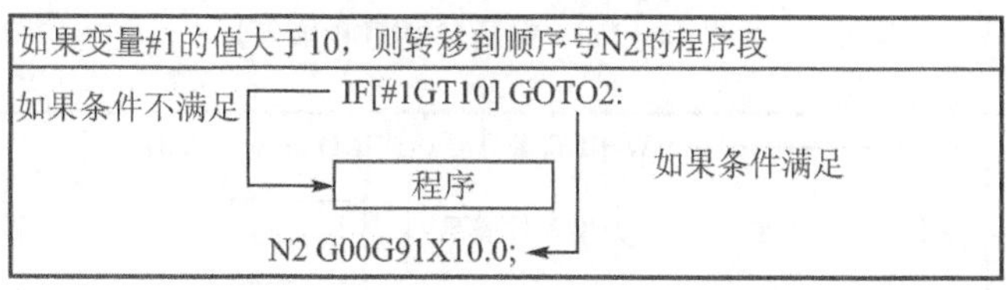

说明：

1) 条件表达式

条件表达式必须包括算符。算符插在两个变量中间或变量和常数中间，并且用方括号“[　　]”封闭。表达式可以替代变量。

2) 运算符

运算符(见表 5－3－15)由 2 个字母组成，用于两个值的比较，以决定它们是相等还是一个值小于或大于另一个值。注意，不能使用不等符号。

表 5-3-15　运算符

运算符	含　义	运算符	含　义
EQ	等于(＝)	NE	不等于(≠)
GT	大于(>)	GE	大于或等于(≥)
LT	小于(<)	LE	小于或等于(≤)

3）示例程序

表 5-3-16 中的程序为计算数值 1～10 的总和。

表 5-3-16　示例程序

程序	说明
O9500	
＃1=0;	存储和数变量的初值
＃2=1;	被加数变量的初值
N1　IF[＃2　GT10]　GOTO2;	当被加数大于 10 时转移到 N2
＃1=＃1+＃2;	计算和数
＃2=＃2+＃1;	下一个被加数
GOTO1;	转到 N1
N2　M30;	程序结束

(3) 循环(WHILE 语句)

在 WHILE 后指定一个条件表达式，当指定条件满足时，执行从 DO 到 END 之间的程序；否则，转到 END 后的程序段，见表 5-3-17。

表 5-3-17　循环(WHILE 语句)

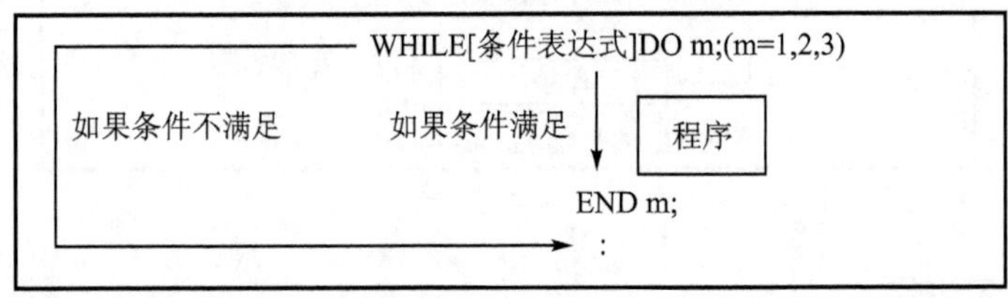

说明：当指定的条件满足时，执行 WHILE 从 DO 到 END 之间的程序；否则，转而执行 END 之后的程序段。这种指令格式适用于 IF 语句。DO 后的号和 END 后的号是指定程序执行范围的标号，标号值为 1,2,3。若用 1,2,3 以外的值则会产生报警。

循环嵌套：见表 5-3-18，在 DO…END 循环中的标号(1～3)可根据需要多次使用。但是，当程序有交叉重复循环(DO 范围的重叠)时，出现报警。

表 5-3-18　循环嵌套

1. 标号(1~3)可以根据要求多次使用。	2. DO的范围不能交叉。
WHILE[...]DO 1; 程序 END 1; : WHILE[...]DO 1; 处理 END 1;	WHILE[...]DO 1; 程序 WHILE[...]DO 2; : END 1; 程序 END 2;
3. DO循环可以嵌套3级。 WHILE[...]DO 1; : WHILE[...]DO 2; : WHILE[...]DO 程序 END 3; : END 2; : END 1;	4. 控制可以转到循环的外边。 WHILE[...]DO 1; IF[...]GOTO n; END 1; Nn 5. 转移不能进入循环区内。 IF[...]DOTO n; : WHILE[...]DO 1; Nn...; END 1;

5.4　水泥罐车的造型设计与加工

用 SolidWorks 软件设计制作水泥罐车的车灯、车头面板、前后车轮瓦盖、水箱、排气筒、连接圆柱、油箱、车轮、车盖板、水泥罐支撑架、水泥罐、气泵、气泵支撑架、楼梯等零件模型，然后组装成水泥罐车，并采用数控机床加工水泥罐车，见图 5-4-1。

图 5-4-1　水泥罐车造型

1. 设计水泥罐车的造型

水泥罐车的结构图见图 5-4-2。

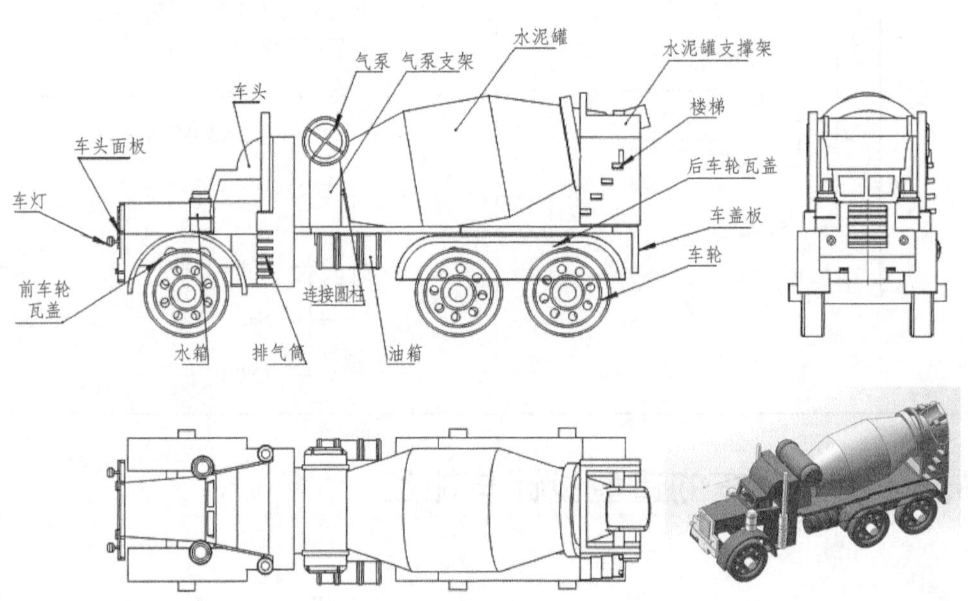

图 5-4-2　水泥罐车结构图

水泥罐车的零件图见图 5-4-3～图 5-4-14。

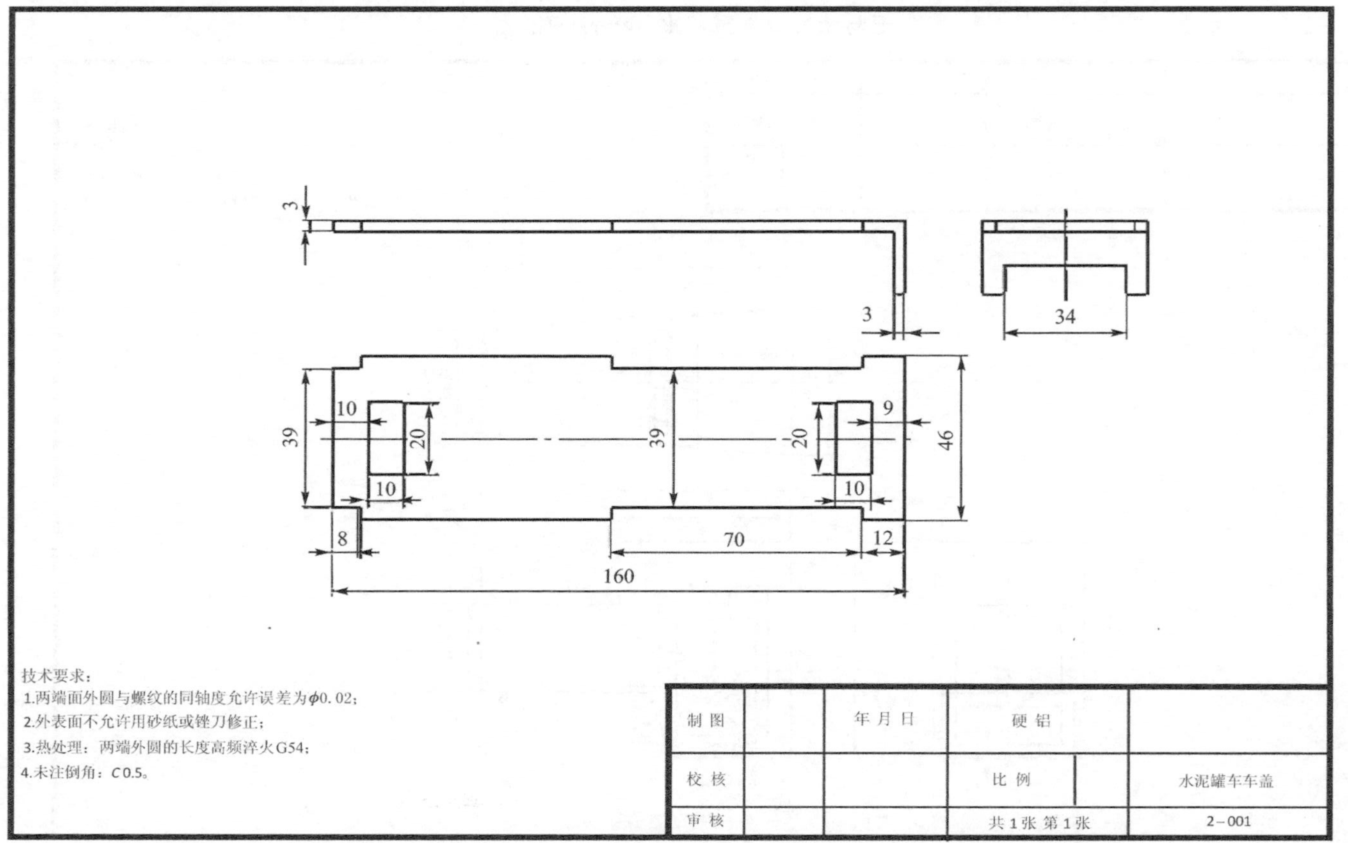

图5－4－3 水泥罐车车盖零件图

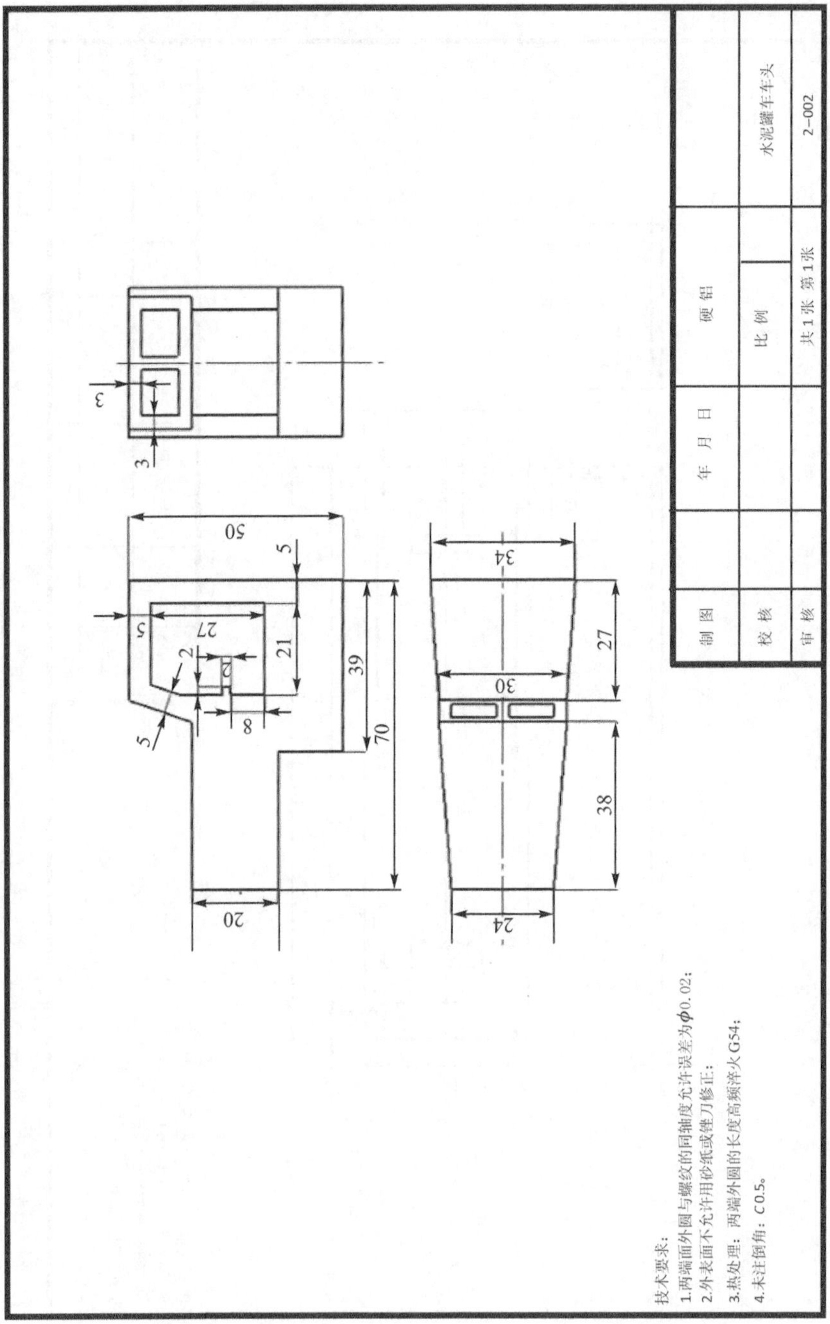

技术要求：

1.两端面外圆与螺纹的同轴度允许误差为ϕ0.02；
2.外表面不允许用砂纸或锉刀修正；
3.热处理：两端外圆的长度高频淬火G54；
4.未注倒角：C0.5。

制 图		年 月 日	硬 铝		
校 核			比 例		水泥罐车车头
审 核			共1张 第1张		2-002

图5-4-4 水泥罐车车头零件图

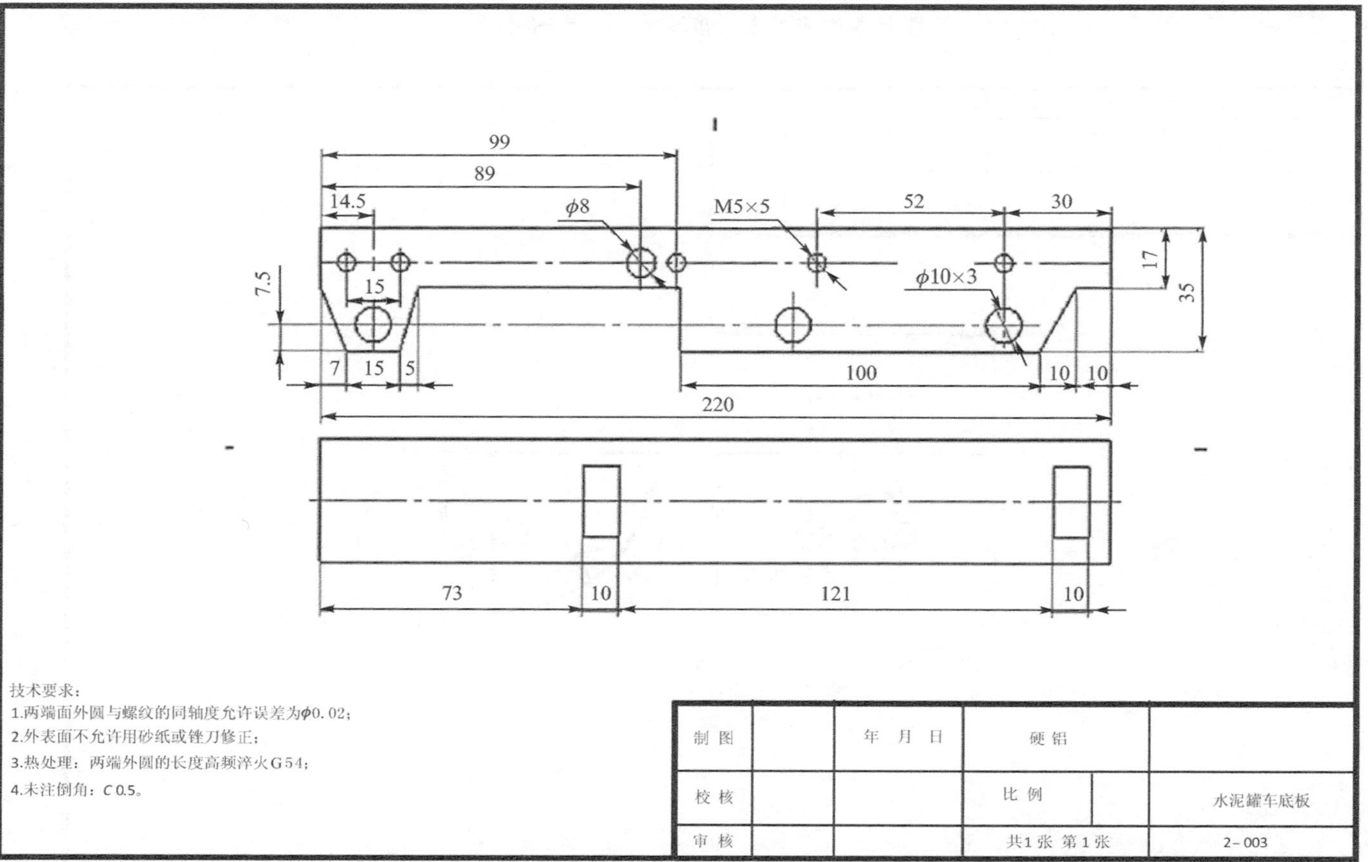

图5-4-5 水泥罐车底板零件图

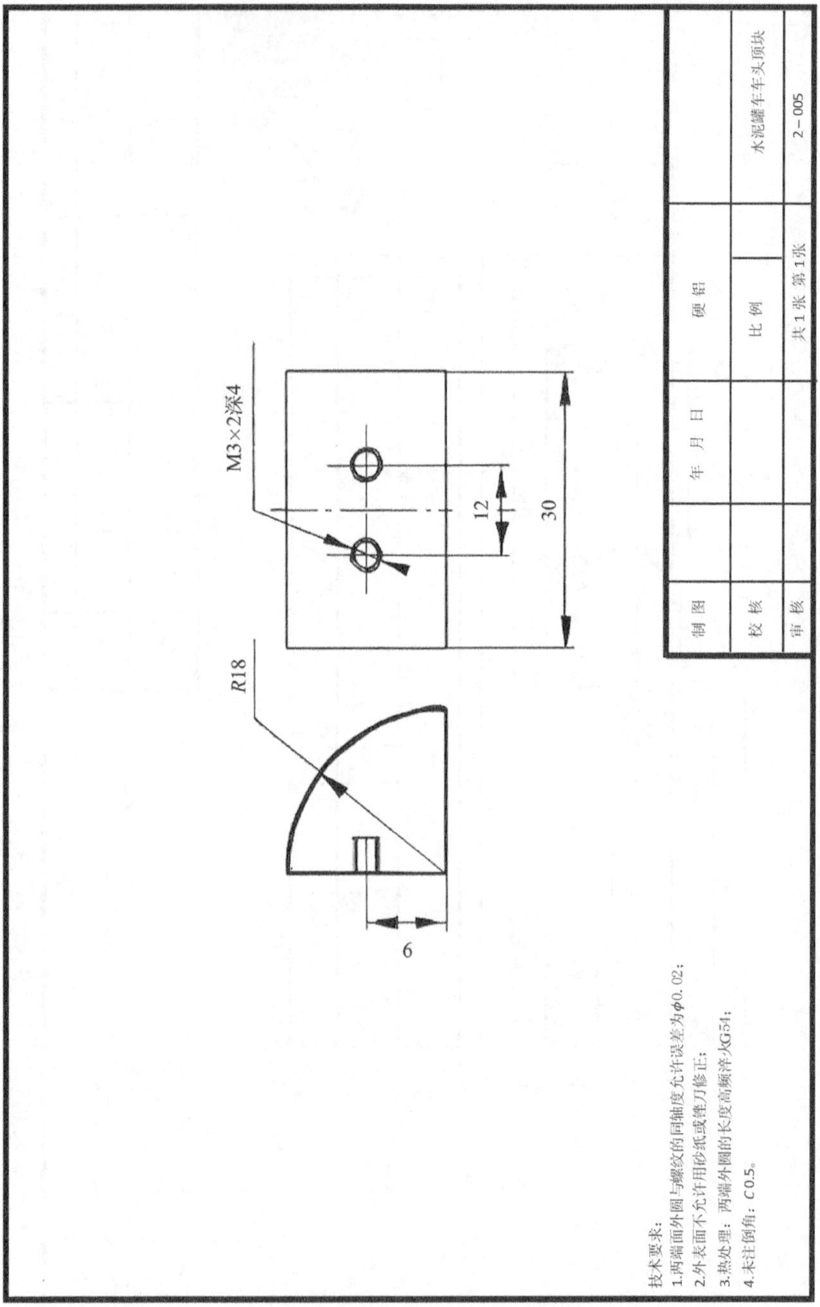

R18

M3×2深4

6

12

30

技术要求：
1.两端面外圆与螺纹的同轴度允许误差为ϕ0. 02；
2.外表面不允许用砂纸或锉刀修正；
3.热处理：两端外圆的长度高频淬火G54；
4.未注倒角：C0.5。

制 图		年 月 日	硬 铝		
校 核			比 例		水泥罐车车头顶块
审 核			共 1 张 第 1张		2－005

图5－4－6　水泥罐车车头顶块零件图

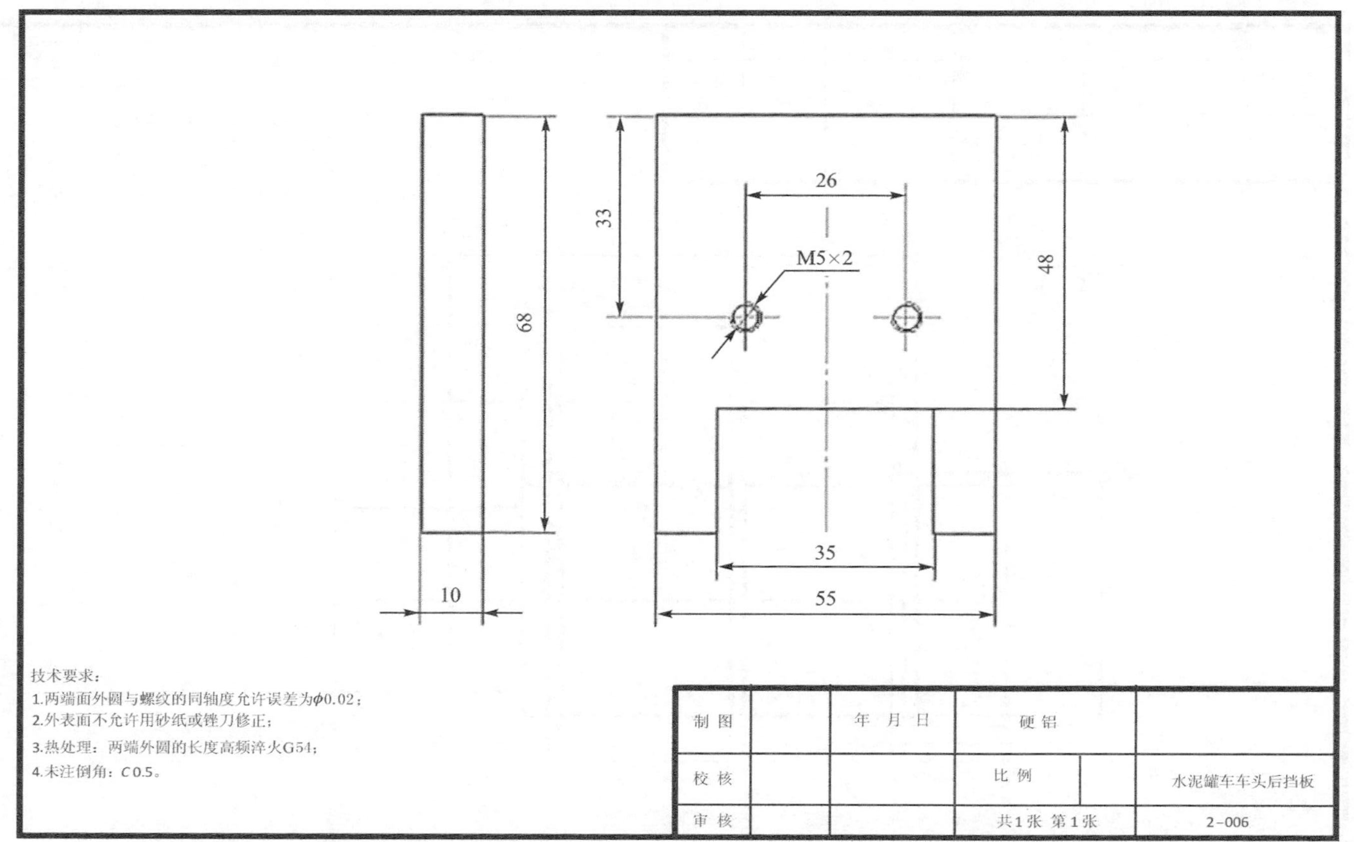

图5-4-7 水泥罐车车头后挡板零件图

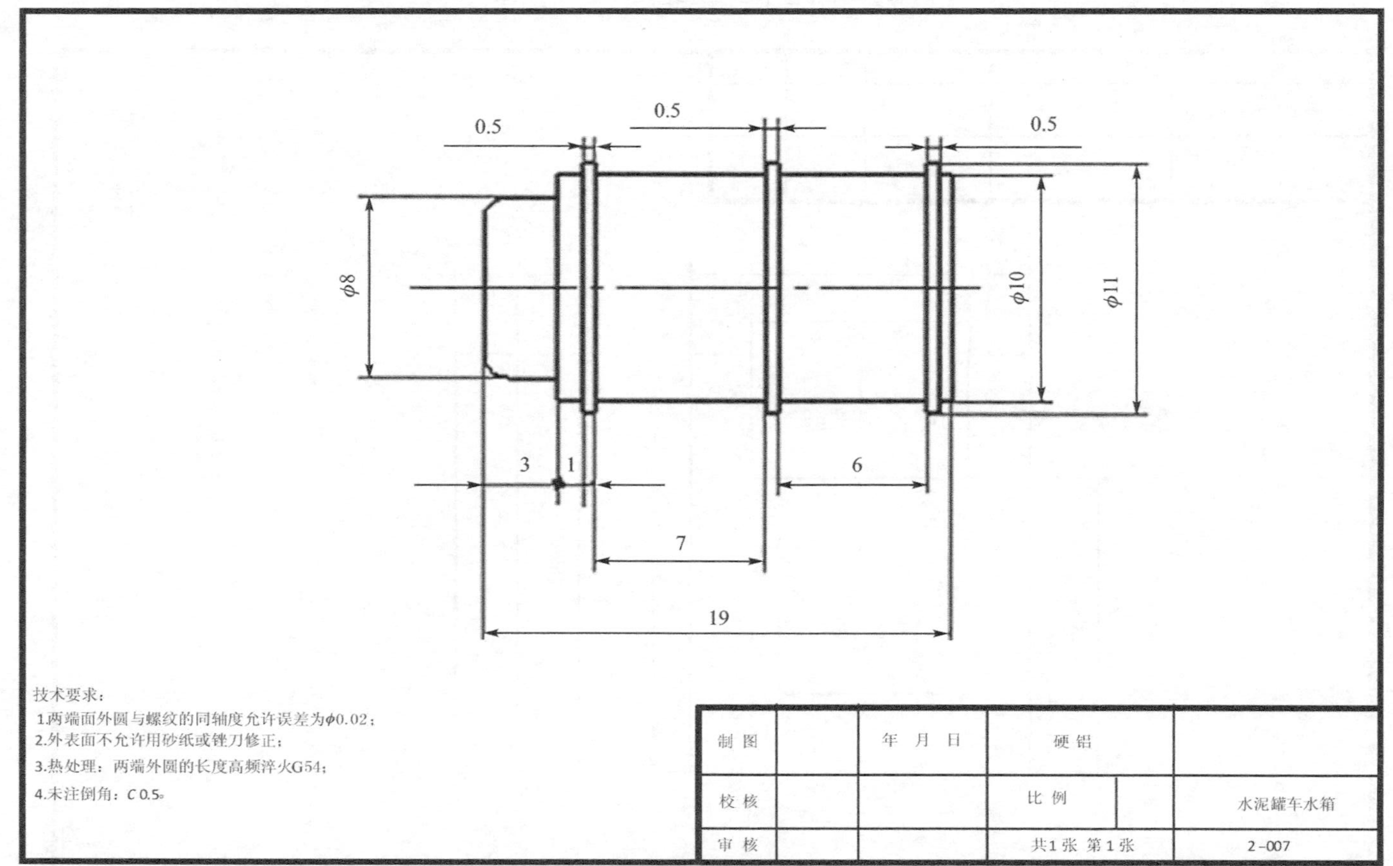

图5－4－8 水泥罐车水箱零件图

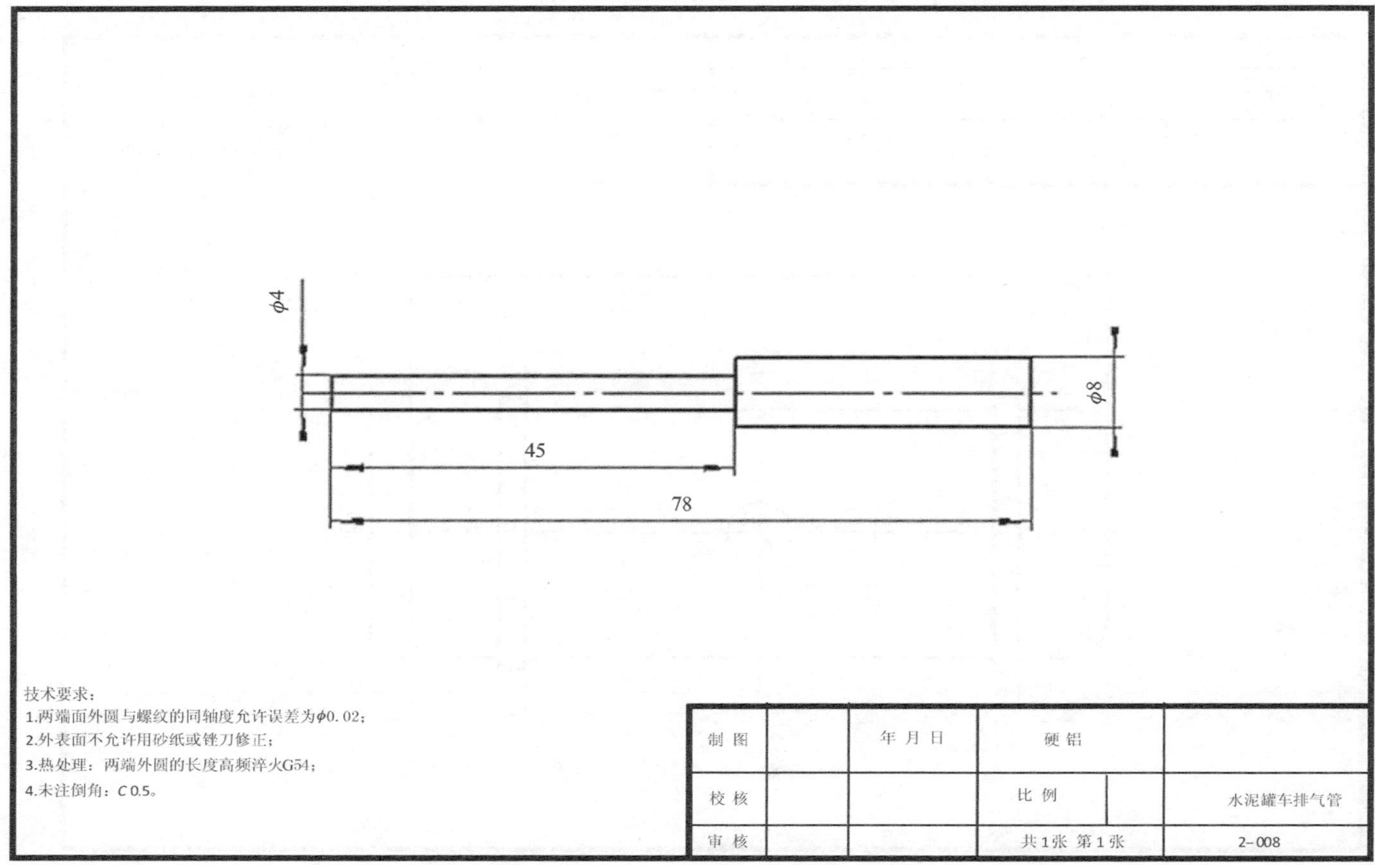

图5－4－9 水泥罐车排气管零件图

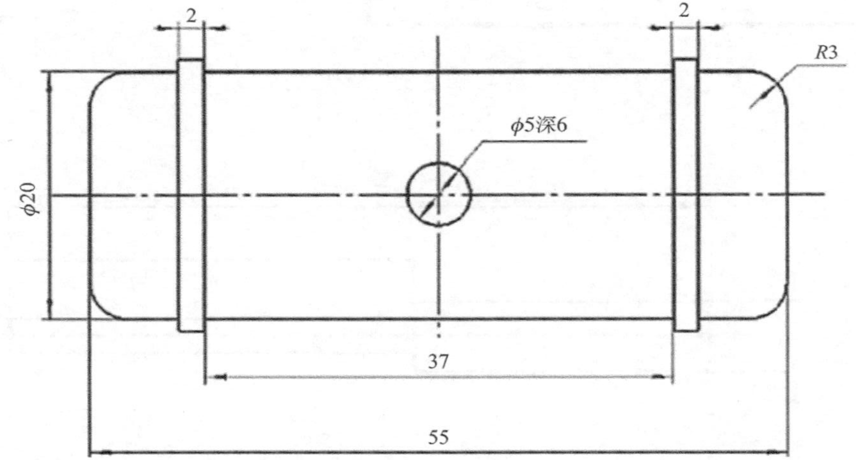

R3

2

2

φ5深6

φ20

37

55

技术要求：

1.两端面外圆与螺纹的同轴度允许误差为φ0.02；

2.外表面不允许用砂纸或锉刀修正；

3.热处理：两端外圆的长度高频淬火G54；

4.未注倒角：C0.5。

制 图		年 月 日	硬 铝		
校 核			比 例		水泥罐车气泵
审 核			共 1 张 第 1 张		2-009

图5-4-10 水泥罐车气泵零件图

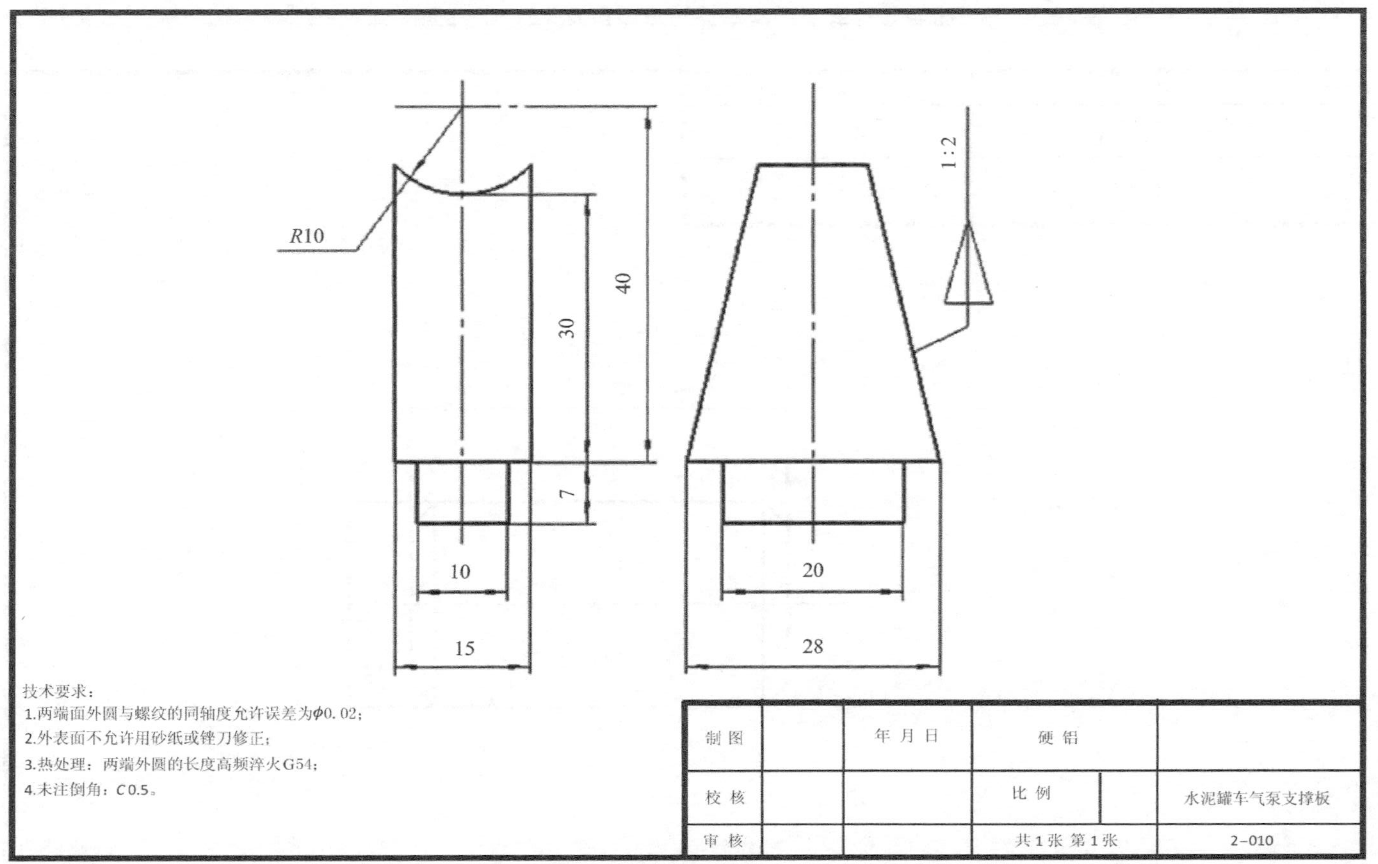

图5-4-11 水泥罐车气泵支撑板零件图

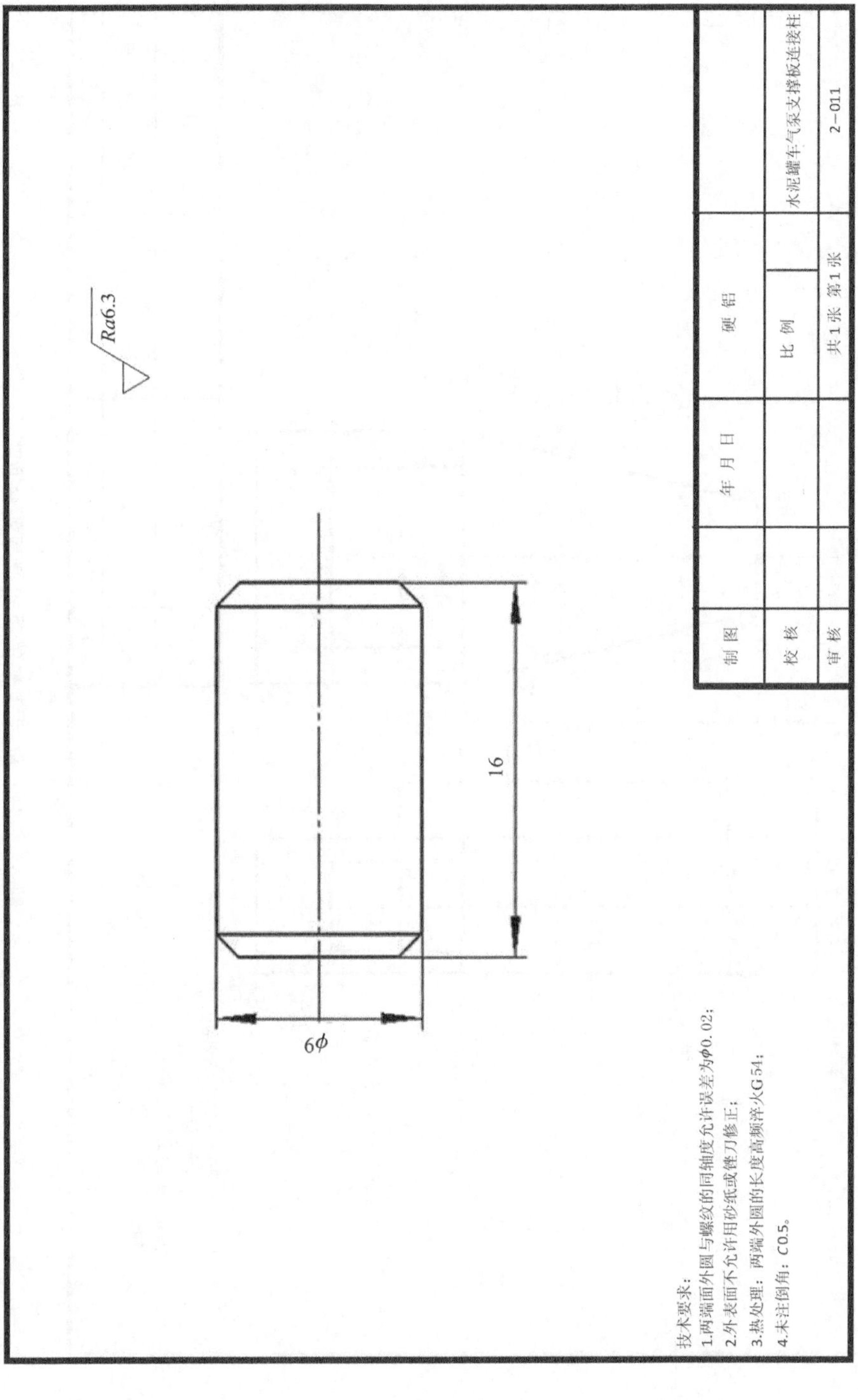

Ra6.3
16
φ6
制图
年 月 日
硬铝
水泥罐车气泵支撑板连接柱
校核
比例
审核
共1张 第1张
2-011
技术要求:
1.两端面外圆与螺纹的同轴度允许误差为φ0.02;
2.外表面不允许用砂纸或锉刀修正;
3.热处理：两端外圆的长度高频淬火G54;
4.未注倒角：C0.5。

图5-4-12 水泥罐车气泵支撑板连接柱零件图

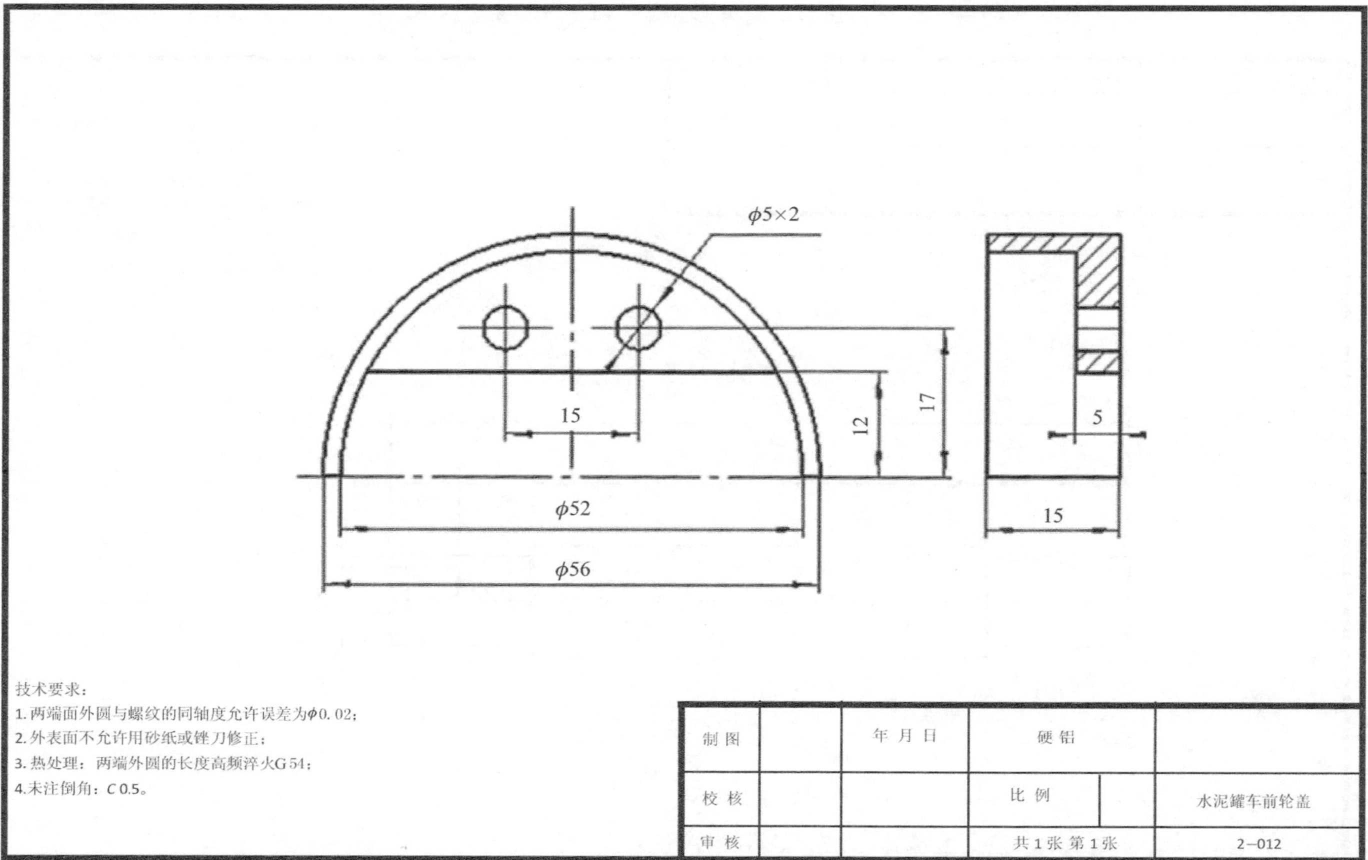

图5-4-13 水泥罐车前轮盖零件图

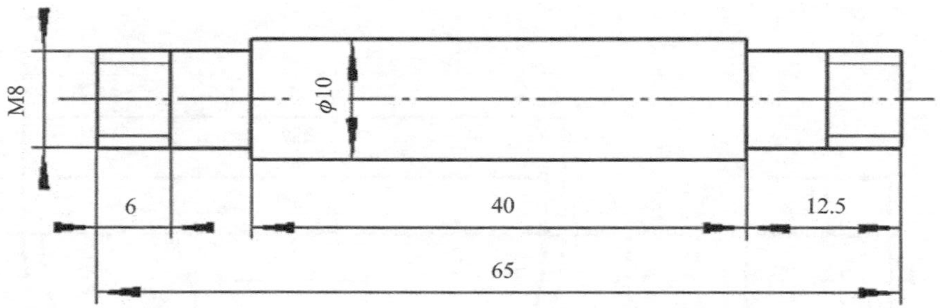

M8 ϕ10 6 40 12.5 65

技术要求：

1. 两端面外圆与螺纹的同轴度允许误差为ϕ0.02；
2. 外表面不允许用砂纸或锉刀修正；
3. 热处理：两端外圆的长度高频淬火G54；
4. 未注倒角：C0.5。

制图		年 月 日	硬铝		
校核			比例		水泥罐车轴
审核			共1张 第1张		2-013

图5-4-14 水泥罐车轴零件图

5.4.1 水泥罐和轴的加工

1. 水泥罐的加工工艺步骤

水泥罐的加工工艺步骤如表 5-4-1 所列。

表 5-4-1 水泥罐的加工工艺步骤

工步	图例	主要工量刃具
用三爪卡盘装夹并找正零件，零件伸出卡盘爪端面 77 mm 左右；车端面，车 ϕ56×15 和 ϕ50×5 的阶台，钻孔 62 mm	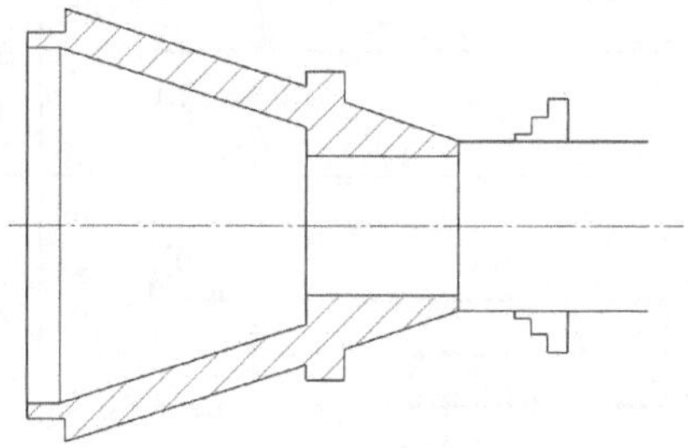	卡盘扳手 刀架扳手 90°外圆车刀 钻头 游标卡尺 千分尺
加工内锥孔，保证内锥孔深度为 37 mm，铰圆柱孔直接至 ϕ36×25	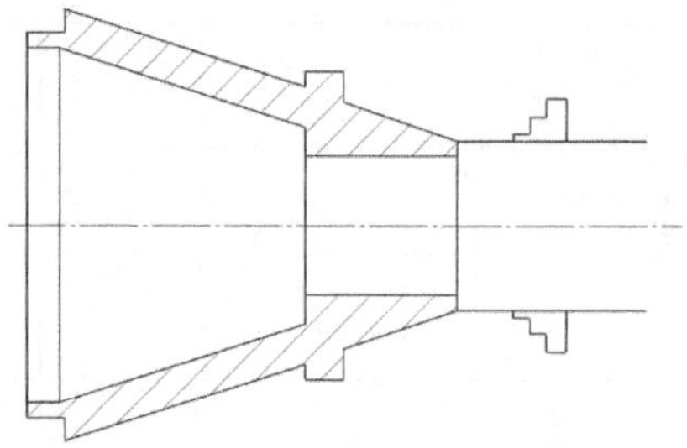	铰刀 内孔车刀 偏刀 游标卡尺
调头一夹一顶，加工外锥度和凸台外形尺寸至图纸要求	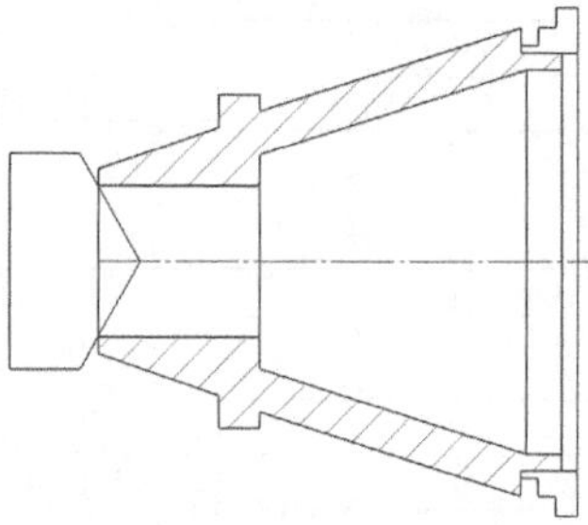	偏刀 游标卡尺
倒角、检验	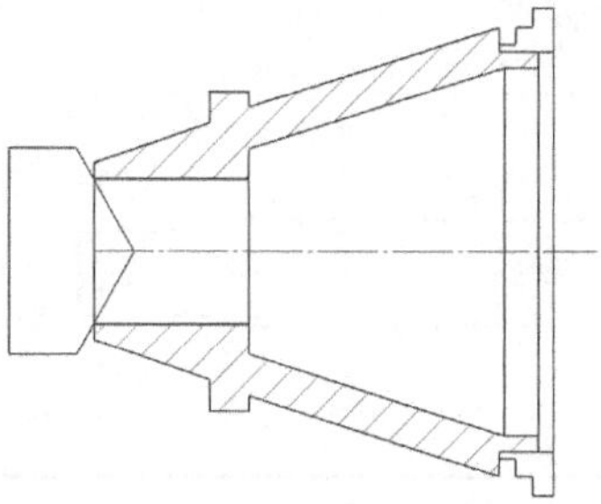	45°外圆车刀

2. 轴的加工工艺步骤

轴的加工工艺步骤如表 5-4-2 所列。

表 5-4-2 轴的加工工艺步骤

工 步	图 例	主要工量刃具
用三爪卡盘装夹并找正零件，车 ϕ10×40 和 ϕ8×12.5 的阶台	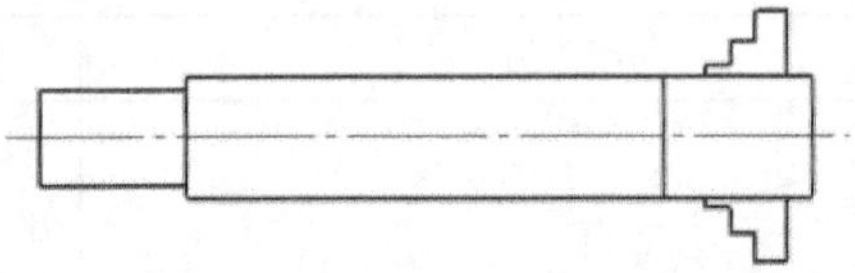	卡盘扳手 90°外圆刀 刀架扳手 游标卡尺 千分尺
车 M8 螺纹	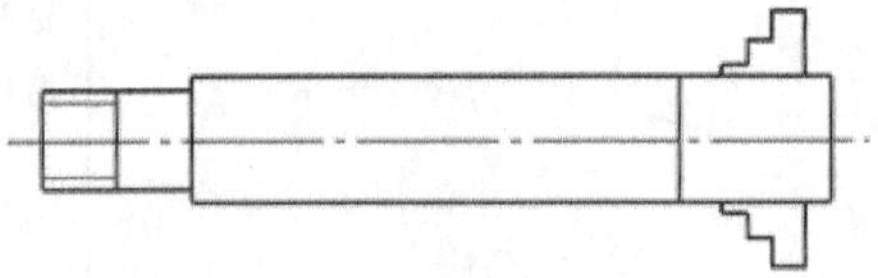	螺纹刀 环规
倒角、检验	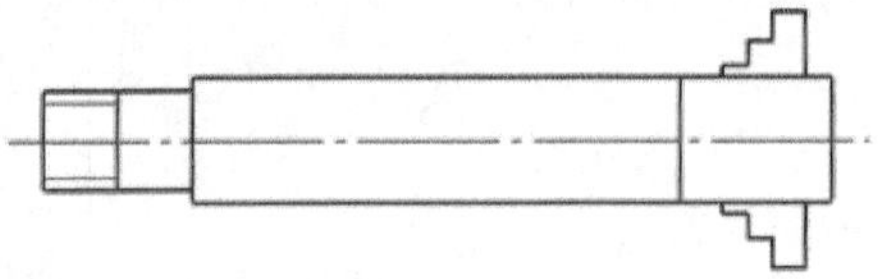	45°外圆车刀
调头夹 ϕ8 外圆找正工件，车端面取总长 65 mm	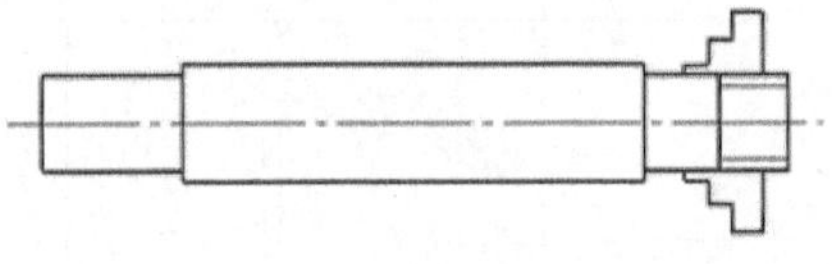	90°外圆车刀 游标卡尺
车 M8 螺纹	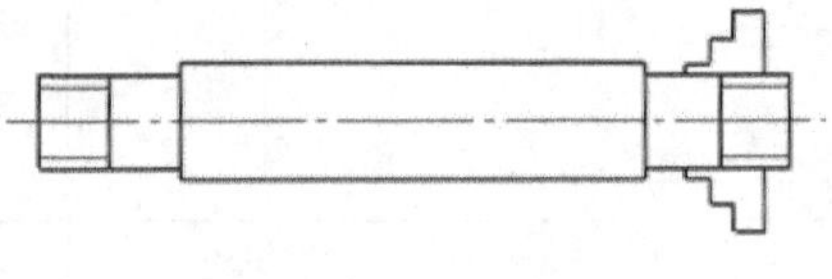	螺纹刀 环规
倒角、检验	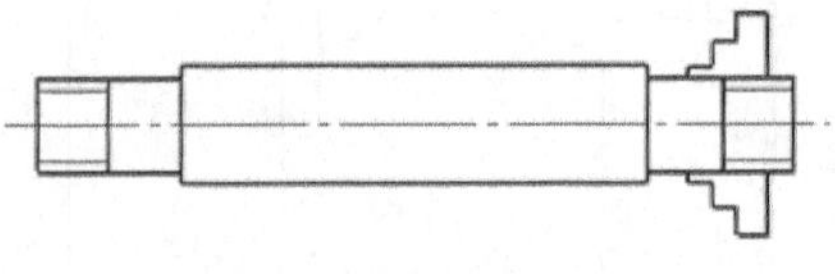	45°外圆车刀

5.4.2 车头的加工

车头的加工工艺步骤如表 5－4－3 所列。

表 5－4－3　车头的加工工艺步骤

工　序	工　步	图　例	主要工具刃具
划线	将车头按平面图展开,在 2 mm 厚的铝板上划线,然后用游标卡尺检验尺寸是否符合图样要求	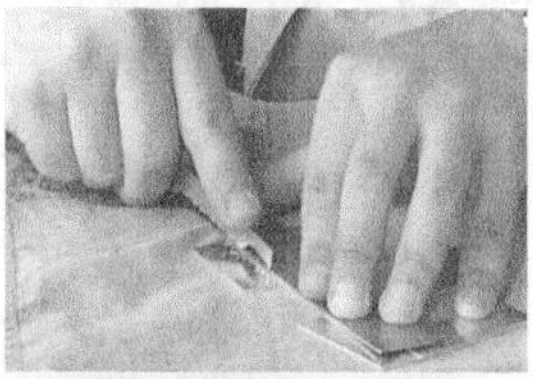	高度划线尺 划线平台 划规 样冲 划针 手锤
锯削	将划线后的车头平面展开图用锯削出来	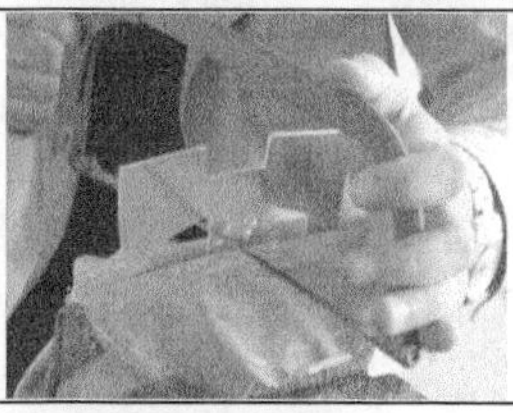	锯
钻孔	为了防止排出的钻屑缠绕在钻头上对加工产生不利影响,可在钻孔过程中每向下钻一小段距离就将钻头略抬一下进行断屑	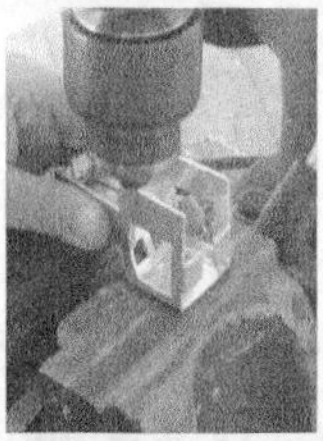	麻花钻头 平行垫铁 游标卡尺 扳手 机用平口钳
挫修	挫修圆弧时,正确的姿势是起挫时锉刀头部向下倾斜,随着锉刀向前锉削,头部逐渐向上		机用平口钳锉刀
攻丝	在车头前面板上攻丝出两个螺孔,然后通过螺纹连接件与车头配合上	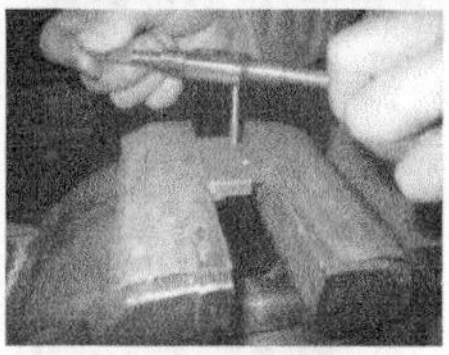	丝锥
成品	—	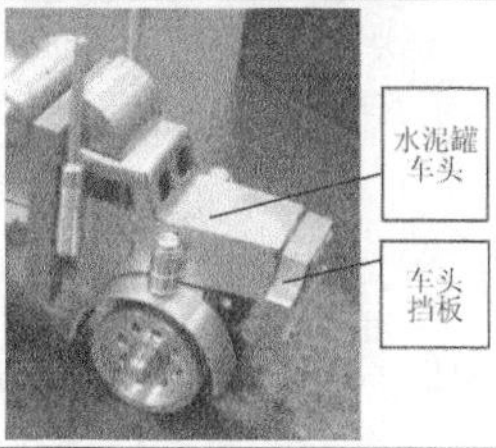	—

第 6 章

其他机械加工方法实例简介

工程造型不仅可以应用到数控车床的造型加工中，也可以应用到数控铣和线切割中。工程造型设计和机械加工设计是密不可分的，它不仅能优化产品的生产，而且能为产品创造更高的价值。其实，在造型设计中还有一款简单实用的软件 CAXA，其具有造型设计、仿真加工和生产代码等功能，可以应用到工程造型的设计中。

6.1 CAXA 数控车加工参数设置

CAXA 软件中的“数控车”功能是在配置好机床参数后，通过拾取二维图形来确定工件轮廓，然后选择适当的加工方式形成刀具轨迹，最后生成机床可以识别的 G 代码；同时，它还可以将 G 代码反读回 CAXA 软件，生成具体的刀具加工轨迹，从而大大提高编程的效率。图 6-1-1 所示为“数控车”工具按钮。

图 6-1-1 “数控车”工具按钮

下面应用 CAXA 软件绘制如图 6-1-2 所示的广口杯，并生成相应的粗车、精车刀具轨迹。

1. 绘制图形

单击“绘图”菜单中的“直线”按钮，选择“两点线”→“连续”→“非正交”菜单项，然后分别输入(0,12)(−35,12)(−45,20)(−50,20)(−50,0)，生成如图 6-1-3 所示的直线轮廓。

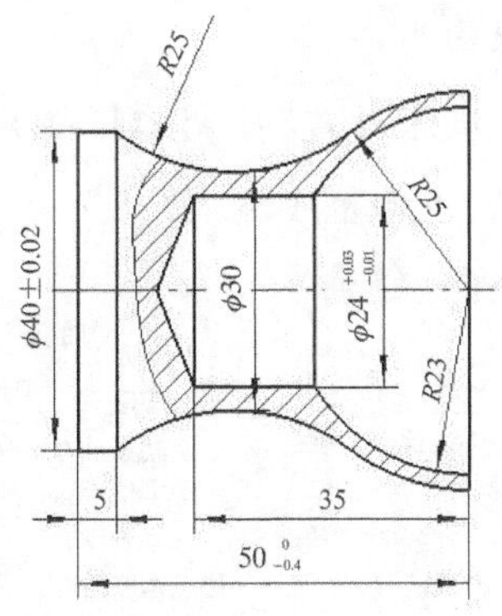

图 6-1-2　广口杯

单击“绘图”菜单中的“圆弧”按钮 ，选择“圆心_半径”菜单项，输入(0,0)为圆心，绘制两个同心圆，半径分别为 23 和 25；应用“圆弧”命令，选择“两点_半径”菜单项，绘制半径为 25 的圆的相切圆弧，如图 6-1-4 所示。

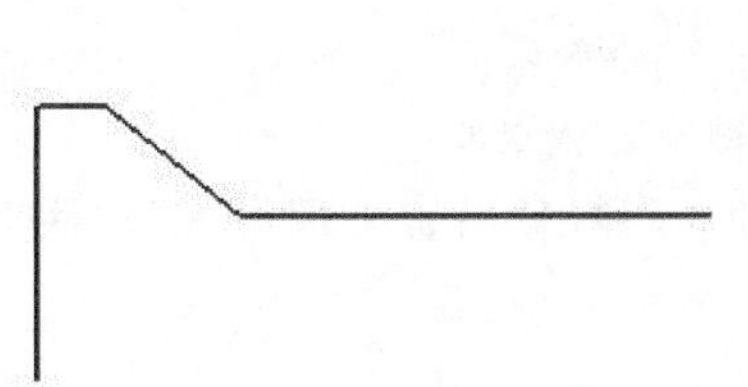

图 6-1-3　绘制直线轮廓

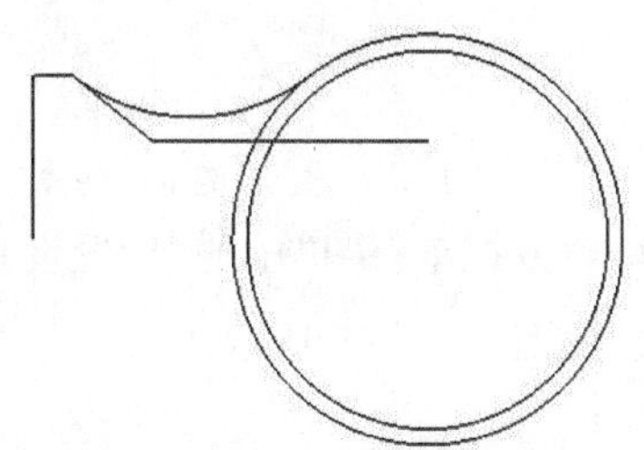

图 6-1-4　绘制圆和圆弧

单击“绘图”菜单中的“裁剪”按钮，剪掉多余部分，绘制出工件轮廓，如图 6-1-5 所示。

单击“绘图”菜单中的“直线”按钮 ，选择“两点线”菜单项，绘制毛坯轮廓，如图 6-1-6 所示。

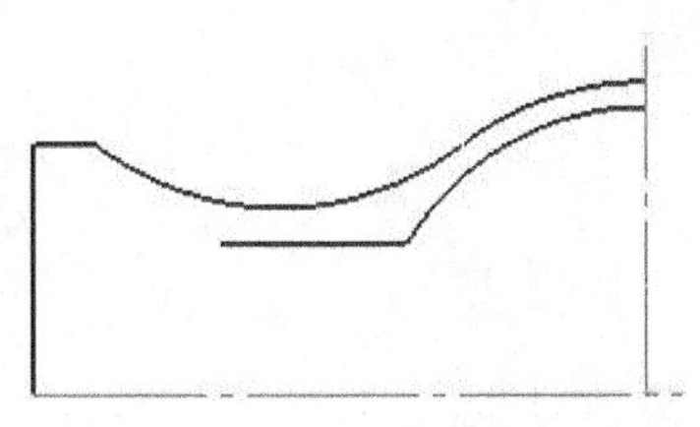

图 6-1-5　绘制工件轮廓

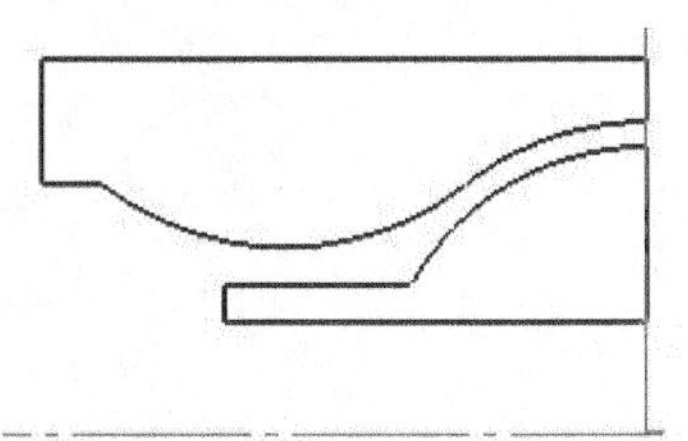

图 6-1-6　绘制毛坯轮廓

2. 机床设置及后置设置

单击“数控车”菜单中的“机床设置”按钮，弹出“机床类型设置”对话框，如图 6-1-7 所示，在“行结束符”文本框中输入“;”。

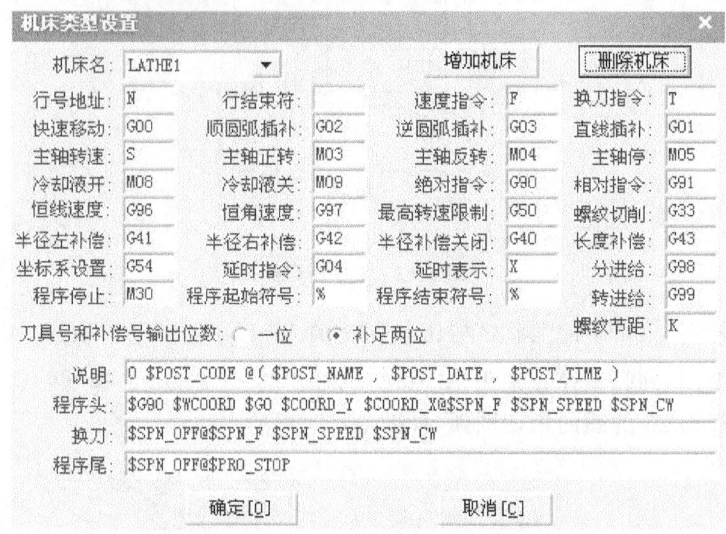

图 6-1-7 “机床类型设置”对话框

单击“数控车”菜单中的“后置设置”按钮，弹出“后置处理设置”对话框，修改各选项，如图 6-1-8 所示。

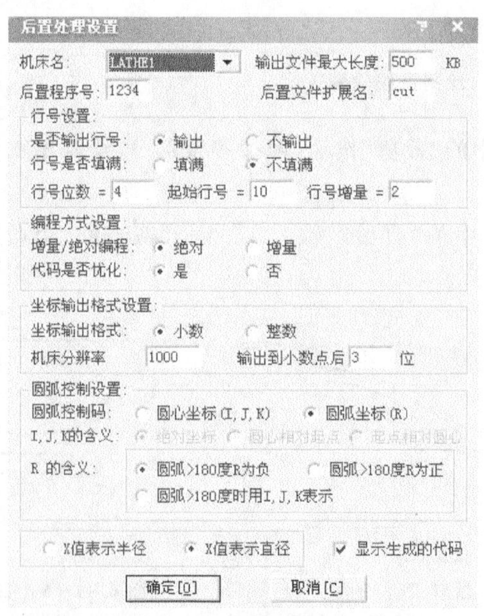

图 6-1-8 “后置处理设置”对话框

3. 刀具库设置

单击"数控车"菜单中的"刀具库管理"按钮 ，弹出"刀具库管理"对话框，增加外圆刀具"lt01"，如图 6-1-9 所示。

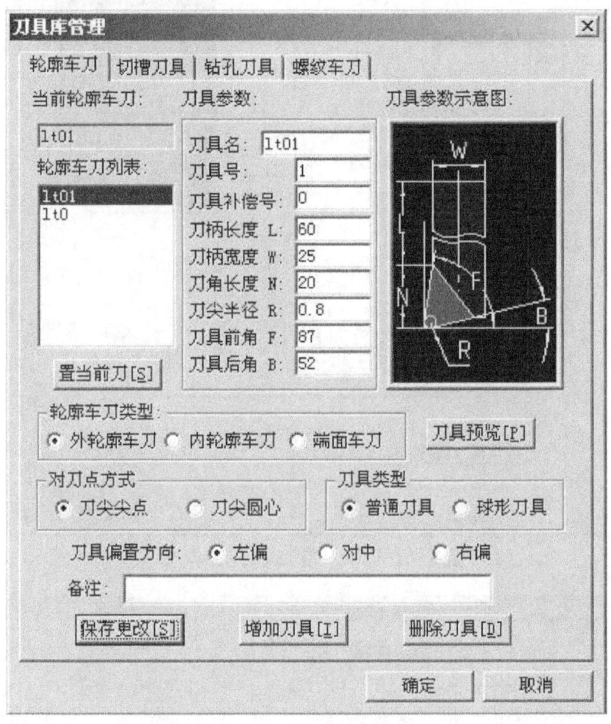

图 6-1-9　增加外圆刀具参数

增加内孔刀具"lt02"，如图 6-1-10 所示。

4. 轮廓粗车参数设置

单击"数控车"菜单中的"轮廓粗车"按钮 ，弹出"粗车参数表"对话框，按照工艺要求，设置"加工参数"选项卡中的各项参数，如图 6-1-11 所示。

设置"进退刀方式"选项卡中的各项参数，如图 6-1-12 所示。

设置"切削用量"选项卡中的各项参数，如图 6-1-13 所示。

设置"轮廓车刀"选项卡中的各项参数，如图 6-1-14 所示，然后单击"确定"按钮。

5. 外圆刀具轨迹生成

选择"数控车"→"轮廓粗车"菜单项，通过拾取工件轮廓和毛坯轮廓生成外圆刀具粗加工轨迹，如图 6-1-15 所示。

选择"数控车"→"轮廓精车"菜单项，通过拾取工件轮廓和毛坯轮廓生成外圆刀具精加工轨迹，如图 6-1-15 所示。

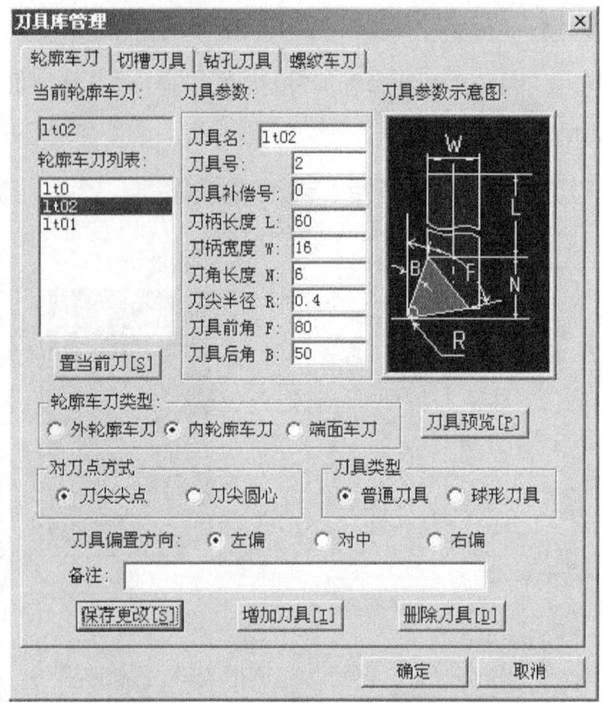

图 6-1-10 增加内孔刀具参数

粗车参数表

加工参数 | 进退刀方式 | 切削用量 | 轮廓车刀

加工表面类型: ⊙ 外轮廓 ○ 内轮廓 ○ 端面

加工方式: ⊙ 行切方式 ○ 等距方式

加工参数:

加工精度 0.02　加工余量 0.1

加工角度(度) 180　切削行距 3

干涉前角(度) 87　干涉后角(度) 52

拐角过渡方式: ○ 尖角 ⊙ 圆弧

反向走刀: ○ 是 ⊙ 否

详细干涉检查: ⊙ 是 ○ 否

退刀时沿轮廓走刀: ⊙ 是 ○ 否

刀尖半径补偿: ⊙ 编程时考虑半径补偿 ○ 由机床进行半径补偿

确定　取消

图 6-1-11 “加工参数”选项卡

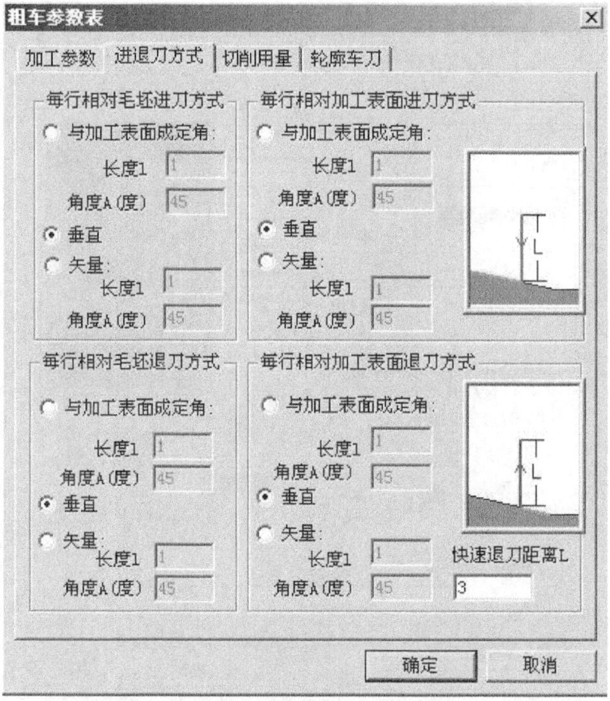

图 6－1－12 “进退刀方式”选项卡

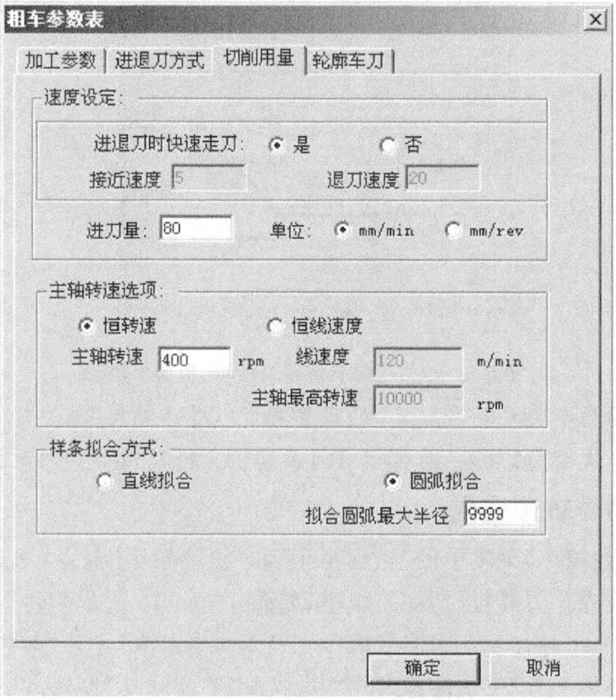

图 6－1－13 “切削用量”选项卡

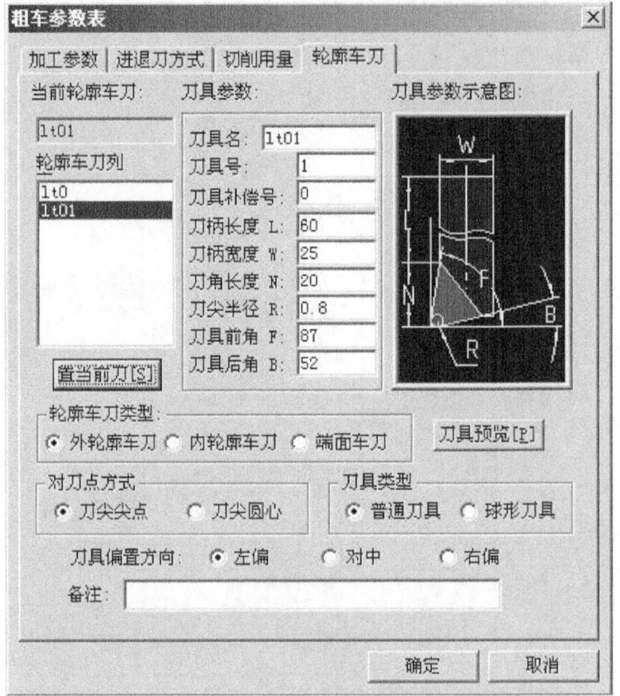

图 6-1-14　“轮廓车刀”选项卡

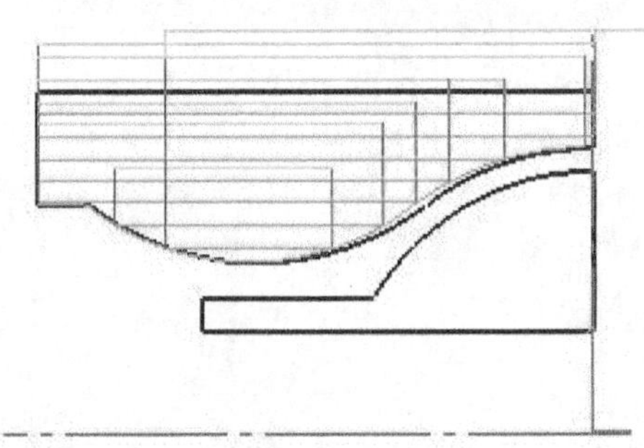

图 6-1-15　生成外圆刀具粗、精加工轨迹

注意:“轮廓精车”和“轮廓粗车”的设置相近,“轮廓精车”减少了“切削方式”的设置,增加了“精车次数”的设置,具体过程可参考“4. 轮廓粗车参数设置”。

6. 内孔刀具轨迹生成

分别选择“数控车”菜单中的“轮廓粗车”和“轮廓精车”命令,通过拾取工件轮廓和毛坯轮廓生成内孔刀具粗、精加工轨迹,如图 6-1-16 所示。

注意:内孔加工时,“粗加工参数表”和“精加工参数表”中的“加工表面类型”应选择“内轮廓”,“轮廓车刀”中应选择“lt02”并单击“置当前刀”按钮,以便对刀具的加工类型及刀具参数进行切换。

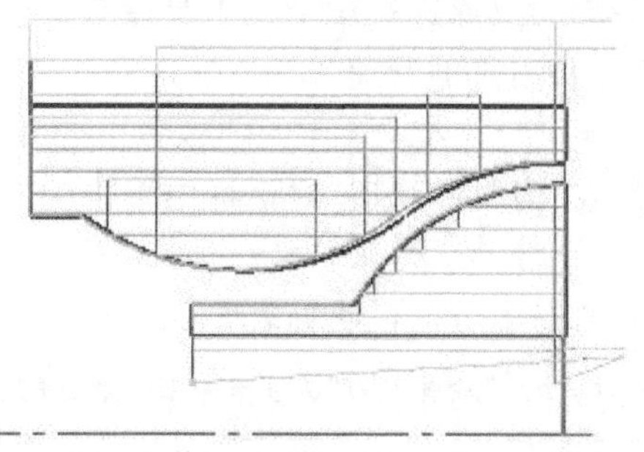

图 6-1-16　生成内孔刀具粗、精加工轨迹

1. 刀具库管理

单击“数控车”菜单中的“刀具库管理”按钮，弹出“刀具库管理”对话框，如图 6-1-17 所示。在“刀具库管理”对话框中可定义确定刀具的有关数据，以便从刀

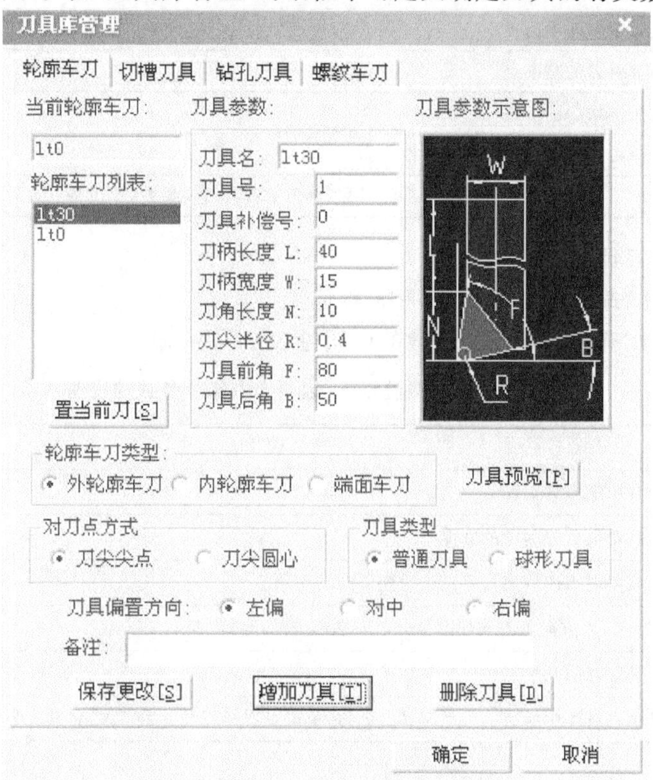

图 6-1-17　“刀具库管理”对话框

具库中获取刀具信息以及对刀具库进行维护。刀具库管理包括对轮廓车刀、切槽刀具、钻孔刀具和螺纹车刀4种刀具的管理。

(1) 轮廓车刀

如图6-1-17所示，在“刀具库管理”对话框中单击“轮廓车刀”选项卡，选择车刀参数。

“轮廓车刀”选项卡中部分参数的说明见表6-1-1。

表6-1-1 “轮廓车刀”选项卡中部分参数的说明

参 数	说 明
刀具名	用于刀具标识和列表。刀具名是唯一的
刀具号	刀具的系列号，用于后置处理的自动换刀指令。刀具号唯一并对应机床的刀库
刀具补偿号	刀具补偿值的序列号，其值对应于机床的数据库
刀柄长度	刀具可夹持段的长度
刀柄宽度	刀具可夹持段的宽度
刀角长度	刀具切削刃沿刀杆方向的长度
刀尖半径	刀尖部分用于切削的圆弧半径
刀具前角	刀具前刃与工件旋转轴的夹角
轮廓车刀类型	选择车刀的加工类型
对刀点方式	刀具对刀的基准点
刀具类型	刀尖形状
刀具偏置方向	选择刀具加工方向和刀具补偿方向
轮廓车刀列表	显示刀具库中所有同类型刀具的名称，单击查看其刀具参数，双击将其置为当前刀具

(2) 切槽刀具

“切槽刀具”选项卡如图6-1-18所示。

“切槽刀具”选项卡中部分参数的说明见表6-1-2。

表6-1-2 “切槽刀具”选项卡中部分参数的说明

参 数	说 明
刀刃宽度	刀具切削刃的宽度
刀具宽度	刀具切削部分后段的宽度
刀具引角	刀具切削刃两侧边与垂直于切削方向的夹角
刀具位置	刀具在Z方向上刀头切削部分与刀柄部分的相对位置
编程刀位	刀具对刀的基准点
切槽刀具列表	显示刀具库中所有同类型刀具的名称，单击查看其刀具参数，双击将其置为当前刀具

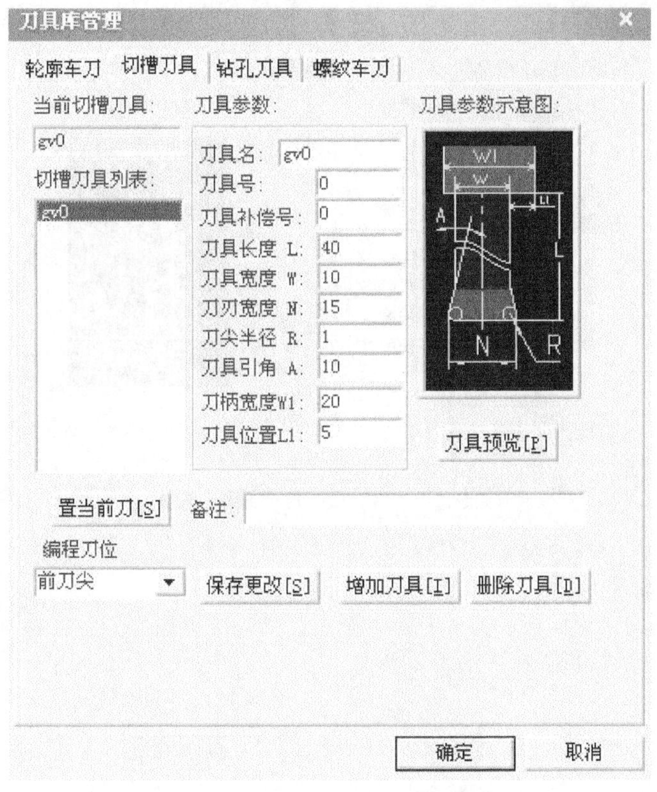

图 6-1-18 “切槽刀具”选项卡

(3) 钻孔刀具

“钻孔刀具”选项卡如图 6-1-19 所示。

“钻孔刀具”选项卡中部分参数的说明见表 6-1-3。

表 6-1-3 “钻孔刀具”选项卡中部分参数的说明

参 数	说 明
刀具半径	钻头的半径
刀尖角度	钻头的顶角
刀刃长度	钻头上有效切削部分的长度
刀杆长度	钻头的总长度
钻孔刀具列表	显示刀具库中所有同类型刀具的名称,单击查看其刀具参数,双击将其置为当前刀具

(4) 螺纹车刀

“螺纹车刀”选项卡如图 6-1-20 所示。

“螺纹刀具”选项卡中部分参数的说明见表 6-1-4。

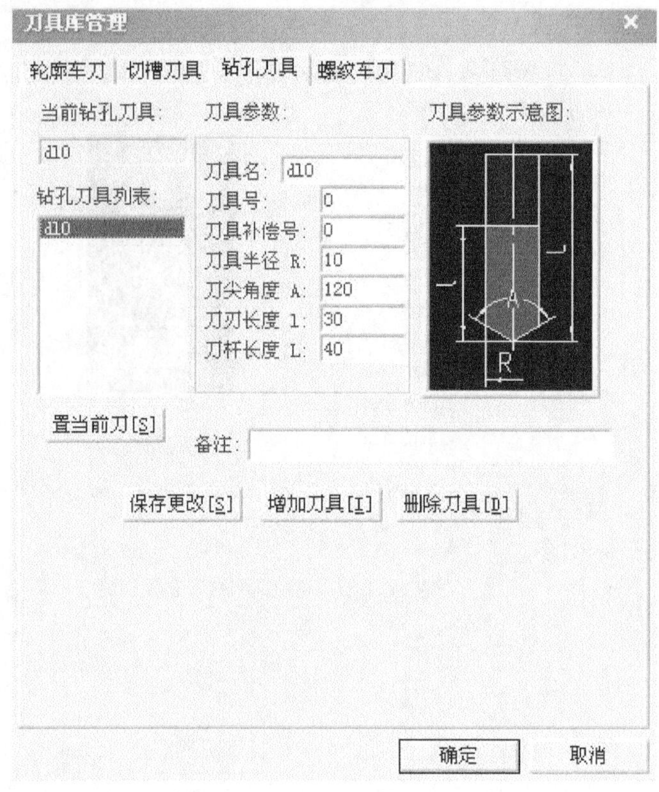

图 6-1-19 "钻孔刀具"选项卡

表 6-1-4 "螺纹车刀"选项卡中部分参数的说明

参　数	说　明
刀刃长度	螺纹车刀的切削刃沿刀柄方向的长度
刀尖宽度	螺纹牙底宽度
刀具角度	刀具两切削刃之间的夹角，即所加工螺纹的牙型角
螺纹车刀列表	显示刀具库中所有同类型刀具的名称，单击查看其刀具参数，双击将其置为当前刀具

2. 机床设置及后置设置

机床设置是针对不同的机床和系统，设置特定的数控代码、格式及参数，并生成配置文件。生成数控程序时，系统根据该配置文件的定义生成用户所需的特定代码格式的加工指令。

后置设置是针对特定的机床，结合已经设置好的机床配置，对后置输出的数控程序格式，如程序段行号、程序大小、数据格式、编程方式、圆弧控制方式等进行设置。

在进行程序生成之前，首先要对机床设置和后置设置中的参数进行设定，明确指

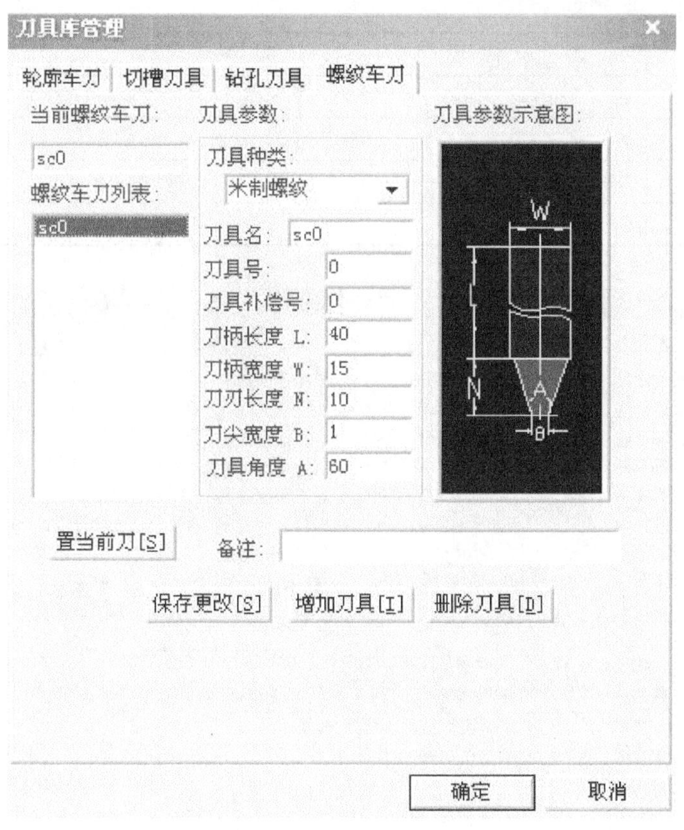

图 6-1-20 “螺纹车刀”选项卡

令的含义和程序代码的生成方式。

(1) 机床设置

单击“数控车”菜单中的“机床设置”按钮，弹出“机床类型设置”对话框，如图 6-1-21 所示。

在“机床类型设置”对话框中可以对主轴控制、数值插补方式、补偿方式、冷却控制、程序起停以及程序首尾控制符等参数进行配置，进而生成所需要的加工指令。

“机床类型设置”对话框中部分参数的说明见表 6-1-5。

表 6-1-5 “机床类型设置”对话框中部分参数的说明

参 数	说 明
当前后置文件名	POST_ NAME
当前日期	POST_ DATE
当前时间	POST_ TIME
当前程序号	POST_ CODE

续表 6-1-5

参　数	说　明
换行标志	@
输出空格	$
绝对指令	G90
相对指令	G91

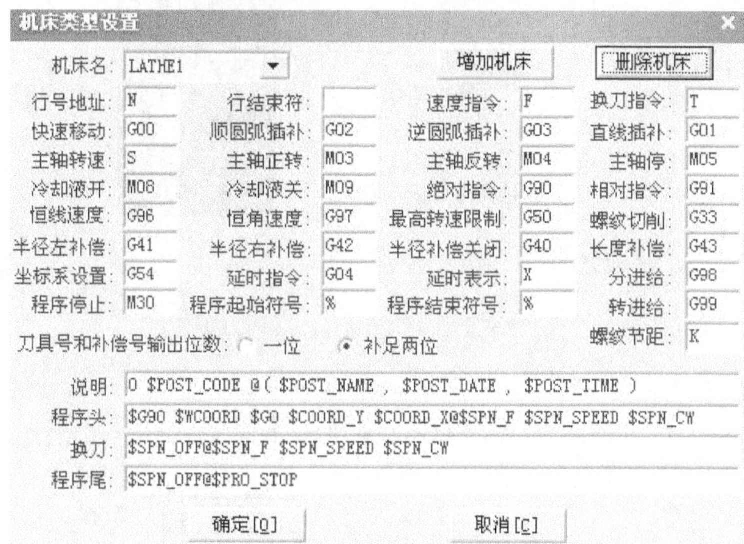

图 6-1-21　“机床类型设置”对话框

(2) 后置设置

单击“数控车”菜单中的“后置设置”按钮PRGRM，弹出“后置处理设置”对话框，如图 6-1-22 所示。

“后置处理设置”对话框中部分参数的说明见表 6-1-6。

表 6-1-6　“后置处理设置”对话框中部分参数的说明

参　数	说　明
机床分辨率	机床的加工精度，如果机床精度为 0.001 mm，则分辨率设置为 1 000
代码是否优化	在输出的代码中，如果坐标的某部分与上次相同，那么在不影响程序意义的基础上删除之后相同的部分，即所谓的模态

3. 轮廓粗、精车

轮廓粗、精车功能用于实现对工件外轮廓表面、内轮廓表面和端面的粗车加工，用来快速清除毛坯的多余部分。

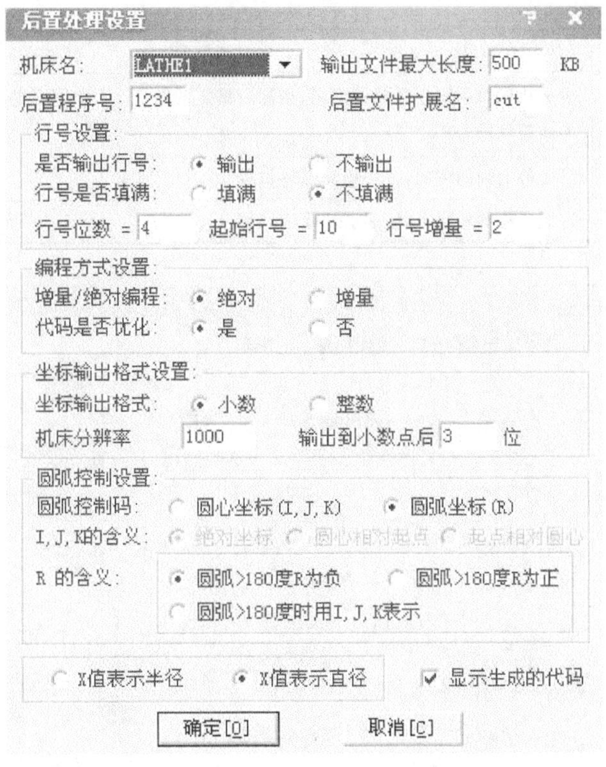

图 6-1-22 "后置处理设置"对话框

(1) 轮廓粗车

单击"数控车"菜单中的"轮廓粗车"按钮，弹出"粗车参数表"对话框，如图 6-1-23 所示。

① 加工参数：主要用于对粗车加工中的各种工艺条件和加工方式进行设定。

"加工参数"选项卡中部分参数的说明见表 6-1-7。

表 6-1-7 "加工参数"选项卡中部分参数的说明

参 数	说 明
干涉前角	即刀具的主偏角。如果主偏角设置过小，则刀具将无法加工零件上过于凸出的部位
干涉后角	即刀具的副偏角。如果副偏角设置过小，则刀具将无法加工零件上凹陷过大的部位
反向走刀	刀具是否可以从机床 Z 轴的负向向正向切削加工
详细干涉检查	在加工凹槽时，是否用已定义的干涉角度检查加工中的刀具前角干涉及底切干涉，并按定义的干涉角度生成无干涉的切削轨迹
由机床进行半径补偿	生成代码时不考虑半径补偿，在机床实际加工中设定补偿方式及补偿半径

续表 6-1-7

参　数	说　明
编程时考虑半径补偿	生成代码时考虑半径补偿因素，根据所设定的刀尖半径和补偿方式，直接生成补偿后的轨迹代码
行切方式	沿工件的轴向方向，逐层切除毛坯部分
等距方式	按照工件的轮廓形状，逐层切除毛坯部分

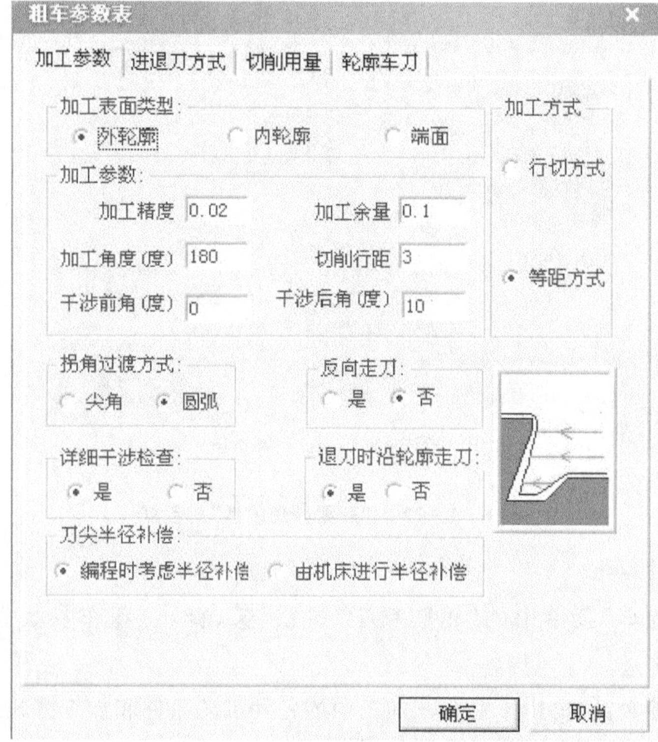

图 6-1-23　“粗车参数表”对话框

② 进退刀方式：用指定的进刀和退刀方式在加工中对毛坯部分进行切削，如图 6-1-24 所示。

“进退刀方式”选项卡中部分参数的说明见表 6-1-8。

表 6-1-8　“进退刀方式”选项卡中部分参数的说明

参　数	说　明
与加工表面成定角	在每一切削行前加入一段与轨迹切削方向夹角成一定角度的进刀段
垂直	刀具直接进刀到每一切削行的起始点

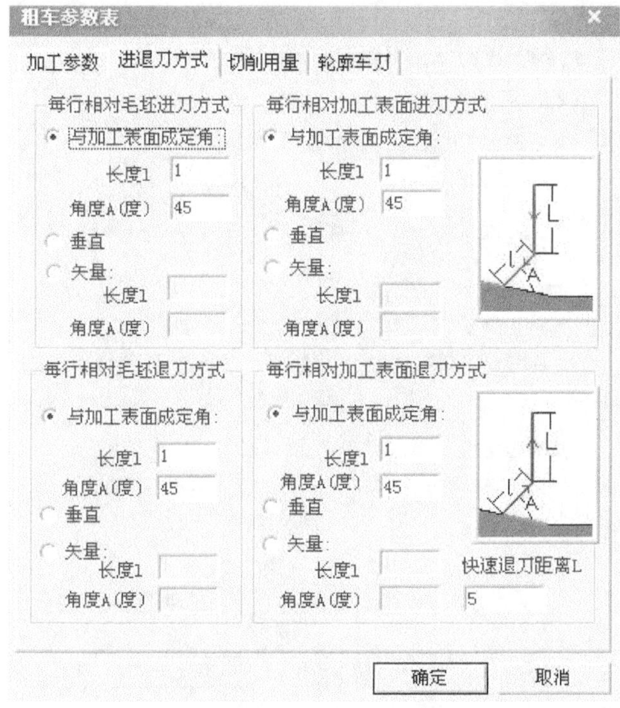

图 6-1-24 “进退刀方式”选项卡

③ 切削用量：设置生成程序中的切削速度、背吃刀量、进给量等参数，如图 6-1-25 所示。

“切削用量”选项中各参数的说明见表 6-1-9。

表 6-1-9 “切削用量”选项卡中各参数的说明

参　数	说　明
接近速度	刀具接近工件的速度
退刀速度	刀具离开工件的速度
恒转速	在切削过程中，指定主轴转数保持不变
恒线速度	在切削过程中，指定线速度保持不变
直线拟合	根据给定的精度对样条线进行直线段拟合
圆弧拟合	根据给定的精度对样条线进行圆弧段拟合

(2) 轮廓精车

单击“数控车”菜单中的“轮廓精车”按钮，弹出“轮廓精车”对话框。“轮廓精车”与“轮廓粗车”设置相近，其减少了“切削方式”设置，增加了“精车次数”设置，其他参数设置可参考“轮廓粗车”相关参数设置的说明。

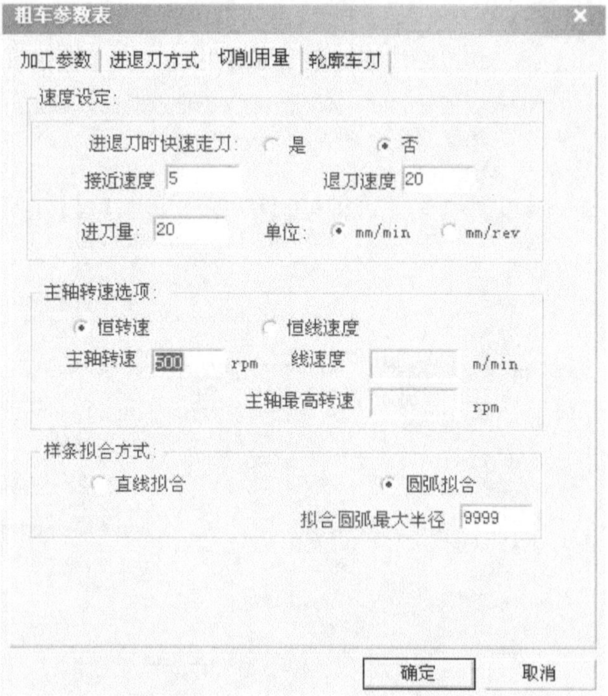

粗车参数表

加工参数 | 进退刀方式 | 切削用量 | 轮廓车刀

速度设定:

进退刀时快速走刀: 是 否

接近速度 5 退刀速度 20

进刀量: 20 单位: mm/min mm/rev

主轴转速选项:

恒转速 恒线速度

主轴转速 500 rpm 线速度 m/min

主轴最高转速 rpm

样条拟合方式:

直线拟合 圆弧拟合

拟合圆弧最大半径 9999

确定 取消

图 6-1-25 “切削用量”选项卡

6.2 代码生成及轨迹仿真

代码生成及查看是数控车软件中最为关键的功能之一，它可以通过前期对机床的配置要求和已生成的刀具轨迹自动转化出 G 代码数据，即工件的加工程序，并应用记事本等阅读软件对所生成的程序进行查看和修改。

轨迹仿真是对已生成的加工轨迹进行加工模拟，通过模拟过程可以检查加工路径的正确性及刀具角度对切削工件形状的影响。在加工模拟时，应用轨迹生成时设置的加工参数，可同时对进给量等参数进行查看。

在本任务中，将对上一任务“广口杯”中生成的刀具轨迹（见图 6-1-16）生成代码并进行轨迹仿真。

1. 代码生成

单击“数控车”菜单中的“代码生成”按钮 ，弹出“选择后置文件!”对话框，如图 6-2-1 所示。

图 6-2-1 “选择后置文件!”对话框(1)

在“文件名”文本框中输入新建的文件名“广口杯”，单击“打开”按钮，系统将提示是否创建该文件，单击“是”按钮，如图 6-2-2 所示。

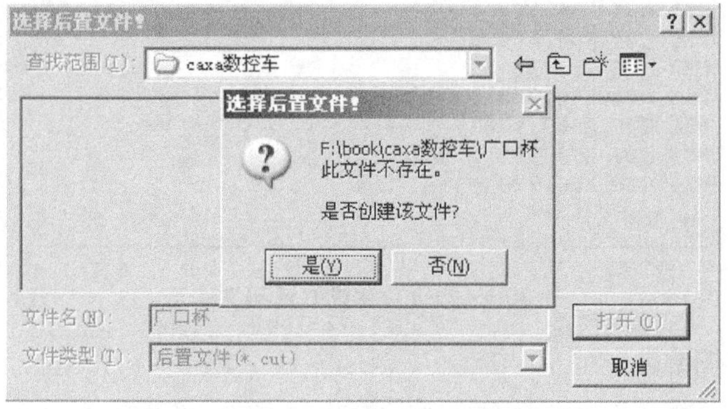

图 6-2-2 单击“是”按钮

按照加工顺序分别拾取外圆粗加工轨迹、外圆精加工轨迹、内孔粗加工轨迹和内孔精加工轨迹，如图 6-2-3 所示。

拾取完成后，右击，在弹出的快捷菜单中选择“确定”，所生成的 G 代码数据将通过记事本阅读软件自动弹出，如图 6-2-4 所示。

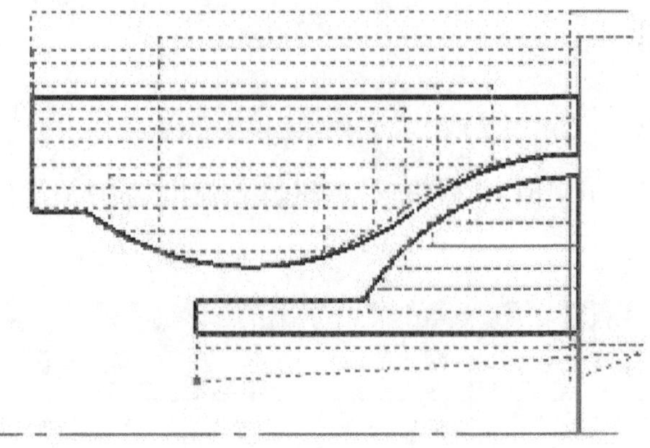

图 6-2-3　刀具轨迹拾取

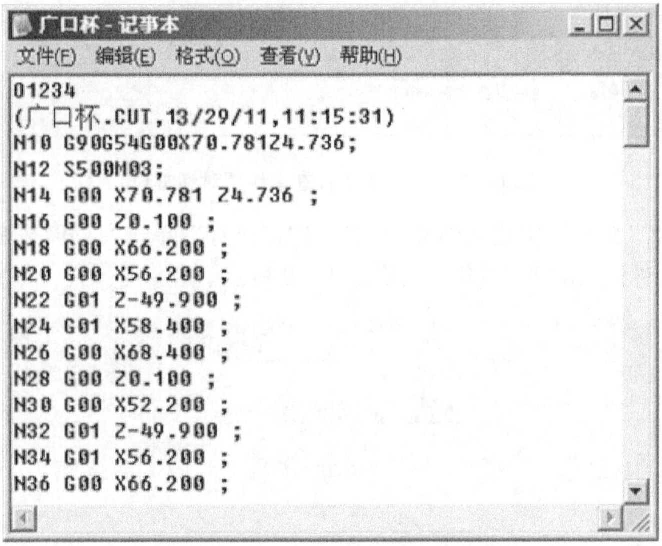

广口杯 - 记事本

文件(F)　编辑(E)　格式(O)　查看(V)　帮助(H)

```
O1234
(广口杯.CUT,13/29/11,11:15:31)
N10 G90G54G00X70.781Z4.736;
N12 S500M03;
N14 G00 X70.781 Z4.736 ;
N16 G00 Z0.100 ;
N18 G00 X66.200 ;
N20 G00 X56.200 ;
N22 G01 Z-49.900 ;
N24 G01 X58.400 ;
N26 G00 X68.400 ;
N28 G00 Z0.100 ;
N30 G00 X52.200 ;
N32 G01 Z-49.900 ;
N34 G01 X56.200 ;
N36 G00 X66.200 ;
```

图 6-2-4　生成 G 代码文件

2. 轨迹仿真

利用轨迹仿真指令校验“广口杯”中生成的刀具轨迹，如图 6-1-16 所示。

① 单击“数控车”菜单中的“轨迹仿真”按钮，激活轨迹仿真功能，如图 6-2-5 所示。

② 按照加工顺序分别拾取外圆粗加工轨迹、外圆精加工轨迹、内孔粗加工轨迹和内孔精加工轨迹，弹出刀具和毛坯图形，如图 6-2-6 所示。

③ 在弹出轨迹仿真控制条上按“开始”键开始仿真，检查刀具加工过程，如

1: 二维实体 2: 缺省毛坯轮廓 3:步长 0.05
拾取刀具轨迹!

图 6-2-5　轨迹仿真立即菜单

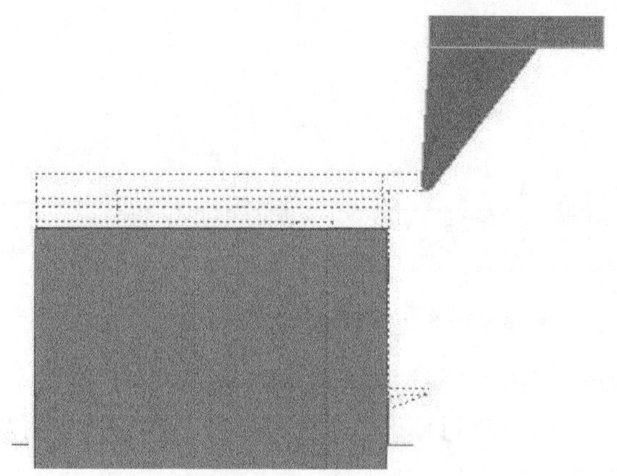

图 6-2-6　二维刀具及毛坯

图 6-2-7 所示。

图 6-2-7　二维仿真过程

1. 查看、编辑生成的代码内容

① 单击“数控车”菜单中的“查看代码”按钮 PRGRM，弹出“选择后置文件!”话框，如

图 6-2-8 所示。

图 6-2-8 "选择后置文件!"对话框(2)

② 选择一个.cut 程序后,系统即用 Windows 提供的"记事本"显示代码的内容,此时用户可以对代码的内容进行修改。当代码文件较大时,要用"写字板"打开,用户可在其中对代码进行修改。

2. 代码反读

代码反读是把生成的 G 代码文件反读进来,生成刀具轨迹,以检查生成的 G 代码是否正确。

① 单击"数控车"菜单中的"代码反读"按钮,弹出"选择后置文件!"对话框。

② 选择一个.cut 程序后,弹出"反读代码格式设置"对话框,如图 6-2-9 所示。

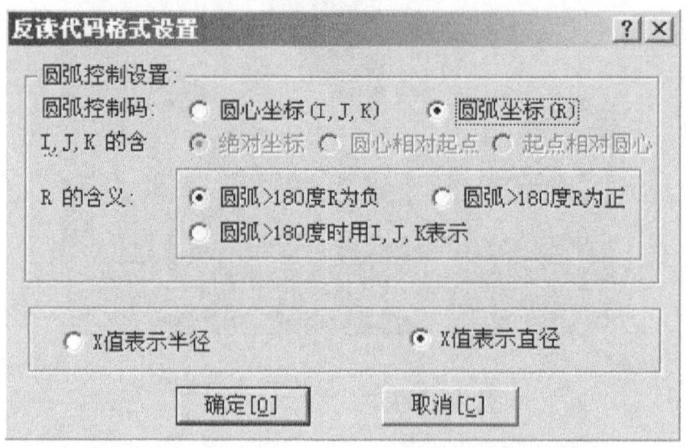

图 6-2-9 "反读代码格式设置"对话框

③ 系统要求用户选取需要校对的 G 代码程序。拾取到要校对的数控程序后,系统会根据 G 代码程序立即生成刀具轨迹,如图 6-2-10 所示。

3. 轨迹仿真

轨迹仿真分为动态仿真、静态仿真和二维仿真,仿真时可以通过指定仿真的步长

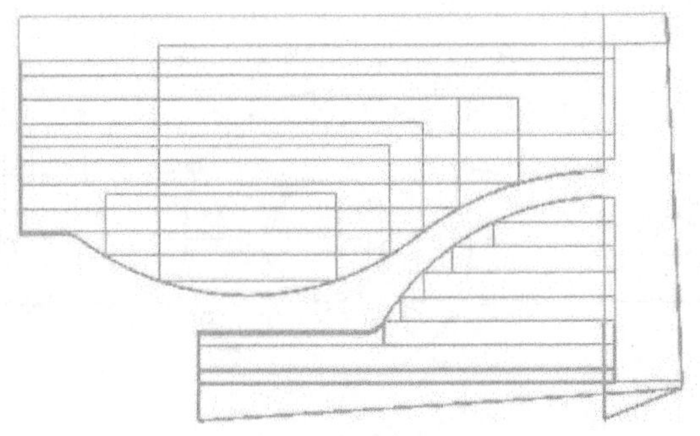

图 6-2-10　反读后的刀具轨迹

来控制仿真速度，也可以通过调节速度条来控制仿真速度。当步长设为 0 时，步长值在仿真中无效；当步长大于 0 时，仿真中每一个切削位置之间的间隔距离即为所设的步长。

① 单击“数控车”菜单中的“轨迹仿真”按钮，同时可指定仿真的类型和仿真的步长。

- 动态仿真：仿真时模拟动态的切削过程，不保留刀具在每一个切削位置的图像。
- 静态仿真：仿真过程中保留刀具在每个切削位置的图像，直至仿真结束。
- 二维仿真：仿真前先渲染实体区域，仿真时刀具不断抹去被切削掉部分的颜色。

② 拾取要仿真的加工轨迹，此时可以使用系统提供的选择拾取工具。在结束拾取前仍可修改仿真的类型或仿真的步长。

③ 右击结束拾取，此时，系统弹出仿真控制条，按开始键开始仿真。仿真过程中可进行暂停、上一步、下一步、终止和速度调节操作。

④ 仿真结束后，可以按开始键重新仿真，或者按终止键终止仿真。

6.3　数控铣横梁的螺纹孔加工

加工如图 6-3-1 所示的横梁零件，该零件需加工 4 处 ϕ12、2 处 ϕ6.5 和 M20×2 的螺纹孔的孔。其他部位已经加工完成。

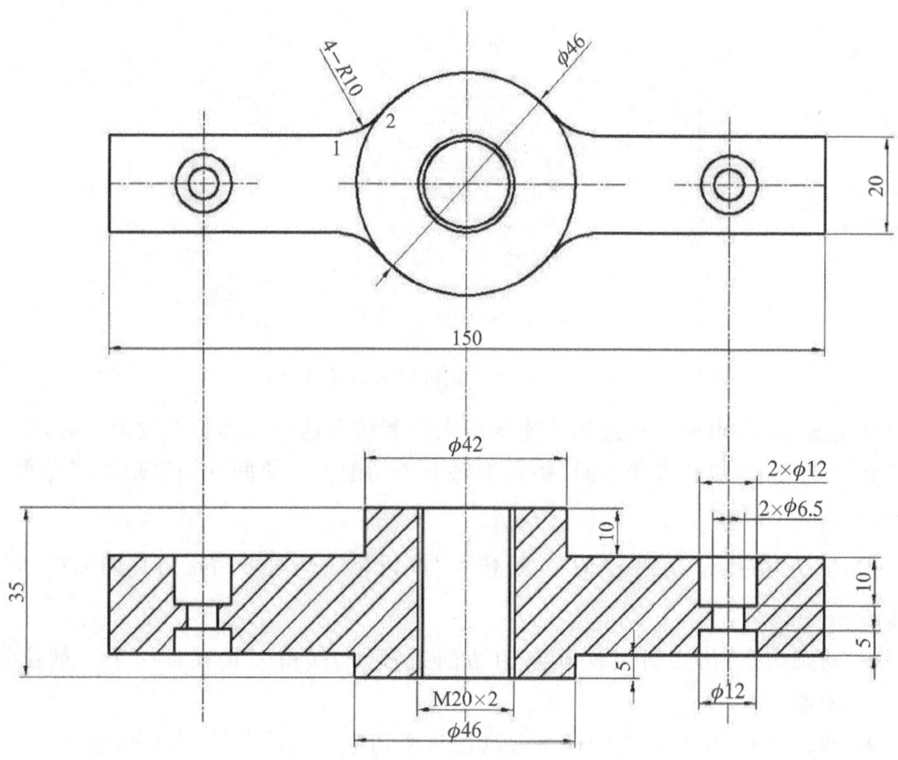

图 6-3-1　横　梁

1. 工作准备

① 材料:毛坯沿用项目二任务四的零件。

② 切削刀具参数如表 6-3-1 所列。

表 6-3-1　切削刀具参数

序　号	加工面	刀具号	刀具规格		主轴转速/($r \cdot min^{-1}$)	进给速度/($mm \cdot min^{-1}$)
			类　型	材　料		
1	各孔中心孔	T01	ϕ6 中心钻	高速钢	950	30
2	钻 3×ϕ6.5 孔	T02	ϕ6.5 麻花钻	高速钢	860	50
3	锪孔 2×ϕ12	T03	ϕ12 锪钻	高速钢	450	50
4	钻 ϕ17.4 螺纹底孔	T04	ϕ17.4 麻花钻	高速钢	400	50
5	铣 M20×2 螺纹	T05	单刃螺纹刀	机固式	800	150

③量具:游标卡尺一把。

2. 程序编制

① 编程坐标系设定:确定工件左下角为 XY 零件,Z 轴零点位于毛坯上表面。

② 参考程序如下:

```
O4301;(钻中心孔、钻孔)
N12 G90 G54;
G0 X-55. Y0.;
S950 M03;
Z50. M07;
G99 G81 Z-1. R5. F30;
X55.;
G80;
Z100.;
X0 Y0;
M09;
M30;
O4302;(加工螺纹)
G90 G54;
G0 X0 Y0.;
Z100.;
S500 M03;
Z8.;
G01 Z2. F150;
G41 X8.7 D01;
G02 Z0 I-8.7 J0.;
G02 Z-2 I-8.7 J0.;
G02 Z-4 I-8.7 J0.;
G02 Z-6 I-8.7 J0.;
G02 Z-8 I-8.7 J0.;
G02 Z-10 I-8.7 J0.;
G02 Z-12 I-8.7 J0.;
G02 Z-14 I-8.7 J0.;
G02 Z-16 I-8.7 J0.;
G02 Z-18 I-8.7 J0.;
G02 Z-20 I-8.7 J0.;
G02 Z-12 I-8.7 J0.;
G02 Z-24 I-8.7 J0.;
G02 Z-26 I-8.7 J0.;
G02 Z-28 I-8.7 J0.;
G02 Z-30 I-8.7 J0.;
```

```
G02 Z-32 I-8.7 J0.;
G02 Z-34 I-8.7 J0.;
G02 Z-36 I-8.7 J0.;
G01 G40 Y0;
G00 Z100;
M30;
```

加工部位简图如图 6-3-2 所示。

图 6-3-2　加工部位简图

3. 工件的加工

① 开机，各坐标轴手动回机床原点。

② 工件定位、装夹和找正。

③ 刀具安装。

④ 对刀，确定工件坐标系。

⑤ 程序输入并调试。

⑥ 自动加工。

⑦ 取下工件，清理并检测。

⑧ 清理工作现场。

4. 仿真加工

仿真效果图如图 6-3-3 所示。

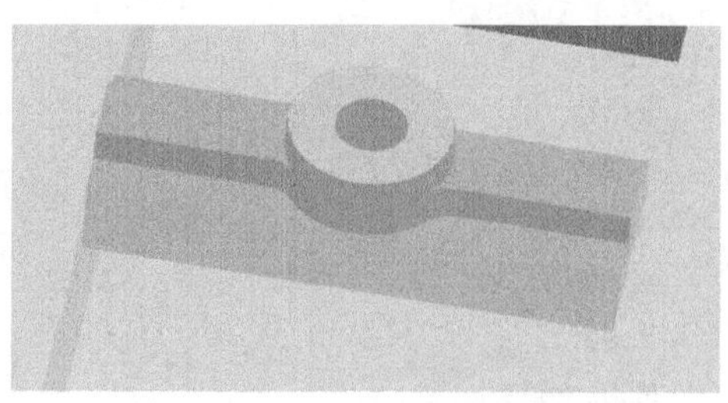

图 6-3-3　仿真效果图

相关理论

在大规模的产品生产中，需要使用大量高效、可靠的螺纹紧固件装配零部件，因此需要加工很多螺纹孔。作为一名数控操作人员，必须掌握螺纹加工的操作技能，了解如工具材料、切削速度、切削液、底孔尺寸及加工条件等相关知识。

根据螺纹的尺寸大小、精度高低和批量类型的不同，可以采用多种不同的刀具和加工工艺来实现螺纹的加工。加工螺纹的刀具有丝锥、螺纹铣刀和螺纹梳刀等。正确选择和使用螺纹刀具，在螺纹加工中是十分重要的。

1. 加工螺纹刀具

(1) 丝　锥

丝锥是加工内螺纹并能直接获得螺纹尺寸的标准螺纹刀具，应用极为广泛。它的基本结构是一个有轴向槽的外螺纹，如图 6-3-4 所示。普通丝锥做成直槽，即 $\beta=0°$，但是，为了控制排屑方向，改善切削条件，在加工韧性材料时，可做成螺旋槽，常取 $\beta=30°\sim45°$。

(2) 螺纹梳刀

梳形螺纹铣刀如图 6-3-5 所示，其是由许多环形齿纹构成的，无切削锥。铣刀应比被切螺纹多 2～3 个螺距，一般用高速钢做成铲齿结构；用在专用铣床上加工螺距不大、长度较短的三角形内、外圆柱螺纹和圆锥螺纹；加工精度可达 6～8 级，表面粗糙度可达 6.3～1.6 μm。铣刀与工件轴线平行，工件转一周，铣刀沿轴向恰好移动一个螺距；铣刀有切入、退出行程，可铣出全部螺纹。

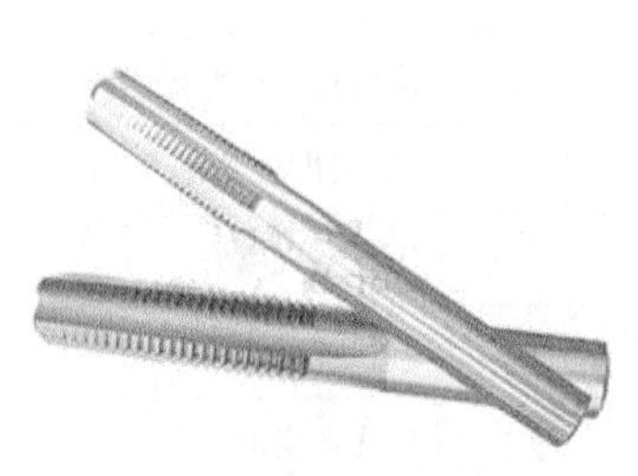

图 6-3-4 丝 锥

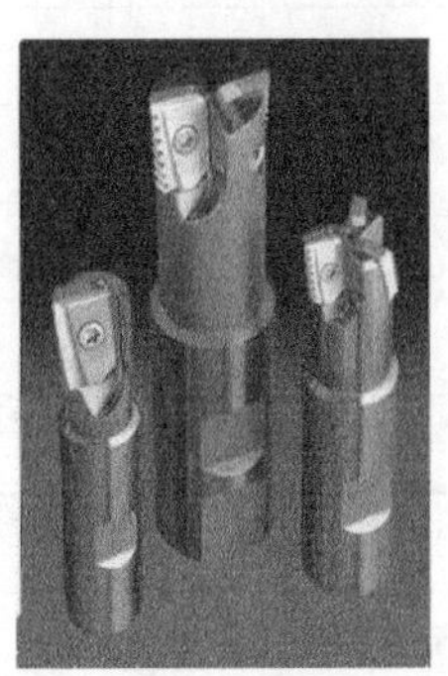

图 6-3-5 螺纹梳刀

(3) 机夹高硬度材料内螺纹镗刀

图 6-3-6 所示为机夹高硬度材料内螺纹镗刀，刀片材料为 YA6、B103，可用来切削 40Cr，淬硬 52～57 HRC 的工件材料。其机夹结构较简单，刀片刃磨较方便，负背前角与小后角配合，增加了刀头强度。安装时，刀尖略高于工件中心 0.3～0.5 mm。切削速度 v_c=24～48m/min，切 5 刀成形。

2. 螺纹的牙深与攻螺纹速度

螺纹孔的使用强度很大程度上取决于工件材料、螺纹牙齿的高度及螺纹的旋合长度。工件材料通常由设计人员决定，但螺纹的牙高和深度会受加工者加工操作方式的影响。实际的螺纹牙深取决于钻孔直径的大小。

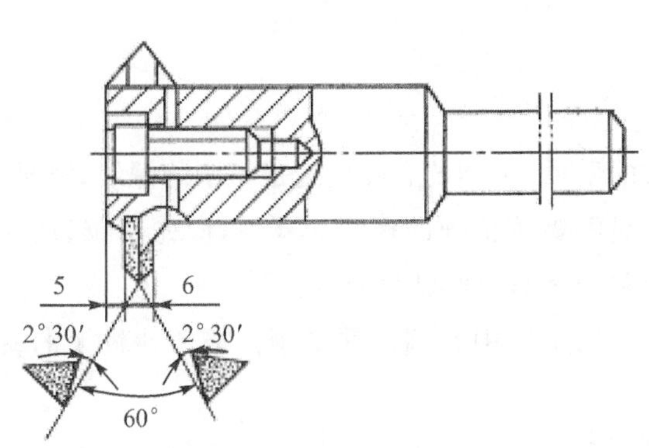

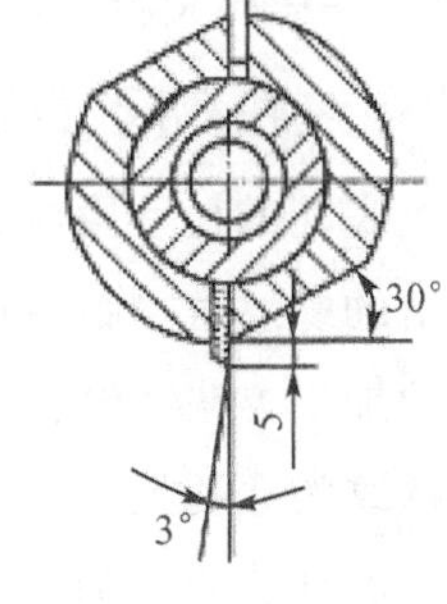

图 6-3-6 机夹高硬度材料内螺纹镗刀

选择攻螺纹的加工速度时，不仅要考虑被加工工件材料的种类，而且还要考虑螺纹孔的尺寸大小、切削液和各种工具的使用情况。表 6－3－2 列举了一些使用高速钢丝锥攻螺纹时的切削速度和切削液。

表 6－3－2　攻螺纹时的切削速度与切削液

材　料	切削速度/(m·min^{-1})	切削液
铝	27～30	煤油和轻机油
黄铜	27～30	溶性油和轻机油
铸铁	21～24	不用或用轻机油
镁	6～15	轻机油用煤油稀释
塑料	15～21	不用或空气喷射
低碳钢	12～18	硫化切削油
高碳钢	8～11	硫化切削油
易切削钢	18～24	溶性油
不锈钢	3～11	硫化切削油

使用表 6－3－2 中的切削速度时，应先将单位 m/min 转换成 r/min。例如，计算在易切削钢上攻 M10 螺纹孔的切削速度，表 6－3－2 中给出的切削速度为 18～24 m/min，假设取较低数值(根据工件材料情况，也可取较高数值)，则计算出的攻螺纹丝锥的转速为

$$n=\frac{v}{\pi\cdot D}=\frac{18\ \text{m/min}}{3.14\times 0.01\ \text{m}}=573\ \text{r/min}$$

式中：n——丝锥攻螺纹转速，r/min；

v——切削速度，m/min；

D——螺栓大径，m。

3. 螺纹底孔尺寸的确定

螺纹底孔的尺寸影响着螺纹的质量，不圆的底孔会造成不圆的螺纹，喇叭口状的底孔攻出的螺纹也呈喇叭口状。当需要较精确的螺纹底孔时，应先用铰刀将孔铰一下。这种加工方法在制作大直径和细牙螺纹时特别重要。

攻螺纹的底孔尺寸可以从相关的手册中查到。加工钢件或塑性较大的材料时，底孔直径的计算公式为

$$D_{孔}=D-P$$

加工铸铁件或塑性较小的材料时，底孔直径的计算公式为

$$D_{孔} = D - (1.05 \sim 1.1)P$$

式中：$D_{孔}$——底孔直径，mm；

D——螺纹大径，mm；

P——螺距，mm；

4. 螺纹加工指令

(1) 右旋攻螺纹循环指令 G84

如图 6-3-7 所示，该固定循环非常简单，执行过程如下：X、Y 定位→Z 向快速到 R 参考平面→以指令 F 给定的速度进给到 Z 点→主轴反转以指令 F 给定的速度返回 R 参考平面(如果在 G98 模态下，则返回 R 参考平面后再快速返回初始平面)。攻螺纹进给时主轴正转，退出时主轴反转，在 G84 指令的攻螺纹操作中，进给速度倍率调节无效，即使压下进给保持按钮，也必须在返回操作结束后机床才能停止。

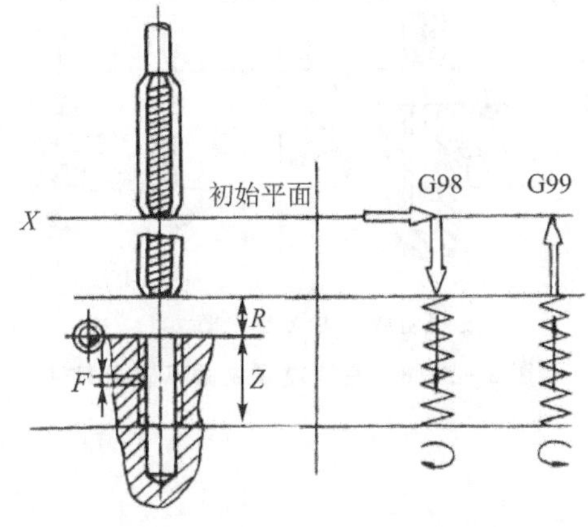

说明：Y 轴与 X 轴水平垂直。

图 6-3-7 右旋攻螺纹循环指令 G84

① 指令格式：

```
G84 X___ Y___ Z___ F___ R___;
```

② 说明：

✦ X_ Y_：孔的位置，可以放在 G84 指令的后面，也可以放在 G84 指令的前面；

✦ Z_：攻螺纹 Z 向终点坐标；

✦ F_：进给速度(mm/min)；

✦ R_：参考平面的位置高度。

③ 注意事项：

第一,与钻孔加工不同的是攻螺纹结束后的返回过程不是快速运动,而是以进给速度反转退出。

第二,在加工过程中可根据材料等实际条件的不同,调整计算得到进给速度的数值。

第三,该指令执行前,可以不启动主轴,但必须执行主轴转速指令 S。执行该指令时,数控系统将自动启动主轴正转。

第四,该指令同样有 G98 和 G99 两种返回方式。其他参数和 G81 指令相同。

(2) 左旋攻螺纹循环指令 G74

如图 6-3-8 所示,与 G84 的区别是:进给时反转,退出时正转。

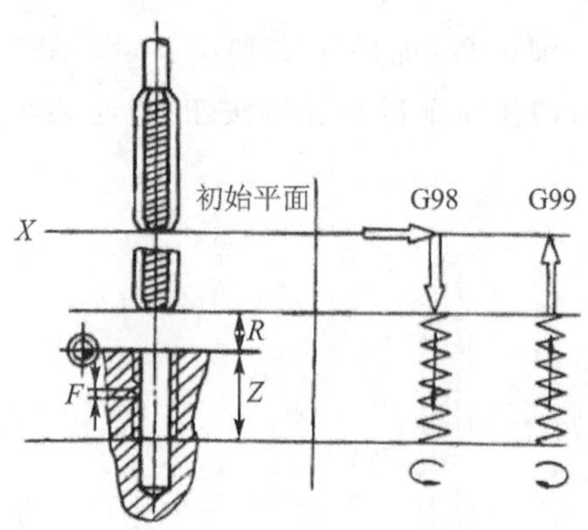

说明:Y 轴与 X 轴水平垂直。

图 6-3-8 左旋攻螺纹循环指令 G74

① 指令格式:

```
G74 X_  Y_  Z_  F_  R_;
```

② 说明:

✦ 该指令即使在攻螺纹前为正转,当执行攻螺纹时也会自动变为反转。

✦ 该指令同样有 G98 和 G99 两种返回方式。

✦ 指令的其他参数和 G84 指令相同。

(3) 刚性攻螺纹方式

① 内孔螺纹加工的方式有两种:弹性攻螺纹和刚性攻螺纹,具体如下:

第一,弹性攻螺纹。使用浮动式攻螺纹夹头,利用丝锥的自身导向作用完成内螺纹加工。若采用此种方式,则指令 G84 与 G74 中的 F 值无需特别计算。

第二,刚性攻螺纹。使用刚性攻螺纹夹套,利用数控系统插补实现螺纹加工。因此,刚性攻螺纹必须严格保证主轴转速和刀具进给速度的比例关系,如下:

进给速度=主轴转速×螺纹螺距

② 刚性攻螺纹指令。大多数的数控系统都提供刚性攻螺纹指令。在 FANUC

数控系统中，若在右旋攻螺纹循环指令 G84 或左旋攻螺纹循环指令 G74 的前面加一程序段指令 M29，则机床将进入刚性攻螺纹模态。

第一，刚性攻螺纹指令 M29 的格式：

```
M29 S__;
```

第二，说明：

✦ S__：指明刚性攻螺纹时主轴的转速。

✦ 该指令仅说明系统进入了刚性攻螺纹模式，故攻螺纹循环还要使用指令 G84 或 G74。

✦ G74 或 G84 中指令的 F 值与 M29 程序段中指令的 S 值的比值即为螺纹孔的螺距值。

✦ 使用 G80 和 01 组 G 代码（G01、G02、G03 等）都可以解除刚性攻螺纹模态。

✦ 在 M29 指令和固定循环的 G 指令之间不能有 S 指令或任何坐标运动指令。

✦ 不能在取消刚性攻螺纹模态后的第一个程序段中执行 S 指令。

任务拓展

如图 6－3－9 所示，工件已加工成型，外形不需要加工，可直接装夹钻孔。

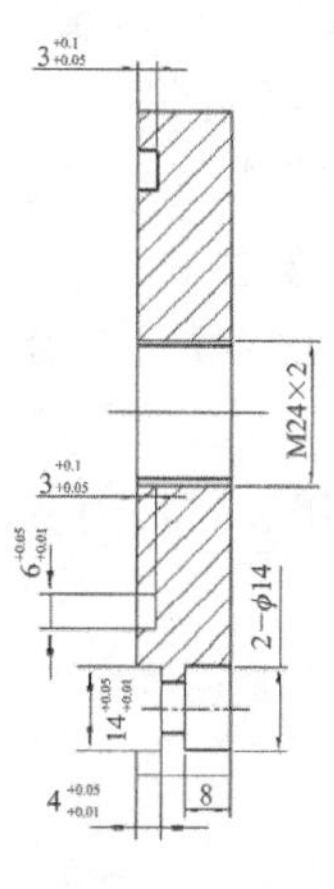

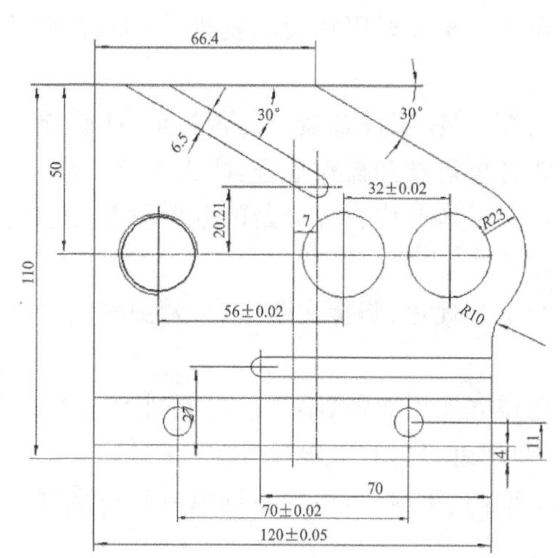

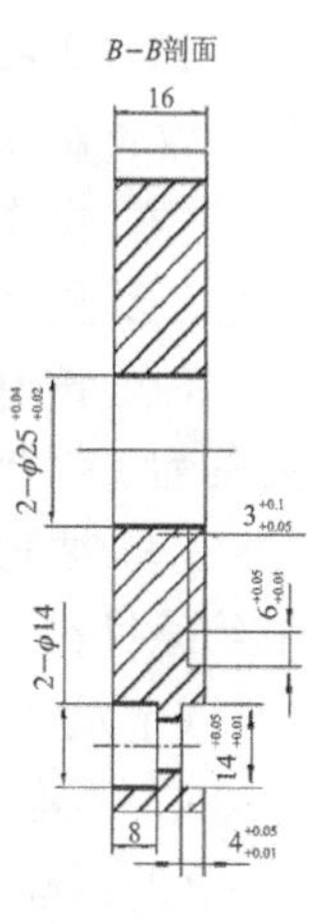

图 6－3－9　已加工成型的工件

附　录

一、学生生产实习守则

本守则是为稳定正常生产实习教学秩序，保证学生在生产实习中的人身安全而制定的，学生在参加实习时要认真遵守本守则的各项规则，教师应根据守则对学生严格考核，并将考核情况作为对学生生产实习奖励和评定平时成绩的基本依据。

（一）热爱本专业，刻苦钻研技术，努力把自己培养成合格的技术工人。

（二）严格遵守作息时间，不迟到、不早退，有事请假，严格遵守请假制度。

（三）学生上实习课前必须穿好工作服，戴好防护用品，由班干部（组长）负责组织，提前五分钟整队进入实习场地。

（四）教师在讲课、示范和安排生产实习任务时学生要专心，不得说话，不得做与之无关的事情，观看示范操作时要认真，不得乱挤和喧哗。

（五）实习工位和零件制作要服从教师安排，不经教师同意不得随意变换及动用他人设备制作零件。

（六）操作前要检查设备、工件及装备是否齐全，如缺损立即向教师汇报。

（七）要严格遵守各项规章和操作规程，防止人身事故、设备事故的发生。

（八）按时、按质、按量地完成教师交给的各项任务，虚心听取教师的指导，工、量、刀具和工件放在指定位置。

（九）要遵守生产工艺规程，坚持文明生产、爱护国家财产，正确使用工、量、刀具，节约原材料。

（十）学生要自觉遵守实习纪律，不得违犯下列十三条禁令。

(1)不准在场地内闲逛、打闹，大声喧哗。

(2)不准串车间、攀高、跳窗户，不准在场地内乱写乱画。

(3)不准擅离岗位。

(4)不准干私活。

(5)不准私自带工具、零件出车间。

(6)不准撬他人工具箱拿他人的工具和材料。

(7)不准私自拆修电器设备和摆弄其他设备。

(8)不准顶撞、侮辱教师。

(9)不准在车间外逗留,聚众闲谈。

(10)不准将杂志、小说及与实习无关的物品带入实习场地。

(11)不准将校外人和外班学生带入实习场地。

(12)不准在实习车间内使用手机、MP3 听歌曲。

(13)不准穿凉鞋、拖鞋、高跟鞋进入实习场地。

(十一)实习结束后,学生要按要求擦好设备,整理好工、量、刀具和工件,清扫场地,切断电源,关好门窗;教师讲评后,整队离开实习场地。

(十二)教师和其他管理人员要认真督促检查,教育学生,对违反规定的学生要分别给予批评教育,严重者给予纪律处分。

二、安全文明生产要求

(1) 车间内照明设施齐全完整,明亮好用。

(2) 车间安全道标志明显合理,安全道内不得摆放任何物品,经常保持道路畅通。

(3) 零件摆放整齐,成摞成行,精密件要隔离存放。

(4) 精加工面加工完后擦干净、涂油、防锈,普通加工面加工完后擦干净,技术文件有特殊规定的按文件规定执行。

(5) 加工细长件、薄壁件,特别是精密件时,要有必要的搬运工具,在搬运过程中要使零件隔开,防止磕碰划伤和变形;在零件交接过程中,同时要验收零件的磕碰划伤和变形情况。

(6) 工具箱清洁整齐,只允许放工、检、量、刃具,定位放置,分类摆放整齐,取放方便,一目了然;工具应防锈,防磕碰;量具的零件、附件、量具盒应齐全;刃具隔离,不碰不磕;操作人员的衣服应放在指定地点。

(7) 机器设备要漆见本色铁见光,地面无积油。加工时所使用的一切工具一律不准直接放在设备的台面和导轨面上。

(8) 生产用图样、工艺文件等要完整清洁。

(9) 废料(钢、铁、铜、铝和边角余料)要分类收集在专用回收箱或指定的地点,并存放整齐,及时回收。

三、生产实习教学设备完好要求

(1) 设备的精度与性能能满足生产工艺要求。

(2) 各传动系统运转正常,没有不正常的噪声及研卡现象,变速齐全。

(3) 各操作系统动作灵敏可靠。

(4) 润滑系统装置齐全,管路完整,油路畅通,油标醒目。

(5) 电气系统装置齐全,管线完整,性能灵敏,运行可靠。

(6) 滑动部分正常,各滑动导轨部位及零件无严重的拉、研、碰伤。

(7) 各油路、水路、气路渗漏情况不超过要求范围。

(8) 随机零部件完整、齐全。

(9) 安全、防护装置齐全。

(10) 机床的内外均无黄袍、无油垢、无蚀锈、油质等现象。

四、生产实习卫生要求

(1) 生产实习卫生要求包括清洁区卫生和生产实习车间内卫生两部分。

(2) 各实习班、组对清洁区要做到每天上班清扫,全天保洁。

(3) 清洁区要求地面干净,无杂物、无纸屑,更不能留有卫生死角,卫生保洁箱内垃圾要经常清理。

(4) 生产实习车间要求地面干净、无纸屑、无垃圾等,做到经常整理,不留卫生死角。

(5) 门窗玻璃、工具箱保持整洁干净。

(6) 墙壁、黑板及标语等干净整洁,不得有乱写乱画现象。

(7) 工件、物品及清扫工具摆放整齐有序。

(8) 实习结束时要认真做好车间卫生并填写交班记录,为下一班的实习做好准备。

五、7S 管理制度

(一) "7S"活动的含义

"7S"是整理(Seiri)、整顿(Seiton)、清扫(Seiso)、清洁(Seiketsu)、素养(Shitsuke)、安全(Safety)和速度/节约(Save)这 7 个词的缩写。因为这 7 个词的日文和英文中的第一个字母都是"S",所以简称为"7S"。开展以整理、整顿、清扫、清洁、素养、安全和节约为内容的活动,称为"7S"活动。

"7S"活动起源于日本,并在日本企业中广泛推行,它相当于我国企业开展的文明生产活动。"7S"活动的对象是现场的"环境",它对生产现场环境全局进行综合考虑,并制订切实可行的计划与措施,从而达到规范化管理。"7S"活动的核心和精髓是素养,如果没有职工队伍素养的相应提高,"7S"活动就难以开展和坚持下去。

(二) "7S"活动的内容

1.整　理

把要与不要的人、事、物分开,再将不需要的人、事、物加以处理,这是开始改善生产现场的第一步。其要点是:首先对生产现场的现实摆放和停滞的各种物品进行分类,区分什么是现场需要的,什么是现场不需要的;其次,对于现场不需要的物品,诸如用剩的材料、多余的半成品、切下的料头、切屑、垃圾、废品、多余的工具、报废的设备、工人的个人生活用品等,要坚决清理出生产现场,这项工作的重点在于坚决把现场不需要的东西清理掉。对于车间里各个工位或设备的前后、通道左右、厂房上下、工具箱内外以及车间的各个死角，都要彻底搜寻和清理，达到现场无不用之物。坚决做好这一步，是树立好作风的开始。效率和安全始于整理！

整理的目的是：改善和增加作业面积；现场无杂物，行道物流通畅，提高工作效率；消除管理上的混放、混料等差错事故，防止误用；有利于减少库存、节约资金等。

2. 整　顿

把需要的人、事、物加以定量、定位。通过前一步整理后，对生产现场需要留下的物品进行科学合理的布置和摆放，以便用最快的速度取得所需之物，在最有效的规章、制度和最简捷的流程下完成作业。整顿的关键是要做到定位、定品、定量。

整顿的目的是：工作场所整洁明了，一目了然，减少取放物品的时间，提高工作效率，保持井井有条的工作秩序区。

3. 清　扫

把工作场所打扫干净，设备异常时马上修理，使之恢复正常。生产现场在生产过程中会产生灰尘、油污、铁屑、垃圾等，从而使现场变脏。脏的现场会使设备精度降低，故障多发，影响产品质量，使安全事故防不胜防；脏的现场更会影响人们的工作情绪，使人不愿久留。因此，必须通过清扫活动来清除那些脏物，创建一个明快、舒畅的工作环境。

清扫活动应遵循下列原则：

(1) 自己使用的物品如设备、工具等，要自己清扫而不要依赖他人，不增加专门的清扫工人；

(2) 对设备的清扫，应着眼于对设备的维护保养，清扫设备要同设备的点检和保养结合起来；

(3) 清扫的目的是为了改善，当清扫过程中发现有油水泄露等异常状况时，必须查明原因，并采取措施加以改进，而不能听之任之。

清扫的目的是：使员工保持一个良好的工作情绪，并保证稳定产品的品质，最终达到企业生产零故障和零损耗。

4. 清　洁

整理、整顿、清扫之后要认真维护，使现场保持完美和最佳状态。清洁，是对前三项活动的坚持与深入，从而消除发生安全事故的根源。创造一个良好的工作环境，使职工能愉快地工作。

清洁活动实施时，需要秉持三观念：

(1) 只有在“清洁的工作场所才能产生高效率、高品质的产品”；

(2) 清洁是一种用心的行为，千万不要在表面下功夫；

(3) 清洁是一种随时随地的工作，而不是上下班前后的工作。

清洁的要点原则是：坚持“3 不要”的原则，即不要放置不用的东西，不要弄乱，不要弄脏；不仅物品需要清洁，现场工人同样需要清洁；工人不仅要做到形体上的清洁，而且要做到精神上的清洁。

清洁的目的是:使整理、整顿和清扫工作成为一种惯例和制度,这是标准化的基础,也是一个企业形成企业文化的开始。

5. 素　养

素养即教养,努力提高人员的素养,养成严格遵守规章制度的习惯和作风,这是“7S”活动的核心。没有人员素质的提高,各项活动就不能顺利开展,开展了也坚持不了。所以,抓“7S”活动要始终着眼于提高人的素质。

素养的目的是:通过素养让员工成为一个遵守规章制度,并具有良好工作素养习惯的人。

6. 安　全

安全就是要维护人身与财产不受侵害,创造一个零故障、无意外事故发生的工作场所。

实施的要点是:不要因小失大,应建立、健全各项安全管理制度;对操作人员的操作技能进行训练;勿以善小而不为,勿以恶小而为之,全员参与,排除隐患,重视预防;清除隐患,排除险情,预防事故的发生。

安全的目的是:保障员工的人身安全,保证生产连续安全正常的进行,同时减少因安全事故所带来的经济损失。

7. 节　约

节约就是对时间、空间、能源等方面合理利用,以发挥它们的最大效能,从而创造一个高效率的、物尽其用的工作场所。

实施时应秉持 3 个观念:能用的东西尽可能利用;以“自己就是主人”的心态对待企业的资源;切勿随意丢弃,丢弃前要考虑其剩余价值。

节约的目的是:对整理工作的补充和指导。在我国,由于资源相对不足,更应该在企业中秉持勤俭节约的原则。

(三)“7S”的适用范围

“7 S”适用于各企事业和服务行业的办公室、车间、仓库、宿舍和公共场所,以及文件、记录、电子文档、网络等的管理。

生产要素:人、机、料、法、环的管理;公共事务、供水、供电、道路交通的管理;社会道德、人员思想意识的管理。

参考文献

[1] 程能林. 产品造型材料与工艺[M]. 北京:北京理工大学出版社,1991.

[2] 刘腾蛟. 对产品造型设计中材料的运用分析[J]. 明日风尚,2016,13(04):183-184.

[3] 任成元,王文珺,等. 机电产品外观造型设计的研究与应用[A]. 2012 International Conference on Arts,Social Sciences and Technology(AAST2012),2012,06:145-146.

[4] 孙宁娜. 仿生设计[M]. 北京:北京电子工业出版社,2014.

[5] 李世国,顾振宇. 交互设计[M]. 北京:中国水利水电出版社,2012.

[6] 张昆,宁芳. 产品形态设计[M]. 北京:机械工业出版社,2010.

[7] 陈震邦. 工业产品造型设计[M]. 北京:机械工业出版社,2004.

[8] 柳冠中. 工业设计学概论[M]. 哈尔滨:黑龙江科学技术出版社,1997.

[9] 何人可. 工业设计史[M]. 北京:北京理工大学出版社,2000.

[10] 詹雄. 机器艺术设计[M]. 长沙:湖南大学出版社,1999.

[11] 江洪. SolidWorks实例解析:曲线、曲面、仿真、渲染[M]. 北京:机械工业出版社,2004.